W0257214

Fortsetzung auf der 3. Umschlagseite

Zu diesem Buch

Die 'Sozialgeschichte – für soziologisch Interessierte' gibt einen
Überblick über eine Reihe von sozialwissenschaftlichen Ansätzen,
die authentisch, das heißt an Hand von Texten, dargestellt und
kommentiert werden. In allen Fällen handelt es sich um Versuche
zu erklären, inwiefern es zur Entwicklung der typisch europäischen
(oder 'abendländischen') Rationalität gekommen ist und damit
letztendlich zum Kapitalismus mit seinen Folgen und Fehlentwick-
lungen. Da bestimmte Gebiete von den zitierten Autoren gar nicht
berücksichtigt oder nur nebenbei behandelt wurden, sind einige von
ihnen in einem Anhang gesondert behandelt worden.
Die Arbeit ist zur Einführung für Studierende gedacht, und zur
Ergänzung von Veranstaltungen zur Geschichte der Soziologie und
zur Soziologischen Theorie; für soziologisch Interessierte insgesamt
wird sie aber eine Fülle von Erinnerungen und Anregungen enthalten.

Studienskripten zur Soziologie

Herausgeber: Prof. Dr. Erwin K. Scheuch
Prof. Dr. Heinz Sahner

Teubner Studienskripten zur Soziologie sind als
in sich abgeschlossene Bausteine für das Grund-
und Hauptstudium konzipiert. Sie umfassen sowohl
Bände zu den Methoden der empirischen Sozialforschung, Darstellung der Grundlagen der Soziologie, als auch Arbeiten zu sogenannten Binde-
strich-Soziologien, in denen verschiedene theoretische Ansätze, die Entwicklung eines Themas
und wichtige empirische Studien und Ergebnisse
dargestellt und diskutiert werden. Diese Studienskripten sind in erster Linie für Anfangsseme-
ster gedacht, sollen aber auch dem Examenskandi-
daten und dem Praktiker eine rasch zugängliche
Informationsquelle sein.

Sozialgeschichte
für soziologisch Interessierte

Von Prof. Dr. Dieter Claessens
Freie Universität Berlin

B. G. Teubner Stuttgart 1995

Prof. Dr. Dieter Claessens

Jahrgang 1921, geboren in Berlin. Schüler des Französischen
Gymnasiums. 1940 bis 1949 Kriegsdienst und Gefangenschaft.
1950 Beginn einer Fürsorger-Ausbildung; 1951 Übergang an die
Freie Universität Berlin zur Weiterführung des 1940 begonnenen
Studiums der Theaterwissenschaften; Wechsel zu Soziologie und
Psychologie, dann Ethnologie. 1957 Promotion, 1960 Habilitation
für Soziologie. 1962 Lehrstuhl für Soziologie an der Universität
Münster, zugleich Mitdirektor der Sozialforschungsstelle Dortmund;
1966 Lehrstuhl für Soziologie und Anthropologie an der FUB;
1974 bis 1978 zugleich Rektor der staatlichen Fachhochschule für
Sozialarbeit und Sozialpädagogik (FHSS); seit 1983 im Ruhestand.

Die Deutsche Bibliothek - CIP-Einheitsaufnahme

Claessens, Dieter:
Sozialgeschichte : für soziologisch Interessierte / Dieter
Claessens. - Stuttgart : Teubner, 1995
 (Teubner-Studienskripten ; Bd. 137 : Soziologie)
 ISBN 978-3-519-00137-9   ISBN 978-3-322-94866-3 (eBook)
 DOI 10.1007/978-3-322-94866-3
NE: GT

Gesamtherstellung: Druckhaus Beltz, Hemsbach/Bergstraße

Vorwort

Diese Sammlung sozialgeschichtlich orientierter und soziologisch interessanter Arbeiten soll eine Einführung in ein Thema
sein, dem sich die Denker seit über 200 Jahren mit zunehmender
Intensität, aber mit abnehmender Unbefangenheit genähert haben,
nämlich der Frage, wie es zum jeweiligen gesellschaftlichen
Zustand gekommen sei. Der jeweilige Zustand war für die Denker
ihrer Zeit stets ihr "heute", und es ist nicht unnötig darauf zu
verweisen, daß dies "heute" für noch relativ moderne Denker wie
z.B. Norbert Elias (geboren 1897) erheblich weiter zurücklag
als für die Generation 1975 das Heute von 1994/95. Weiter aus-
greifend und mit anderer Zielsetzung ist die Frage nach den
Gründen für die geschichtliche Bewegung "auf uns zu" in neuerer
Zeit mehrmals aufgegriffen worden: Bei Klaus E d e r (Die
Entstehung staatlich organisierter Gesellschaften, 1976/1980)
unter dem im Titel bezeichneten Aspekt; bei Richard M ü n c h
(Die Kultur der Moderne, 1986/1993) im Rahmen einer systematischen Entwicklungstheorie, bei Hartmut E s s e r (Soziologie
1993) im Rahmen einer weitgespannten Einführung in die Soziologie; bei Bernhard G i e s e n (Die Entdinglichung des Sozialen,
1991) im Zuge einer umfassenden Kulturanalyse.
Der Anspruch dieser "Sozialgeschichte für soziologisch Interessierte" ist bescheidener: Sie soll ausschließlich etwas genauer
und authentisch mit einigen Ansätzen zur Erhellung des "Weges
auf uns zu" vertraut machen und darüber hinaus Material zur
Auffüllung von Lücken bieten, die die betreffenden Autoren in
ihren Entwürfen frei gelassen hatten.
Um die Möglichkeit des Überblicks zu erhalten, sind die Darstellungen gedrängt. Sie werden ergänzt durch Anmerkungen, in denen
teils kurze Kommentare abgegeben werden, teils Hinweise auf
andere Autoren, zu denen an einigen Stellen auch kurze Charak-
terisierungen versucht werden.

Soweit Literatur vermißt wird: Sie findet sich mit Sicherheit in den Literaturverzeichnissen der zitierten Werke. So ist eine schrittweise Erweiterung des sozialhistorischen Wissens möglich.

Leser, die an einer Einführung in die Geschichte der soziologischen Theorie interessiert sind, werden verwiesen auf: Gerhard H a u c k , Geschichte der soziologischen Theorie, 1984/88, Hermann K o r t e , Einführung in die Geschichte der Soziologie, 1992, Annette T r e i b e l , Einführung in die soziologische Theorie, 1993, sowie Hartmut E s s e r , Soziologie, 1993.

Zum Problem der Geschichtswissenschaften heute siehe Georg G. I g g e r , Geschichtswissenschaft im 20. Jahrhundet, 1993. Zu geschichtswissenschaftlich genaueren Darstellungen zu den im Folgenden behandelten Themen siehe Otto B r u n n e r , Werner Conze, Reinhart Koselleck, Hrsg., Geschichtliche Grundbegriffe, 7 Bde., Stuttgart 1972-92.

Inhaltsverzeichnis   Seite

1. Einleitung

1.1 Zur Begriffsklärung - Zeit und Möglichkeiten

"Sozialgeschichte ist für viele ein nebuloser Sammelname für alles, was in der Geschichtswissenschaft der Bundesrepublik als wünschenswert und fortschrittlich angesehen wurde" schrieb Hans R o s e n b e r g 1969; Jürgen K o c k a zitiert ihn (auf S. 132) in seiner zur Grundinformation wichtigen Arbeit "Sozialgeschichte. Begriff - Entwicklung - Probleme" (Göttingen 2.A. 1986).

Diese Aussage ist nicht ohne das Bewußtsein davon verständlich, daß drei Jahre vorher (1966) in der damaligen Bundesrepublik die "Studentenbewegung" angefangen hatte. Sie schlug aus den relativ harmlosen (und berechtigten!) Anfängen als "antiautoritäre Bewegung" sehr bald in eine "linkslastige" Bewegung um, die in ihrer zunehmend radikaler werdenden Kritik am bestehenden Lehrbetrieb zuerst noch den Beifall vieler liberaler Hochschullehrer hatte, während die konservativeren Kollegen solchen Tendenzen äußerst skeptisch gegenüberstanden.

"Sozialgeschichte", als Verengung des gängigeren und eher akzeptierten Begriffes "Sozial- und Wirtschaftsgeschichte", wurde dabei eine Sparte der Geschichtswissenschaft, die zu dieser Zeit durchaus ideologisch belastet war. Viele Historiker (und nicht nur sie) waren der Meinung, mit "Sozialgeschichte" solle ihnen eine linkslastig verzerrte Sicht der Geschichte untergeschoben werden, de facto also eine mehr oder minder sozialistische Geschichtsbetrachtung, die auch noch in der Zeit der sich abschwächenden "Kalten-Kriegs-Phase" strikt abgelehnt wurde.

Wie schon K o c k a ausführte, war diese Zeit der Verdächtigungen Anfang der 80er-Jahre längst vorbei. Immerhin hatte schon 1972 Peter L u d z in seinem einleitenden Aufsatz "Soziologie und Sozialgeschichte" (S. 9. i.d. von ihm hrsg. Sonderheft d.

Kölner Zeitschrift f. Soziologie und Sozialpsychologie 1972:
Soziologie und Sozialgeschichte - Aspekte und Probleme) gesagt:

"Die Unterschiede zwischen theoretisch-historischer Soziologie, soziologisch orientierter Geschichte und Sozialgeschichte
beruhen ... eher auf unterschiedlichen Fragestellungen ... nicht
jedoch auf ... einem grundsätzlich unterschiedlichen Theorie-
verständnis."

Diese vermittelndere Auffassung hatte ihren Grund darin, daß
Sozialgeschichte im unbefangenen Sinn besonders im englisch-
sprachigen Ausland längst und intensiv betrieben wurde: Als
Geschichtsforschung zur Situation der in der "offiziellen" Geschichte wenig oder gar nicht beachteten und behandelten Schichten
der Bevölkerung vergangener Zeiten (oder auch der Gegenwart)
und als Geschichte einzelner sozialer Formationen, wie von Zünften,
Gewerkschaften, der Familie bis hin zur zuletzt besonders lebhaft entwickelten Geschichte der Stellung der Frauen in der
Gesellschaft.
Es ist also heute relativ freigestellt, welchen Rahmen man mit
"Sozialgeschichte" meint. Insofern kann gefragt werden, warum
dann nicht von "Geschichte" gesprochen wird.
Vielleicht löst sich diese Frage in Zukunft dadurch, daß beide
Begriffe praktisch synonym, gleichwertig, verwendet werden. Für
die folgenden Ausführungen wird noch der Begriff "Sozialgeschichte" bevorzugt, weil er zur Zeit aussagt, daß in der
geschichtlichen Betrachtung die - für die Fachdiskussion vielleicht sinnvollen - Grenzen von wissenschaftlichen Disziplinen
mißachtet werden, und psychologische, tiefenpsychologische,
sozialpsychologische, soziologische, wirtschaftswissenschaft-
liche, politologische oder juristische Perspektiven miteinander
verflochten werden, wenn es darum geht, eine geschichtliche
Entwicklung bis zum Jetztstand zu schildern und zu erklären.
Eine solche fachübergreifende (oder besser: Fachgrenzen einfach
mißachtende) Betrachtungsweise ist für alle hier vorgestellten
Ansätze zur Erklärung eines sozialen Wandels typisch, so wie es
auch typisch ist, daß keiner dieser Ansätze von Historikern im
engeren Sinne - stammt. Allerdings begnügt sich keiner der

Autoren damit, Geschichte nur zu schildern. Mit ihrer Schilderung oder Erwähnung werden geschichtliche Ereignisse vielmehr dazu benutzt, auf ihre Rolle innerhalb einer bestimmten **Entwicklungslogik** zu verweisen, die ihrerseits einer bestimmten Theorie über Gründe und Richtung von Entwicklungsverläufen entspricht. Diese Theorie wird in der Regel von der Feststellung eines Zustandes - meist des status quo der Zeit des Autors - abgeleitet. Sie soll erklären, warum es aus früheren Zuständen zum "status-quo-heute" gekommen ist.

So werden neue Formen der Vergesellschaftung, z.B. in Form der Großstadt, steigende Rationalität der Menschen bei Traditionsverlust, zunehmende Bürokratisierung (im Sinne von Alles rubrizierender und steuernder Verwaltung), Rationalisierung der Produktion in Richtung auf Erhöhung von Produktion und dann Produktivität, Verdrängung alter - z.B. handwerklicher - Strukturen durch "den Kapitalismus" usw. festgestellt und beschrieben. Dann wird versucht, die Entwicklung dazu zurückzuverfolgen und den Gründen für die Entwicklung "auf uns zu" auf die Spur zu kommen. Die Darlegung dieses Prozesses erfolgt in der Regel derart, daß von einem Ur-Grund, d.h. einer weit zurückliegenden Begründung her abgeleitet wird, wie sich die Entwicklung auf uns zu abgespielt haben muß.

Ein solches Verfahren birgt in sich verständlicherweise erhebliche Risiken, da wir - sei es in welcher Zeit - stets nur von einem **Wissensniveau** aus urteilen, das sogar die gebildetsten Menschen früher nicht hatten, einfach schon deshalb, weil ihnen die Erfahrung der Zeit nach ihnen fehlte, - von der Kenntnis neuer Erfindungen und - besonders technischer - Möglichkeiten nach ihnen ganz zu schweigen.

Ausgangspositionen ändern sich selbstverständlich mit wachsender Informiertheit der Menschen. Wenn man durch eigenes Erleben, aber vorwiegend wegen neuer Erfindungen und Entdeckungen, **mehr** weiß als die Menschen **vorher**, verändern sich Inhalte von Begriffen und wahrscheinlich die Begriffe selbst.

Das alles hängt mit dem vertrackten Phänomen **Zeit** zusammen, dem wir uns nirgendwo entziehen können und das bei geschichtlicher

Betrachtung - ob historischen oder soziologischen Zwecken die-
nend - seine mehrdimensionale Dynamik entfaltet (s. hierzu Niklas
L u h m a n n , Weltzeit und Systemgeschichte, S. 81 ff., in
"Soziologie und Sozialgeschichte", wie zitiert).
"Zeit" ist ein Prozeß des ständigen Verlustes von Möglichkeiten
bei gleichzeitigem Gewinn neuer Möglichkeiten. "Vergangenheit"
hatte also - in ihren oben erwähnten Grenzen - viele Möglich
keiten, von denen nur einige auf uns hin "selegiert", gewählt
wurden, d.h. realisiert wurden, während die anderen - als "unmöglich", nicht gesehen oder "verpaßt" - im Nebel einer nicht
realisierten Vergangenheit verschwanden. Gleichzeitig entwik-
kelten sich mit den Entscheidungen zu einem bestimmten Weg neue
Möglichkeiten. Und mit steigendem Zugriff auf neue Möglichkeiten, z.B. durch mehr Wohlstand, besonders aber nach Beginn der
Industrialisierung mit steigender Produktion von Gütern und
dann steigender Produktivität der Menschen infolge weiter verbesserter Maschinen, ergaben sich ständig neue Wahlmöglichkeiten
bis zu uns hin.
Sozialgeschichte ist damit ein Fragen nach Vergangenheiten voller ungewisser Möglichkeiten und zugleich nach Vergangenheit
offenbar abgeschlossener oder ausgeschlossener Möglichkeiten.
Damit man solche Fragen beantworten kann, muß man wissen, was
"damals" war, d.h. zu einem Zeitpunkt, an dem man in der Regel
noch nicht gelebt hat (oder in Bezug auf das betreffende Ereignis noch nicht erlebnisfähig war). Und: Was geschah an einem
Ort, an dem man im Zweifelsfall nie war, jedenfalls nicht zur
damaligen Zeit, und - wenn das doch der Fall war oder gewesen
wäre - nicht mit dem betreffenden Ereignis konfrontiert wurde?
Die Frage, warum eine Entwicklung "auf uns zu" so und nicht
anders ablief, könnte man genau nur beantworten, wenn man genauere Kenntnisse hätte über einen Zustand, eine Situation, und
die Bedingungen, denen er/sie sich zu verdanken haben. Man müßte
also nicht nur die Situation kennen, sondern auch die Personen,
Kräfte oder Gruppen, Institutionen, Umstände, d.h. Konstellationen insgesamt, die zu dieser Situation führten. Fügt man nun
hinzu, daß man auch noch über weitere Vorbedingungen Bescheid

wissen müßte, so wird klar, daß man, um über ein geschichtliches
Ereignis Bestimmtes aussagen zu können, noch wieder tiefer "zurück" forschen resp. Bescheid wissen müßte. Da dies ständig
weiter gefordert werden könnte, kommt man zu einem "regressus ad
infinitum", einem endlosen Rückgriff, womit sich die Forschung
auflöst. Entsprechend könnte dann auch jedes geschichtliche
Forschungsergebnis wegen mangelnder Vor-Forschung bezweifelt
werden.

Notiert man also einen Zustand - sei es auf Grund welcher
Quellen auch immer - wie die Zeit der Ermordung Heinrich IV. von
Frankreich 1610 (s. den Abschnitt zu Toulmin), dann muß hier wie
stets daran gedacht werden, daß jeder erreichte Zustand für "die
Zukunft" mehr Möglichkeiten enthält, als im Voranschieben der
Zeit realisiert werden können und werden.

Ein gewichtiges Problem ist dann, ob man im betreffenden Zustand
(1610 in Frankreich) jene "Weichenstellungen" schon erkennen
kann, die im Voranschieben der Zeit zur Wahl und Realisierung
bestimmter Möglichkeiten führten, die über weitere vermittelnde
Glieder schließlich im "Zustand heute" ihren vorläufigen
"Realisierungsstand" erreicht haben.

Sehen wir davon ab, daß dieser Zustand sich j e t z t ändern
kann (Moment nach der Explosion der ersten Atombombe über Hiro-
shima; Minute der "Öffnung der Mauer" am 9. Nov. 1989), so ist
in jedem Fall die erhebliche Gefahr zu beachten, daß wir von
unserem Zustand heute auf frühere Zustände schließen, d.h.:
-   Elemente unseres heutigen Wissens, Denkens und Fühlens "nach
    rückwärts" verlagern,
-   dabei vergessen, wie begrenzt (und vermutlich verzerrt)
    unser "Wissen von heute" ist und
-   im Großen und Ganzen ja wissen, was der heutige Zustand im
    Vergleich zu "früher" ist, so daß wir geneigt sind, die
    Linie von damals nach heute mit dem Lineal zu ziehen oder
    mindestens dazu tendieren, jene "Weichenstellungen auf uns
    zu" deshalb leicht zu erkennen, weil ja das Ergebnis bekannt
    ist.

Relativ genaue Aufschlüsse über die Vergangenheit geben uns nur Dokumente, Schriften und auch Bilder, Geräte, Münzen und u.U. Kunstgegenstände, wenn sie "authentisch" sind, also gut zu "orten", wenigstens von Berichterstattern oder Miterlebenden.

Nach dem oben Gesagten müssen wir dann aber solche Texte, Dokumente von gestern nicht mit den "Augen von heute" lesen und deuten, sondern (da wir das ja doch tun) aus der Sicht von gestern versuchen zu verstehen.

Hierzu braucht man allerdings eine Ausbildung, die der Stanislawski-Schule entsprechen müßte.*

Zugleich müßte aus diesem Verständnis heraus wieder in unsere heutige Sprache rückübersetzt werden.

Historiker versuchen, ihren Studenten eine solche Ausbildung zu vermitteln. Soziologen gehen meist unbefangener an die Arbeit, Vergangenheit zu deuten, das heißt klärend zu verstehen, und die Verbindungslinien vom Gestern zum Heute (also zur damaligen Zukunft!) zu ziehen.

Das hängt mit der - vom Selbstverständnis der Soziologie her geleiteten - Tendenz zur "Generalisierung" zusammen. Gleichzeitig ist die Hauptstütze aller historisch orientierten soziologischen Erklärungsansätze das relativ gut dokumentierte Wissen um den teils langsamen, teils stürmischen Übergang von einer "bäuerlich-bürgerlich-feudalen" Gesellschaft hin zum "postindustriellen" oder "postmodernen" Zustand, also - was man auch von diesen Begriffen denken mag - zum Zustand heute, dem "status quo".

Da dieses Wissen auf vermutlich zuverlässigen Statistiken, Produktionszahlen, Zahlen zu Geburt, Tod, Eheschließung usw., Berichten (auch Tagebüchern), Protokollen, Dokumenten beruht, könnte angenommen werden, daß die zu Anfang aufgeworfenen Fragen nach nicht realisierten Möglichkeiten eher theoretischer Natur seien, praktisch aber nicht berücksichtigt werden müßten. Wenn das

---

*   Konstantin Stanislawski, Moskau 1863-1938, Dir. d. Moskauer Künstlertheaters, verlangte von seinen Schauspielern, daß sie sich eine Stunde vor der Vorstellung in hinter den Kulissen aufgebauten stilechten Räumen zeitgemäß bewegten und miteinander sprachen...

aber so wäre, müßten auch die Schlußfolgerungen zur Frage: Wie kam es zum "Kapitalismus"?, zur "Demokratie"? eindeutig sein. Sie sind es aber durchaus nicht. Das hängt damit zusammen, daß die Kenntnis einiger Daten aus der Vergangenheit die reale Verfassung damaliger Gesellschaften, Gesellschaftsschichten und -gruppen, Menschen überhaupt, nur unzureichend oder in bestimmter Hinsicht gar nicht spiegelt: So wird in der Regel auch bei Historikern die Frage gar nicht gestellt, was die Menschen früherer Zeiten nicht wußten, weil sie es noch nicht wissen konnten.* Damit ist also nicht der Wissensstand eines Bauern, der nicht lesen konnte, oder eines Lehrers, der nicht Französisch konnte, im Hinblick auf die damalige Welt, Politik und Frankreich gemeint, sondern das begrenzte "Wissen der Zeit". Auch noch so gebildete Philosophen und Wissenschaftler ("Gelehrte") konnten nicht mehr wissen, als bekannt und entdeckt war. Dieses Nicht-Wissen über zukünftige Entdeckungen, das Nicht-wissen vom späteren Wissen war aber die oft entscheidende Begrenzung der Wahlmöglichkeiten!

Die aktuelle Dynamik gesellschaftlicher Zustände der jetzigen Gegenwart ist bereits schwer abzuschätzen (s. die Prognosenverlegenheit in Putschzeiten in der Moderne); viel schwieriger ist es, etwas Überzeugendes über bewegende Kräfte in Gesellschaften oder Gesellschaftsschichten der Vergangenheit auszusagen.

Daher zeigen entsprechende Versuche von Soziologen, plausible Erklärungen für auffallende Veränderungen gesellschaftlicher Zustände der Vergangenheit zu bieten, neben parallelen Ideen erhebliche Abweichungen in der "Beweisführung".

Entsprechend unterschiedlich fallen auch die in dieser Sammlung sozialgeschichtlich-soziologischer Ansätze vorgeführten Theorien aus. In ihnen erkennt man zwar immer wieder ähnliche Grundgedanken, aber im Gesamt der aneinandergeketteten Theoreme zur "Beweisführung" haben jeweils spezielle Ansätze Vorrang. Damit

---

*   s. Alexander D e m a n d t , Ungeschehene Geschichte, Vandenhoeck und Ruprecht, Göttingen, 1986 (1984), in dem andere geschichtliche Möglichkeiten angedacht werden, als die realisierten.

kommt man zu dem - wie ich meine anregenden - Ergebnis, daß nur in der Kombination mehrerer, vieler oder aller Ansätze ein Bild vom wahrscheinlichen Ablauf der "Geschichte auf uns zu" gewonnen werden kann.

1.2. Entwicklung außereuropäischer Gesellschaften - Außeneinflüsse

ln einer kurzen Übersicht über einige allgemeine Ansätze zur europäischen Sozialgeschichte können Entwicklungen anderer großer Kulturräume selbstverständlich nicht abgehandelt werden. Versuche des **Vergleichs** der großen Kulturen dieser Erde haben Tradition. Hier sei nur auf Max Webers berühmte Aufsätze zur Religionssoziologie verwiesen, dann Barrington M o o r e ' s "Soziale Ursprünge von Diktatur und Demokratie" (1966/1974), Shmuel N. E i s e n s t a d t ' s "Kulturen der Achsenzeit" (1984/87) und besonders Richard M ü n c h ' s "Die Kultur der Moderne" (1984/93), einen neueren Versuch in der Tradition Max Webers, aber mit einem eigenen Entwicklungsschema.
Warum der soziologischen Theorie von ihren Anfängen an der Blick auf andere Kulturen fremd ist, ist eine schwierig zu beantwortende Frage. Zum einen waren den Denkern der Vergangenheit die - z.B. östlichen - anderen großen Kulturen nicht nur fremd, sondern schienen auch auf einer anderen Kulturstufe zu verharren, die in der Regel als niedriger oder wenigstens erheblich weniger "fortschrittlich" angesehen wurde. Verstärkend wirkte, daß das Denken - von der ersten Auffassung unterstützt - stark ethnozentrisch war, im günstigen Fall "Europazentrisch", was aber den Blick zu den anderen europäischen (oder "abendländischen") Kulturen selten einschloß. Darüber hinaus zeigten sich in Europa und hier in den industriell am weitesten fortgeschrittenen Nationen Erscheinungen, die derart allgemein und verallgemeinerbar schienen - wie z.B. das Phänomen der Arbeitsteilung, dem sich kompakt zuerst Adam S m i t h , später Emile

D u r c k h e i m zuwandten -, daß ein Blick auf andere, fernere Kulturen wenig ergiebig erschien.

Diese Tendenz zur Abwendung von damals wirklich fremden Kulturen verstärkte sich durch die nur trivial erscheinende Tatsache, daß mit der Chance, Soziologie zu einem gesonderten Fach in der Universität zu installieren, auch der Druck stieg, sozio logisches Denken derart vom traditionalen Forschungsgebiet anderer Fächer - wie z.B. der Geschichtswissenschaft, Psychologie, Völkerkunde, Nationalökonomie und Jurisprudenz abzugrenzen, daß ein "eigener Gegenstand" behauptet werden konnte. Denn nur ein eigener Gegenstand konnte Anlaß zur Begründung einer eigenständigen "Disziplin" mit einem Ordinariat oder doch mindestens einer Privatdozentur sein.

Dieses Anfangsstadium im Prozeß der Durchsetzung der Soziologie war ihrer Öffnung nach außen sicher nicht günstig. Aber auch mit der - langsamen - Anerkennung der Soziologie als eigenständigem Fach blieb als Behinderung, daß sie meist in der Philosophie und eventuell der Nationalökonomie verortet wurde, beides Fächer, die nach früherer Offenheit sich eher nach außen abgeschlossen hatten, und sei es in der Tendenz auf mehr Formalisierung. Diese Tendenz zur Formalisierung ist schon - in der Soziologie - bei Georg S i m m e l zu finden, der zeitweise eine "formale Soziologie" begründen wollte, mit der er die Soziologie besonders gut gegen den Einwand geschützt hätte, sie betriebe doch nur das Geschäft anderer Disziplinen. Voll entwickelt findet sich die Tendenz zur Formalisierung dann bei Talcott P a r s o n s (1947/51), mit dem Begriffe wie "System", "Struktur" und "Funktion" beherrschend in das Begriffsgebäude der Soziologie einrückten. Eine ähnliche Tendenz mit weiterreichenden Folgen findet sich dann bei Niklas L u h m a n n , mit der Entwicklung einer "Systemtheorie" mit einem weitgehenden aber in seiner Zielrichtung ungeklärtem Anspruch.

Diese Entwicklung führte dazu, daß z.B. Friedrich T e n b r u c k in seinem Beitrag "Die Soziologie vor der Geschichte" (in: Peter L u d z [Hrsg], Soziologie und Sozialgeschichte, 1972) von der Soziologie forderte, sich von vorgefaßten Schemata zu lösen und "zurück zur wirklichen Geschichte, zu den tatsächlichen Regelhaftigkeiten der Geschichte" zu gehen. Diese eben gegen die formalisierende Soziolgie - besonders wohl Talcott Parsons, aber auch bereits Niklas Luhmann - gerichtete Forderung verband er mit einer zweiten: "Geschichte" sollte nicht als Geschichte nur einer Gesellschaft gesehen werden, sondern im Rahmen eines Mehr-Gesellschaften-Modells, d.h. als Ergebnis von inneren Entwicklungen in einer Gesellschaft in Verbindung mit Außeneinflüssen. Das hieß auch, die Hauptentwicklungslinien anderer, meist die betreffende Gesellschaft umgebender, Gesellschaften, Kulturen oder Nationen einzubeziehen. Tenbruck argumentierte also nicht nur gegen das Reduzieren der "Fülle der Geschichte" auf Grundfiguren, wie "System" und "Struktur", und damit gegen eine Dehistorisierung unseres Geschichtsbildes, sondern auch gegen die Idee, daß "Lagen" grundsätzlich ihre Entwicklungstendenz "in sich" hätten. Zugleich richtete er die Aufmerksamkeit auf das geschichtliche Auftreten von "Herrschaft" als einem neuen Determinationssystem, das wiederum nicht getrennt von den Entwicklungen in anderen konkurrierenden Herrschaftssystemen gedacht werden könne. Soziologie könne also ohne Zusammenarbeit mit der Geschichtswissenschaft nicht bestehen.

Diese Forderung an die Soziologie enthält allerdings auch eine weniger bemerkbare an die Historiker: Wenn Geschichte auch im Hinblick auf Sozialgeschichte und Soziologie erforscht wird, fällt es der Soziologie leichter, von diesem Material einen Gebrauch zu machen, der dem Geschichtsverständnis der Historiker nicht zuwiderläuft.

Abgesehen davon, daß sich eine derartige, entgegenkommende Aufbereitung des geschichtlichen Materials erst in den beiden jüngeren Historikergenerationen langsam durchgesetzt hat, bleibt als Desiderat die Einbeziehung von Einflüssen anderer Gesellschaften oder Kulturen auf das "Geschehn vor Ort".

Es gibt also eine Annäherung von Soziologie und Geschichtswissenschaft, die sich wohl auch in den Arbeiten, die zu Anfang dieses Abschnittes erwähnt wurden, niedergeschlagen hat.

Trotzdem bleibt das Problem, daß der nicht-ethnologisch arbeitende Soziologe in der Regel das Bild von der Gesellschaft in sich trägt, das er zu haben wünscht, wenn er sich nicht laufend mit der inneren Ethnologie der praktischen Sozialforschung ständig beschäftigt, nämlich den Sozial-Indikatoren-Forschern und ihren Ergebnissen oder - wohl eher als Politologe - mit multinationalen Vergleichen "ex officio" beschäftigt ist. Aber auch dann bleibt das Problem, das bestimmte ideologische Einstellungen - sei es in welcher Richtung und welcher Herkunft - das eigene Gesellschaftsbild verfälschen, was sich nun wieder nicht sehr förderlich auf die Sicht und Interpretation anderer Nationen, Kulturen oder Gesellschaften auswirken kann. Neben dieser ideologischen Schwierigkeit ergibt sich für die Betrachtung der deutschen Geschichte unter Einbeziehung der Nachbarländer z.B. die Frage, was "Deutschland" sein soll, wenn man die Zeitskala zurückgeht. Ein "Deutsches Reich" mit klar abgesetzten Grenzen - "Deutschland" genannt - gab es erst seit 1871. Die Geschichte einiger Nachbarländer begann erst zu Beginn des 19. Jahrhunderts (Belgien) oder - als "Nation" - erst in der Mitte des Jahrhunderts (Italien). Und zielt man auf "Europa", so wird die Sache nur komplizierter, denn bis heute kennt man dessen Grenzen nicht, hat sich also nicht auf eine Gesamtdefinition geeinigt, sprich: Weiß nicht genau, welche Länder dazu gehören oder gehören sollen. Historiker lösen das Problem pragmatisch, d.h. sie bezeichnen die betreffenden Länder so, wie sie sich selbst zu der Zeit benannten. Allerdings kann man beobachten, daß solche Vorsicht nicht immer waltet, und insbesondere fehlt oder fehlte häufig der Hinweis "das damalige...". In der Tat ist ein solcher Hinweis ja auch nicht nötig, wenn man annehmen kann, daß der fachkundige Leser sowieso informiert ist...
Als nächste Schwierigkeit bei der Einbeziehung von Außeneinflüssen folgt die des Nachweises. Behauptet man, daß ein Umstand, eine Maßnahme, eine "Bewegung" eines Nachbarlandes auf das eigene Land in seinem damaligen Zustand Einfluß gehabe habe, so muß das bewiesen werden. Das kann äußerst schwierig sein, auch, wenn die Behauptung einsichtig ist. Zu oberflächlicheren

Einflüssen lassen sich viele glaubhafte Beispiele finden. So wurde im neuen - zweiten - Deutschen Reich nach 1871 die Farbe Schwarz zur Modefarbe. Das kam daher, daß man sich nach der Pariser Mode richtete. Allerdings trug man dort Schwarz als Trauerfarbe wegen des verlorenen Krieges.

Auch Einflüsse aus Besatzungszeiten gehören noch zu dieser Kategorie; oft enden sie aber bei übrigbleibenden sprachlichen Rudimenten. Tiefergehende Einflüsse, wie in der napoleonischen Zeit durch den "Code civil" sind seltener. Wirklich durchgehend umstrukturierende Einflüsse ergaben sich vermutlich durch wirtschaftlich-technische Überlegenheit, wie zu Anfang des 19. Jahrhunderts von England ausgehend im Preußen-Deutschland und nach der Mitte des Jahrhunderts in Japan. Wieweit aber auch hier das innere Gefüge der Gesellschaft nachhaltig beeinflußt wurde, ist offenbar schwer zu entscheiden.

Als weitere Schwierigkeit ergibt sich die Lösung des Problems, was denn jeweils "außen" sein soll. Faßt man "Außeneinflüsse" als Einflüsse von "Umwelten" auf, dann kommt man allerdings - wie Niklas Luhmann vielfältig gezeigt hat - in ein äußerst kompliziertes und komplexes Feld. Denn "Umwelten" sind nach Parsons, dann Luhmann, zuerst "innere" Umwelten, wie die Eigenheiten von Organismen, Persönlichkeitsstrukturen, Subsystemen, die auf ein gesellschaftliches Ganzes rückwirken, gleichgültig, ob von ihm selbst aufgebaut (z.B. per Sozialisation oder Gründung) oder nicht (wie z.B. - vorerst - bei genetischen Codes). Für soziale Subsysteme, Organisationen usw. gilt weiter, daß alle sie irgendwie "berührenden" Subsysteme ihre Umwelt sind, so, wie sie zu deren Umwelt oder Umwelten gehören. Erst dann kommen die großen Außensysteme, wie andere Gesellschaften, Nationen, Kulturen. Damit ist aber nicht gesagt, daß deren Einflüsse immer direkt das ganze andere System betreffen. Einzelne Subsysteme, z.B. ein Musikstil, eine Moderichtung, ein Produkt, eine politische Maßnahme (die an sich nach innen gerichtet ist) können die parallelen Subsysteme anderer Gesellschaften beeinflussen und unterliegen vielleicht zugleich deren Einflüssen, ohne daß damit gesagt ist, daß derartige partielle Einflüsse -

sozusagen "durchsickernd" - andere Bereiche "infizieren" oder womöglich das andere Gesellschaftssystem als Ganzes betroffen ist.

Bei der zitierten Arbeit von M o o r e wird das sehr deutlich: In den nicht-westlichen Kulturen, Japan voran, wird als Außeneinfluß ganz herausragend die Technik der Fremden übernommen. Die Innenstruktur der Gesellschaft bleibt dann von weiteren Außeneinflüssen relativ unberührt, obwohl sich die ganze Gesellschaft unter dem Druck der technischen Entwicklung zu verändern scheint. Und für China gilt das - vermutlich - noch viel ausgeprägter (Moores Aussagen hängen besonders hier an der Perspektive der 60er Jahre fest...).

Im Großen und Ganzen bleibt es also dabei, daß in der Regel - von Spezialstudien abgesehen - in soziologisch angesetzten sozialhistorischen Studien - wie den nachfolgend behandelten - Außeneinflüsse auf die behandelte Gesellschaft selten anders als pauschal abgehandelt werden, wobei auch hier meist eine für die "westliche" Welt festgestellte Bewegung als Modell für die sozusagen nachfolgende "andere" Welt angesehen wird, mit mehr oder weniger ausgeprägten Vorbehalten, z.B., was die industriell-kapitalistische, oder besser: staatskapitalistisch-industrielle Entwicklung in Südostasien anbetrifft, innerhalb derer heute Taiwan, Hongkong, Südkorea und Singapur die Vorreiter sind.

Einen Sonderfall bilden die heute fast verschwundenen "teleologisch" orientierten sozialhistorischen Ansätze, in denen die zukünftige Entwicklung (aus der Sicht der damaligen Zeit!) feststeht (Telos = Ziel) und wo daher der Ablauf der Geschichte aus der Vergangenheit "über uns hinweg" und für alle Gesellschaften schon festgelegt ist.

Diesen Ansätzen müssen wir daher noch einige Zeilen widmen.

1.3 Teleologische Ansätze

Gesellschaftshistorische Ansätze haben sich in Europa weitgehend unter dem Einfluß der Philosophie, dann Sozialphilosophie entwickelt. Das ist leicht zu erklären: Neben der Medizin und Jurisprudenz/Rechtslehre sowie Theologie war die Philosophie eine der ersten als " Fakultät" installierten Disziplinen bei der Entwicklung der europäischen Universitäten. Als Erbin der Theologie - worüber gleich etwas zu sagen ist - war sie die "Mutter der großen Gedanken", erst von etwa 1750 ab begleitet von der sich entwickelnden Volkswirtschaftslehre, der "Nationalökonomie" oder "Politischen Ökonomie", deren Initiatoren verständlicherweise praxisnäher waren als die Philosophen, was nicht hinderte, daß auch sie großen Gedanken anhingen. Entsprechend schreibt D r e i t z e l (Hans-Peter Dreitzel [Hrsg.], Sozialer Wandel-Zivilisation und Fortschritt als Kategorien der soziologischen Theorie, Luchterhand, Neuwied und Berlin, 1967) in seinem Nachwort: "Über die historische Methode in der Soziologie" (hier: S. 452): "Die Soziologie hat ihren Ursprung in der Geschichtsphilosophie des 18. und 19. Jahrhunderts. Es ist daher leicht zu verstehen, daß fast alle älteren soziologischen Theoreme Postulate von 'Entwicklungsgesetzen' waren und ganz ebenso, daß diese 'Entwicklungsgesetze' in erster Linie teleologische Begründung erfahren. Diese Begründung bestand im wesentlichen in der Behauptung, das Ziel der menschlichen Entwicklung sei ein zu sich selbst gekommenes, autonomes und damit endgültig seiner Geschichte mächtiges Menschengeschlecht. Man versuchte, diesen metaphysischen, ursprünglich aus der christlichen Endzeitlehre stammenden Chiliasmus (= der aus der jüdischen Apokalyptik stammende Glaube an das Kommen eines Tausendjährigen Reiches) sodann empirisch abzusichern, indem man die unübersehbare Fülle geschichtlicher Fakten in dem Netz eines Entwicklungsschemas einzufangen trachtete, das jedes einzelne Faktum auf ein zeitliches Kontinuum auftrug und womöglich aus einem jeweils früheren genetisch erklärte. So entstanden die soziologischen Entwicklungstheorien von Marx, Comte und

Spencer als ein Konglomerat aus echter historischer Theorie und geschichtsphilosphischem Chiliasmus."
Was Dreitzel nicht betonte und was fast immer vernachlässigt wird, ist, daß "Teleologie" fast immer auch "Theologie", d.h. Gotteslehre meint; das bedeutet nichts anderes, als daß hinter teleologischer Geschichtsdeutung in der Regel eine Gottesvorstellung steht, sei es in der Form des direkten und ungebrochenen Glaubens an Gott, sei es in verborgenerer Form. Der verweltlichte Mensch von heute, der womöglich nicht an einen Gott glaubt, also ohne jede besondere Betonung Atheist ist, übersieht allzuleicht, daß die Gedanken- und Gefühlswelt der Vergangenheit mit Vorstellungen vom Wirken Gottes durchsetzt war, eines Gottes, um dessen Existenzform schon sehr früh gerungen wurde, dessen Existenz aber grundsätzlich nicht bezweifelt wurde. (Die Hemmungen, sich heute als "Atheist" zu bekennen, verweisen auf die Macht dieser Idee und der damit verbundenen Folgeideen und selbstverständlich auf die Macht einer Kirche, die - in unterschiedlichen Konfessionen - noch immer einen außerordentlich und gern unterschätzten Einfluß hat!). Das heißt aber nichts anderes, als daß in praktisch allen Diskussionen der Vergangenheit - und wie oben gezeigt, auch heute noch - die Gottesidee anwesend war und mitspielte. Das mag dem Nichtinteressierten gleichgültig sein und von ihm unbemerkt bleiben; aber das mindert nicht das Gewicht der Aussage, daß für die Mehrzahl der Menschen das Schicksal dieser Welt "in Gottes Hand" liegt, besonders aber ihr persönliches und in vielen Fällen auch das "ihres Landes", was das auch immer sein mag, "Volk", "Nation" o.ä..
Wie dem auch sei, die Gottesidee ist aus dem Denken der Menschen der Vergangenheit nicht wegzudenken; das bedeutet aber auch, daß nicht nur in der Theologie und Philosophie dauernd mit der Frage gerungen wurde, wie Gott sich auf dieser Erde darstellt und wie er überhaupt zu denken sei, was angesichts unübersehbaren Elends und Leids in der menschlichen Geschichte bereits reichlich Probleme bereitete. Entsprechend fand die Gottesidee auch in der Sozialphilosophie und "Historie" ihren Platz, näm-

lich mit der Annahme, daß die menschliche Entwicklung durch Gottes unsichtbare und oft unverständliche Führung letztendlich doch zum "Höheren" gelangen würde, was religiös gesehen das "Tausendjährige Reich" sein konnte, weltlich ein besserer, ja schließlich idealer Zustand von Gesellschaft und Mensch. Dieses "Prinzip Hoffnung" konnte sich im Laufe der Ernüchterung der Menschen und angesichts der Schwächung einer Glaubensbereitschaft scheinbar völlig von seinem religiösen, hier: christlichen Ursprung lösen. Es bleibt dann eine Art von tapferem oder stoischem Optimismus. Aber bei näherem Hinsehen - was äußerst empfehlenswert ist - wird dennoch der "religiöse Background" durchscheinen, jenes teleologische, chiliastische oder "eschatologische" Element (Eschatologie: Lehre von den letzten Dingen, auch vom Weltende und einer "sündlosen" Welt), das unfehlbar auf das "Wirken Gottes" und damit auf die unterdessen so gern vermiedene Gottes-Gestalt verweist. Das ist oft nicht leicht zu erkennen. Deutlich ist es noch bei einem Denker wie Immanuel K a n t (1724-1804) zu erkennen, wenn eine der sogenannten vorkritischen Schriften heißt: "Der einzig mögliche Beweisgrund zu einer Demonstration des Daseins Gottes" (1762). Später, 1781, verzieht sich der deutliche Gottesbegriff in den Begriff der "Freiheit" im Gegenspiel zu den "Gesetzen der Natur"; und nur in Sätzen über die Immaterialität und Unsterblichkeit der Seele leuchtet der Glaubenshintergrund deutlicher auf. Aber in der Kritik der Theologie heißt es dann doch wieder, daß die Idee Gottes zwar unsere Erkenntnis nicht erweitert, wir aber so handeln müßten, als ob es eine Totalität der Welt gäbe, als ob die Seele unsterblich sei, als ob Gott existiere. Dies schon recht abgesetzte "als ob" wird dann aufgefangen durch die Frage nach der Quelle des höchsten Gutes, und sie kann nur Gott sein. (Cunow erwähnt im S. 40 zitierten Werk zu K a n t die folgenden verräterischen Stellen: "verborgene(r) Plan der Natur" (Bd. I, hier S. 207/208); "Vorsorge der Natur" (209); "Vorsehung in der Natur" (210); "Welturheber ... waltende Vorsehung" (210); "(daß) ... wir ein höheres, moralisches, heiligstes und allvermögendes Wesen (annehmen müssen)").

Dieses dramatische Schwanken Kants zwischen Glauben und hartem Erkenntnisdruck ist aber noch lange nicht üblich, auch nicht bei Philosophen und Sozialphilosophen (selbstverständlich nicht bei den ausdrücklich gläubigen katholischen Wissenschaftlern oder besser: Gelehrten). Die Kantsche Haltung ist auch in sofern noch kein "Durchbruch" zu einer von Gottesglauben unbehinderten Geschichtsauffassung, als ihn mit allen Denkern der Zeit die Annahme einer teleologischen Gesetzmäßigkeit verbindet: Es ist im Sinne eines moralisch als notwendig zu denkenden Gottes eine Zielvorstellung notwendig. Das heißt, die Idee ist virulent und bleibt virulent, daß es eine übernatürliche Kraft gibt, die den Lauf der Welt in einer Richtung ausrichtet, und das kann, da Gott nicht als Satan angesehen werden kann, nur eine positive sein.*

Die Anstrengungen, sich von der religiös-kirchlichen Autorität zu emanzipieren, sind seit dem 17. und 18. Jahrhundert ungebrochen. Freiheit und Autonomie des Menschen sind immer wieder propagierte Ziele. Aber selbst bei den fortgeschrittensten Denkern ihrer Zeit wie Francis Bacon (1561-1626), Spinoza (1632-1677) oder Leibniz (1646-1716) läßt sich leicht die alte Gottesidee doch noch entdecken. Und sogar der französische Denker und Weltmann Montaigne (1533-1592), auf den wir noch zurückkommen werden (s. Abschnitt zu T o u l m i n), kann sich zwar vorstellen, daß es mehrere Welten gibt, bleibt aber, sozusagen in praktischer Absicht, fromm und bedingt gottesgläubig.

Bei H e g e l (Georg Wilhelm Friedrich, 1770-1831) erleiden die bis dahin in wichtigen Ansätzen entwickelten Denk- und Glaubenstendenzen einen eigenartigen Rückschlag. Zwar war es schon seit langem Tradition, die Entwicklung des Menschengeschlechts in drei Schritten oder Stadien zu sehen: Von einem rohen Zustand zu einem des magischen Glaubens und dann zu einem aufgeklärteren Zustand. Aber Hegel blieb es vorbehalten, diesen Ideen eine neue

---

* So fern ist diese Idee auch frühen Denkern nicht; s. dazu Karl S. G u t h k e , Die Mythologie der entgötterten Welt, Vandenhoeck u. Ruprecht, Göttingen, 1971.

Dynamik zu verleihen. Bei ihm ist die Gesamtheit der Wirklichkeit die Selbstverwirklichung einer Idee, und zwar in drei
"dialektischen" Schritten: Einer These, der sich aus ihr entwickelnden Antithese, und der beide auf höherer Ebene verbin-
denden und damit überhöhenden Synthese. Dieser Gedanke einer
steuernden Idee und deren Selbstverwirklichung in drei Schritten gibt dem Weltgeschehen eine von Denkern nachzuvollziehende
Gestalt: Es ist ein Prozeß, den man mitdenken kann.
Die "Idee" ist nun der "Geist", der seiner Bedeutung nach der
"Weltgeist" ist; im angedeuteten Prozeß verwirklicht er sich
selbst, d.h. er kommt aus unreflektierteren Zuständen zu einem
sich selbst reflektierenden Bewußtsein, das eine seiner würdige, reale Zeit schafft. Damit ist dieser Geist die zu sich
selbst gekommene Vernunft.
Es braucht kaum großer Einfühlungsgabe, um zu erraten, daß
dieser Weltgeist Gott ist; und Hegel verrät sich immer wieder,
wenn er z.B. sagt, die Vernunft, das heißt Gott (und selbstverständlich ein männlicher Gott). Der Einfluß Hegels auf Denker
aller Richtungen ist nur zu verstehen, wenn man weiß, daß für
Hegel die Zeit der Erfüllung des im Dreischritt sich vollziehen-
den Weltgeschehens da war oder unmittelbar bevorstand. Sieht
man davon ab, daß Hegel sich selbst mit der Feststellung, daß
der Weltgeist in seiner Zeit (etwa 1820) zum "Anundfürsich-
sein", d.h. zu sich selbst gekommen sei, quasi zum Repräsentanten eben dieses Weltgeistes machte (d.h. eigentlich: Gottes...),
dann bleibt nur anzumerken, daß die jüngeren Denker, aber verständlicherweise besonders die gesellschaftskritischen, seine
Denkrichtung mit Begeisterung aufnahmen.
Während die "rechten Hegelianer" eher dazu neigten, Hegels Andeutungen, daß der Weltgeist die höchste Ausformung im preußi-
schen Staat (seiner Zeit natürlich) gefunden habe zu akzeptieren, deuteten die "linken Hegelianer" sein Denkmodell sozusagen
zeitversetzt: Die gegenwärtige Zeit wurde als die der Geburts-
wehen jener dritten, beglückenden Phase angesehen, der der Weltgeist auf dem Wege zu seiner Selbstverwirklichung zustrebte.
Diese Anfangsphase einer endgültigen Emanzipation des Menschen

mußte nur noch ihren Schub durch den denkenden Menschen bekommen, der damit zum Vollstrecker der Absichten des Weltgeistes
wurde: Der Weg des Weltgeistes war nicht nur im Denken nachzu-
vollziehen, sondern im Handeln, in der Tat, zu vollenden.
Mit diesen Ausführungen leiten wir direkt zu Marx, einem linken
Hegeladepten, über. Ein kurzer Abschnitt zu Marx' Ideen folgt.
Hier muß aber darauf verwiesen werden, daß die Idee einer
Zielgerichtetheit der menschlichen Entwicklung weder die nach-
marxistischen noch die ausdrücklich nichtmarxistischen Denker
so leicht verlassen hat. Die Vorstellung, daß der Fortschritt
der Vernunft ein langsamer, aber unaufhaltbarer sei (so etwa
Sigmund Freud), scheint von Bescheidenheit zu zeugen. In Wirklichkeit ist auch sie eine teleologische Annahme: Die Menschen
werden zwar gebildeter oder informierter und insofern klüger;
nirgendwo steht aber geschrieben, daß sie damit auch vernünftiger werden. Wenn daher unterstellt wird, daß sie sozusagen
zwangsläufig vernünftiger werden, dann wird damit logisch gleichzeitig ein in ihnen liegender "Trend" unterstellt. Das könnte
nun zwar eine Sache der genetischen Ausstattung sein, aber
selbst dann wäre eine solche "Anlage" doch "von jemand" angelegt. Und das könnte wiederum nur eine exterrestre Macht sein,
nicht weit vom Weltgeist entfernt, der ja nur der verschämt
umbenannte Gott ist.
Gerhard W a g n e r meint in seiner kritischen Untersuchung:
"Gesellschaftstheorie als politische Theologie?" (Duncker und
Humblot, Berlin, 1993), daß diese Linie praktisch doch noch
teleologisch/theologisch angelegten Denkens bis hin zu Jürgen
H a b e r m a s reicht. Wir werden darauf zurückkommen. Hier sei
zu Habermas langjährigen Bemühungen um die Ableitung und Klärung eines "herrschaftsfreien Diskurses", also herrschaftsfreier
Kommunikation, nur angemerkt, daß dieser Tendenz ein sittlich-
moralischer Anspruch anhaftet, der insofern etwas Fragwürdiges
in sich hat als hinter ihm der Druck des "unvermeidlich Guten"

zu stehen scheint. Hinter der fast herrischen ("imperialen") Forderung "Sei gut!" (sprich: kommuniziere herrschaftsfrei!) steckt ein verdächtig hoher Anspruch.*

In jedem Fall ist es hochinteressant zu verfolgen, wie sich der Gottesbegriff auf uns zu verweltlicht hat und damit auch versteckt hat. Im Verlauf der Geschichte und mit den Veränderungen der geistigen Auseinandersetzungen verschwand er z.B. hinter dem Naturbegriff ("natürliche Aufgabe des Menschen"), dann wieder im Rechtsbegriff ("Naturrecht"), dann war er teils identisch mit dem Vernunftbegriff und in verschiedenen Nationen mit dem Volksbegriff; dann wechselte er vom "Geist" (der z.B. in der Lebensphilosophie - als Versatzstück für "Intellekt" fast zum Teufel werden konnte) zur "Seele" über; oft steckte er in der "Entwicklung", im "Fortschritt", selbstverständlich im Begriff von "Kultur". Und man kann sich des Eindrucks nicht erwehren, daß er noch in so neutral sich gebenden Begriffen steckt, wie dem des "Systems", soweit es nämlich eine eigenartige Eigenmacht vom Denken verliehen bekommt, die kaum erklärlich ist. Unerklärlich ist aber nur "jenes jenseitige Wesen".**

---

*   In diesem Zusammenhang sehe ich auch die Erwähnung der „Kommunikativen Ethik" [bei Karin R i t t n e r: „Die Marxsche Konzeption vom Zivilisationsprozeß und das Fortschreiten der Realabstraktion", S. 28, in: Dietmar K a m p e r , Hrsg., Abstraktion und Geschichte - Rekonstruktionen des Zivilisationsprozesses, Carl Hanser, München-Wien, 1975]. Kommunikative Ethik richtet sich gegen das „unwahre Leben", d.h. will „wahres Leben" verwirklicht haben. Das ist eine gläubige Konstruktion, mit der ich nichts anfangen kann [s. z.B. J. H a b e r m a s, Philosophisch-politische Profile, Suhrkamp, Ffm., 1981, S.449]. Sie erinnert mich zu sehr an das „Reich der Freiheit", das ja der Vorsehung zu verdanken wäre. Zu diesem Komplex s. auch: Fritz B e h r e n s , Abschied von der sozialen Utopie, Akademie-Verlag, Berlin, 1992.

**   Aus christlicher Sicht ergibt sich verständlicherweise ein völlig anderes Bild. S. dazu Otto M a n n , Die gescheiterte Säkularisation, Katzmann Verlag, Tübingen, 1980.

2. Soziologisch-sozialhistorische Ansätze aus gesamtgesellschaftlicher Perspektive

Den folgenden Skizzen liegen sozialhistorisch orientierte Arbeiten bekannter Autoren zugrunde, die die europäische oder überhaupt gesellschaftliche Entwicklung "auf uns zu" in soziologischer Perspektive analysieren. Das heißt, diese Autoren - meist fachlich nicht leicht festlegbar - versuchten und versuchen, den heutigen Zustand aus weit zurückliegenden Prozessen, Ereignissen, Konstellationen und Ideen zu erklären, wobei Prognosen, d.h. Mutmaßungen über die zukünftige Entwicklung, meist ein- oder angeschlossen sind. Die Vergangenheit als Ausgangsbasis wird dabei in unterschiedlich sorgfältiger Weise dargestellt und analysiert. Daher folgt diesem Hauptabschnitt ein weiterer zu Themen, die in den hier folgenden Ansätzen zu kurz kamen oder kommen, so daß das historische Wissen von Nichthistorikern in dieser Hinsicht etwas aufgefüllt werden kann. Von einer Zwangsläufigkeit der gesellschaftlichen Entwicklung ist bei keinem der im folgenden angeführten Autoren die Rede, außer bei Marx, abgeschwächt vielleicht auch bei Max Weber. Wie schon erwähnt, wird aber doch auf Marx zurückgegriffen, um zu zeigen, wo die teleologischen oder eschatologischen Elemente bei ihm liegen (was manche Kommunisten noch heute bestreiten); und der Ansatz von Max Weber ist derartig bekannt und wirksam geworden, daß er in einer solchen Folge von Diagnosen nicht fehlen darf.

2.1 Karl Marx - Die Aufhebung von Entfremdung

Will man sich, ohne unnötigerweise eine Beschreibung seines Lebens und Werkes zu wiederholen, heute mit Marx beschäftigen, dann ist zum Verständnis der "Anschlußselektivität" (Luhmann) unserer Zeit, d.h. zum Begreifen dessen, was de facto und in der "Erinnerung" ausgeschlossen wurde, eine Vergegenwärtigung seiner Zeit notwendig. Damit ist hier selbstverständlich nicht

eine umfassende Zeitbeschreibung und -diagnose gemeint, sondern
eine Reihe von Informationen über die damals, in Marx' Studier-
, dann erster Erwerbszeit herrschenden Verhältnisse und die aus
den "Zeichen der Zeit" abzulesenden Zeichen von Wandel. Denn
Marx interessiert hier nur unter dem Aspekt seiner Sicht des
notwendig kommenden Wandels. Dazu zuerst ein Exkurs.
Philip A b r a m s schreibt in: "Das Bild der Vergangenheit und
die Ursprünge der Soziologie" (in: Wolf L e p e n i e s (Hrsg.),
Geschichte der Soziologie (in vier Bänden), Bd. I, Suhrkamp,
Ffm., 1981, S.75 ff.):

"Wir beginnen mit John Burrows Beobachtung (in: Evolution and
Society, Cambridge, 1966, S. 93), daß Sozialwissenschaften in
erster Linie eine Antwort auf die Anarchie waren: 'Soziale
Anarchie als Befürchtung, geistige Anarchie als Tatsache'. Vielleicht noch wichtiger ist es, daß die soziale und kulturelle
Verwirrung der Zeit nicht als Folge von Schlechtigkeit angesehen wurde (wie etwa eine vergleichbare Unordnung im 17. Jahrhundert verstanden worden wäre), sondern als eine Folge der Geschichte. Das Gefühl der Unordnung war (Anfang des 19. Jahrhunderts, also nach Napoleon und der vorhergehenden Franz. Revolution von 1789-1793; Anm. d.V.) allgegenwärtig und akut. Es war
so intensiv, daß viele sich nicht imstande fühlten, zu sagen,
was los war, nicht einmal auf der bescheidensten Stufe der
Abstraktion. Die mißliche Lage wurde von Lamartine in seiner
Darstellung des Alltags in den letzten Monaten der Juli-Monar-
chie gut beschrieben: 'Diese Zeiten sind Zeiten des Chaos;
Meinungen wogen durcheinander; Parteien sind ein Mischmasch;
die Sprache der neuen Ideen ist noch nicht geschaffen; nichts
ist schwieriger, als eine gute Definition seiner selbst in
religiöser, philosophischer und in politischer Hinsicht zu geben. Man fühlt, man weiß, man lebt und, so nötig, stirbt man für
irgendeine Sache, doch man kann sie nicht benennen. Unserer Zeit
ist es zum Problem geworden, Dinge und Menschen zu klassifizie-
ren. Die Welt hat ihren Katalog durcheinandergebracht.'[*] Die
Kaufleute und Großgrundbesitzer, die sich im Jahre 1838 zur
Gründung der Bristol Statistical Society zusammenschlossen, wurden
durch Motive zu einem Interesse an Sozialforschung gebracht,
die sich nicht sehr von denen unterschieden, die Durkheim und
LePlay bewegten: 'In einem einfachen Gesellschaftszustand (stellten sie fest) kann ein Mann leidlich genau seine Pflichten
gegenüber den Armen kennen ... aber was soll man über jenen
künstlichen und komplizierten Stand der Dinge sagen, da eine
Nation (selbstverständlich England!; Anm. d.V.) für die halbe

---

[*]   Zit. n. C. Geertz, Ideology as a Cultural System, in: D. Apter
       (Hrsg.), Ideology and Discontent, New York 1964, S. 43.

Welt produziert - und dann die Folge unausweichlich eine enorme Distanz zwischen dem Arbeiter und einem Arbeitgeber ist, der kaum sichtbar und als Person nicht mehr vorhanden ist?'.[*]
Mit der schnellen und erstaunlich vielgliederigen Ausdehnung der Arbeitsteilung beginnt das Problem. Aber Schicht um Schicht von Verflechtungen hatte sich darauf getürmt, bis jedes wirksame Empfinden eines historisch verankerten Prozesses verloren war."

Karl Marx wurde daher - 1818, 20 Jahre bevor die obigen Aussagen gemacht wurden - in eine schwierige Zeit hineingeboren; die politischen, wirtschaftlichen und persönlichen Probleme steigerten sich.

Er hatte studiert, seinen Dr. gemacht und hatte gute Chancen zu einer gediegenen Gelehrtenlaufbahn. Sie wurden zerstört durch seine Ablehnung als "Linkshegelianer", eine allgemeine Stoßrichtung dieser Zeit der auslaufenden Restauration.

Nach Auslandsaufenthalten in Paris und London kehrte er 1848 nach Köln zurück. Dazu sagt E. S c h r a e p l e r (Handwerkerbünde, Berlin, 1972, S. 201 f.):

"Als Marx am 10. April 1848 in Köln nach einem kurzen Aufenthalt in Mainz eintraf, fand er die Verhältnisse ... verändert vor. Die krasse soziale Not, eine Folge der katastrophalen Mißernten von 1845 und 1846 war abgeflaut. Dennoch bestanden weiter erhebliche Mißstände, die durch eine seit zwei Jahren' anhaltende Wirtschaftskrise verstärkt wurden. Diese hatte zur Lebensmittelverteuerung, zur Erschütterung der Bodenspekulationen und zum Niedergang des Handwerks geführt. Überlange (über 12 Std.; d.V.) Arbeitszeit, Ausdehnung der Frauen- und Kinderarbeit, niedrige Löhne sowie Unterernährung charakterisierten allgemein die Lage der Handwerker und Fabrikarbeiter im Rheinland. Die wirtschaftliche Stagnation rief nicht nur in der verproletarisierten Unterschicht Unruhe hervor, sondern verursachte auch im Kleinbürgertum eine politische und und soziale Gärung. In Köln, der größten Stadt Preußens nach Berlin und Breslau, war die Industrialisierung zwar langsamer fortgeschritten als in anderen Gebieten der Rheinprovinz, wie zum Beispiel der bergischen Heimat von Engels, doch hatte sich durch den Rückgang im Handwerk auch hier ein städtisches _Proletariat herausgebildet. Die Zahl der Bevölkerung vermehrte sich in der Zeit von 1843 bis 1846 von 78.500 auf 85.500. Ein großer Teil dieses Zuwachses betraf die Fabrikarbeiterschaft, die in der gleichen Zeit von 1.400 auf

[*]   Journal of the Statistical Society II (1839).

4.000 anstieg. Waren die Jahre 1843 und 1844 wirtschaftlich noch günstig, so trat mit der Krise von 1846 ein Stillstand der Bevölkerungsbewegung ein. Die berufslosen, noch nicht einmal über ein Existenzminimum verfügenden Kreise nahmen zu. Es kam zu Arbeitseinstellungen, zur Schließung von Betrieben und zum Bankrott des bekannten Bankhauses Schaafhausen. 25.000 Personen, rund 30% der Kölner Bevölkerung, standen auf den Unterstützungslisten für die Armen."[*]

Aus dieser Situation heraus (die weit hinter der englischen Entwicklung zurückblieb; s. dazu den Beitrag zu Walt R o s - t o w in dieser Arbeit) schrieb der unterdessen politisch verfolgte Marx zusammen mit Friedrich Engels 1848 das "Manifest der kommunistischen Partei", bekannter als "Kommunistisches Manifest". In dieser noch immer eindrucksvollen pamphletartigen Studie wird nicht nur versucht, eine Analyse der Gegenwart zu geben, in der besonders beeindruckend die Ausführungen über die historischen Leistungen der "Bourgeoisie" sind (wobei offen bleibt, was dieses "Bürger- oder Großbürgertum" genau ist), sondern die notwendige Ablösung der Bourgeoisie durch das "heraufkommende" Proletariat wird prophezeit und zum Programm gemacht, und zwar als ein unausweichlicher, durch den Gang der Geschichte vorbestimmter Prozeß. Dieser Idee der Vorbestimmtheit will ich hier noch einmal kurz nachgehen.
Marx hat den größten Teil seines tätigen Lebens der Erforschung des "Kapitals", des Zustandekommens, der Wirkungsweise und der wahrscheinlichen Zukunft dieses Phänomens gewidmet. Aber im Grunde forschte er doch nach den Ursprüngen und dem "Profil" sowie der Zukunft (oder vielmehr: Auflösung) von "Entfremdung".[**]
Zur Erklärung ein kurzer Rückgriff.
Die Idee, der Mensch sei durch eine Art Grundbestimmung "eigentlich" ein anderer, besserer, nicht ein "Engel", aber ein

---

[*]   Hier aus D. C l a e s s e n s „Kapitalismus und demokratische Kultur", Suhrkamp, Ffm., 1992, S. 221 f.

[**]   S. hierzu die wichtige Arbeit von Joachim I s r a e l , Der Begriff der Entfremdung - Makrosoziologische Untersuchung von Marx bis zur Soziologie der Gegenwart, Rowohlt, Reinbek bei Hamburg, 1972 (schwedisch 1970).

ungebundenerer, freier entscheidender und "natürlich guter"
Mensch, ist ein im "Abendland"[*] entstandener Gedanke, der dem
der Entfremdung zugrundeliegt. Er ist von der christlichen Religion zwar sicher mit veranlaßt (und das hinter dem Christentum
virulente Heidentum mag da mit gespielt haben), aber nicht
zufriedenstellend mit Profil versehen worden. Seine Wurzeln
sind jedenfalls älter als das Christentum. Schon von den sogenannten Vor-Sokratikern (ab ca. 600 v. Chr.) an finden sich
Gedanken dazu, daß nicht die Anschauung der Realität sondern das
Denken, der Verstand die Dinge in ihrem Ursprung erklären kann,
da hinter der Vielfalt der Erscheinungen einheitliche Grundlagen zu vermuten sind, hinter denen es etwas wie das "reine Sein"
gehen müsse, letztendlich auch ein belebendes und beseelendes
Element. Der Gedanke von "Gesetzmäßigkeit" kam durch die Stern-
beobachtung und die Beobachtung des Laufs von Sonne und Mond
dazu. Spätestens seit Parmenides (540-480) tritt dann die Auffassung auf, daß die Welt der äusseren Erfahrung nur ein Schein
ist, während dahinter das wahre Wesen der Welt sich befindet.
Diese und andere Spuren, die hier natürlich nicht verfolgt
werden sollen, führen zum "Höhlengleichnis" bei Platon (427-
347):

"Platon schildert (das Verhältnis von menschlich gesehener Realität und ideeller Wirklichkeit) anschaulich in seinem berühmten Höhlengleichnis im 7. Buch der Politeia ("Der Staat").
Danach sitzen die Menschen gleichsam gefesselt im vorderen Teil
einer Höhle, und zwar so, daß sie den Blick nicht dem Höhleneingang zuwenden können. Hinter ihrem Rücken brennt in einiger
Entfernung ein Feuer. Zwischen diesem und dem Höhleneingang
werden auf einem Querweg allerlei Gegenstände hin- und her-
getragen, die durch den Feuerschein Schatten auf die vor den
Menschen befindliche Höhlenwand werfen. Da für die Menschen
infolge ihrer Fesselung nur die Schatten sichtbar sind, so sehen
sie diese, da sie es nicht besser wissen, für die Wirklichkeit
an und halten es für Aufgabe der Wissenschaft, diese Schattenbilder zu erforschen. Aber erst wenn einer der Gefangenen die
Höhle verläßt, vermag er die Gegenstände, von denen er bisher

[*]   Aus der Sicht des Ritters in den „Kreuzzügen" (ca. 1050-1200) war die
    christliche Heimat, die sie bis zur Einnahme von Jerusalem erweitern
    wollten, das Land, wo die Sonne untergeht, das Abendland (Okzident,
    im Gegensatz zum islamischen Orient).

nur die Schattenbilder kannte, in ihrer Wirklichkeit zu erschauen. Beim Hinaustreten erkennt er durch das Erlebnis des Sonnenlichts nicht nur, daß das bisher Wahrgenommene nicht die Realität ist, sondern auch, daß die Ursache dieser Wahrnehmung, das Feuer, nicht das echte Licht ist. Erst durch das wahre Licht, das die Sonne symbolisiert, d.h. das Licht der höchsten Idee, die Idee des Guten, erschaut man die Wirklichkeit. So steht die Erkenntnis der Urbilder (Ideen) dem Wahrnehmen von Schattenbildern (Abbildern) gegenüber, wie das Licht der Sonne dem Schein des Feuers. Es gilt, aus dem Gefangensein des Menschen in der bloßen Sinneserkenntnis der Abbilder zur wahren Erkenntnis, der Erkenntnis der Urbilder (Ideen) zu gelangen."[*]

Etwas vereinfacht sagt dieses Höhlengleichnis bei Plato folgendes aus: Die Menschen sitzen in einer großen Höhle mit dem Rücken zum Eingang, durch den Licht fällt. Wenn draußen Wesen vorbeigehen oder Gegenstände sichtbar werden, werfen sie ihre Schatten an die Wand. Da die Menschen sich nicht umdrehen können, glauben sie, daß diese Schatten die Wirklichkeit seien. Würden sie sich aber umdrehen, dann sähen sie - zuerst vom Licht der Sonne geblendet - daß nicht die Schatten die Wirklichkeit sind, sondern die Gegenstände und Wesen (=Menschen) draußen. Gemeint ist, daß hinter den Dingen, die die Menschen sehen und glauben zu erkennen, eine andere, höhere Wirklichkeit liegt, die Wirklichkeit der Ideen, für die der Begriff "das Gute" nur ausdrücken soll, daß diese - erstrebenswerte - Wirklichkeit eine höhere ist.

Der Gedanke der Aufhebung einer Entfremdung hat also eine alte Tradition. (Außerhalb der Philosophie trat der Begriff "Entfremdung" in der Nationalökonomie, d.h. der Wirtschaftslehre, zur Charakterisierung der Veräußerung von Waren auf!). Bei Hegel ist Entfremdung nun - besonders in der "Phänomenologie des Geistes" - die Bezeichnung für den Verlust einer ursprünglichen Freiheit. Entfremdung bedeutet ab da, daß der Mensch seiner wahren Bestimmung entzogen ist oder wird. Im Hegelschen Sinne

[*]   Aus: Curt F r i e d l e i n , Geschichte der Philosophie, Erich
       Schmidt Verlag, Berlin, 1980, 14. Auflage, S. 49.

bedeutet das auch, daß der Mensch daran gehindert wird, "aufgehoben" zu werden, wobei dieses Wort zugleich bedeutet (bedeuten kann), daß etwas:

aufgehoben = vernichtet wird,

aufgehoben = höher gehoben wird, und

aufgehoben = bewahrt wird.

(Vernichten, zum Himmel, zu den Göttern hochheben und bewahren ist der alte Hintergrund des Opferrituals!)

Das "aufheben" bedeutet, in eine verweltlichte Sprache übersetzt, das Hochheben des Menschen in einen Zustand größerer oder höherer Freiheit, und zwar im Verlaufe eines Prozesses, in dem der alte, entfremdete Zustand verschwindet und über einen Zwischenzustand durch einen besseren ersetzt wird, der dann seinerseits ein dauerhafter, des Menschen würdiger sein wird.

Bei Marx wird der Begriff der Entfremdung besonders anhand des Arbeitsbegriffes und der Arbeitsteilung entwickelt: Existenzbewältigung in ihrer Totalität entfremdet den Menschen ursprünglich nicht, trennt ihn nicht von sich selbst. Aber bei der Produktion von Gütern und wirtschaftlicher Tätigkeit überhaupt wird der Mensch seiner wahren Bestimmung entfremdet. Welches ist die "wahre Bestimmung"? "An Feuerbachs Religionskritik anschließend, kritisiert Marx Recht, Politik, Philosophie und die gesamten bestehenden wirtschaftlich-gesellschaftlichen und politisch-sozialen Verhältnisse seiner Zeit", schreibt Peter L u d z (erst später Peter Christian Ludz!) in seinem Artikel zu Marx, in dem von ihm mitverfaßten "Philosophischen Wörterbuch" (Sammlung Göschen, W. de Gruyter, Berlin, 1958).

"Ausgehend von dem Gedanken, daß nicht das Bewußtsein des Menschen sein Sein, sondern das gesellschaftliche Sein das Bewußtsein bestimme, entwickelt Marx damit bereits in der Frühzeit die Grundzüge seiner späteren Lehre vom Unterbau (Basis) - Überbau und die Kerngedanken seiner Geschichtsphilosophie, den sogenannten historischen Materialismus. Grundlage des Geschichtsprozesses ist für Marx die Arbeit (Produktion der zur Aufrechterhaltung des Lebens notwendigen Lebensmittel). Von der gesellschaftlichen Arbeit aus, die zugleich Selbstverwirklichung und Selbstentfremdung des Menschen ist, beurteilt Marx den gesellschaftlichen Gesamtprozeß. Aus der Arbeit entsteht erst die geistige und gesellschaftliche Welt; gleichzeitig aber

führt die Arbeitsteilung (Teilung von Kopf- und Handarbeit) zu
einem Auseinanderfallen im Sein und Bewußtsein. In der kapitalistischen, auf dem Privateigentum an Produktionsmitteln aufgebauten Wirtschafts- und Sozialordnung tritt nun das in der
Arbeit liegende Entfremdungsmoment stärker hervor. Der Mensch
verliert sich selbst in der und durch die Arbeit (Entäußerung,
Entfremdung, Verdinglichung). Aus dieser Verlorenheit ... muß
sich der Mensch befreien ... Im kapitalistischen Wirtschaftssystem existieren nur drei Klassen: Arbeit, Kapital und Intelligenz. Besonders Arbeit und Kapital stehen sich als die beiden
gegenseitig entfremdeten Klassen gegenüber. Diese Vorstellung
des Kampfes zwischen Arbeit (Proletariat) und Kapital (bürgerliche Klasse) dehnt Marx nun auf die gesamte Geschichte seit dem
Schwinden des Urkommunismus und dem Beginn der arbeitsteiligen
Gesellschaftsordnungen aus. Das Proletariat enthüllt in seinem
Emanzipationskampf die verhüllende Ideologie (= falsches Bewußtsein) der bürgerlichen Klasse, - der ihre geschichtlich-
gesellschaftliche Situation nicht bewußt ist und auch nicht
bewußt werden kann -, indem es sich der objektiven gesellschaftlichen Situation bewußt wird und dieses Bewußtsein mit Hilfe ...
des historischen Materialismus in der Praxis verwirklicht und
damit zum "wahren Bewußtsein" kommt. Die Selbstverwirklichung
des Menschen ist nur dem Proletariat möglich ... Nur das Proletariat wird die Menschheit aus dem Stadium der ... Ausbeutung in
die klassenlose Gesellschaft, die die Freiheit sein wird, hin-
überführen."

Die verhinderte Selbstverwirklichung ist also Entfremdung, allerdings im Hinblick auf einen mit "Freiheit" nur unzulänglich
umrissenen Zustand.

Der Begriff der Entfremdung führt dann direkt auf den der "Verdinglichung" (der bei G. Lukács und Herbert Marcuse entwickelt
wurde): Das, was der Mensch in der Arbeit schafft, tritt ihm
grundsätzlich als ein Äußeres, nämlich als das geschaffene Produkt, entgegen; im Kapitalismus hat diese "Veräußerlichung"
sich verselbständigt, tritt dem Menschen als etwas Fremdes gegenüber und beginnt ihn zu beherrschen. Zugleich hindert es ihn
an der Verwirklichung seiner eigenen Bestimmung, der wahren
Bestimmung.* Im kapitalistischen Produktionsprozeß werden nicht

---

*   s. hierzu: H.J. S t ö r i g , Kleine Weltgeschichte der Philosophie.
      Fischer, Ffm., 1973, S. 164/165., insbesondere aber: Peter Ludz, Der
      Ideologiebegriff des jungen Marx und seine Fortentwicklung im Denken
      von Georg Lukács und Karl Mannheim, Suhrkamp, Ffm.,1995 (vorher: un-
      veröff. Diss. Berlin, 1955).

nur Waren als Objekte der Bedürfnisbefriedigung erzeugt, sondern wird auch der Mensch zur Ware. Damit werden Eigenschaften
und Fähigkeiten des Menschen selbst zu "Dingen", die man erwerben aber auch veräußern kann, als ob sie andere beliebige Waren
wären. Die proletarische Revolution wird dann diese Verhältnisse vermenschlichen.
Nach Wolfgang H a r i c h , in: "Kommunismus ohne Wachstum?"
(Rowohlt, Reinbek, 1975) hat Marx übrigens schon früh (1868,
beeindruckt durch ein Buch von Fraas: "Klima und Schutz der
Pflanzen" 1847, das voraussagte, daß der Mensch durch weitere
"Kultivierung" die Natur zerstören würde) die These von der
Zerstörung der Natur durch den forcierten Kapitalismus in seine
Ideenwelt aufgenommen.

2.1.1 Anmerkungen

Allein der Wirklichkeitsbegriff ist in der marxschen Theorie
problematisch, hierzu muß wieder auf die Arbeit von Peter
L u d z, S. 14 ff. verwiesen werden; damit in Zusammenhang zu
sehen sind Gedanken wie der, daß etwas "realer" sei (S.23). Marx
Glaube an "einen endlichen historischen Prozeß, der von der
Einheit von Theorie und Praxis gekrönt würde" zeugt von einem
naiven Optimismus (S. 36 b. Ludz).
Die Annahme einer Voraussetzung der zukünftigen Realisation des
"wahren Wesens" des Menschen ist rein teleologisch. Sie wurde
z.B. (es können hier nicht alle Marx-Kritiker aufgeführt werden) von Heinz P o p i t z (Der entfremdete Mensch, Basel,
1953; b.Ludz. op.zit., S. 106) thematisch gemacht.
Der tragende Begriff der Arbeitsteilung wird - aus begreifli-
chen Gründen - nie zeitlich festgemacht. Das hängt damit zusammen, daß Marx die Geschlechterteilung, im Grunde als Beginn der
Arbeitsteilung ansieht. Insofern ist der - zweigeschlechtliche
- Mensch bereits "entfremdet", eine Vorstellung, die Marx aber
selbst früh aufgegeben hat.
Der "Traum von einer Sache" (nämlich einer endgültig guten Welt,
und d.h. auch Gesellschaft) der über Bewußtmachung und dann die

"Tat" sich selbst verwirklicht (Ludz S. 158) gehört ähnlichen Denkkategorien an.

Die Idee des Kommunismus als "das aufgelöste Rätsel der Geschichte, d.h. die Lösung selbst" (MEGA Bd. 3, S. 86; b. Ludz S. 184) ist das logische Ergebnis.

Die Aussage (S. 194 b. Ludz; Marx-Engels, Deutsche Ideologie), daß - mit Bezug auf das Proletariat - "sein Ziel und seine geschichtliche Aktion ... sinnfällig, unwiderruflich vorgezeichnet" ist, unterstreicht nochmals die Vorwegnahme eines Endziels, von dem her dann gedacht wird (Endziel = Telos).

Die "Erlöserfunktion des Proletariates" beruht nicht nur auf einer teleologischen Vorwegnahme des "Geschichtsprozesses", sondern auch auf einer falschen Diagnose der Entwicklung der Berufsstruktur. 1890 waren bereits die Gruppen der Facharbeiter ("Arbeiteraristokratie"), Angestellten und Beamten derart angewachsen, daß sie zusammen mit den Meistern, Kleinbürgern und den historisch sowieso antiegalitären oder konservativen Schichten (vom Adel über das alte Bürgertum bis zu den einigermaßen gutgestellten Bauern) die Mehrheit der Bevölkerung ausmachten, was sie aber, da untereinander zerstritten, nicht registrierten. Ab 1895 (s. hier den Beitrag von Field und Higley) hatte das Proletariat keine demokratisch mehr zu erlangende Mehrheit, d.h. Herrschaftschance. Hier rächte sich besonders, daß Marx die "Zukunft der offenen Möglichkeiten" falsch einschätzte. Wie es eigentlich zum "bourgeoisen" Staat gekommen ist, dazu gibt es bei Marx nur wenig erleuchtende Ausführungen (s. dazu: Heinrich C u n o w , Die Marx'sche Geschichts-, Gesellschafts- und Staatstheorie - Grundzüge der Marx'schen Soziologie, J.H.V. Dietz Nachf., Berlin 1923, 4. Aufl., Band I, S. 300 ff.).

Die heraufkommenden Funktionen des modernen Staates - auch und gerade im Kapitalismus - werden übersehen oder falsch eingeschätzt.

Marx geht zu oberflächlich an den Ideen von Lorenz von Stein (s.u.) und auch an Alexis de Tocqueville vorbei, den er zwar - z.B. im "18. Brumaire..." und im "Brief zur Judenfrage" - erwähnt und von dem er sicher mehr Kenntnis hatte, dessen Einsichten aber weder kritisiert noch eingearbeitet wurden.

2.1.2 Lorenz von Stein

Lorenz von Stein (1815-1890), der 1842 mit "Kommunismus und Sozialismus des heutigen Frankreich" eine Reihe sehr geachteter Schriften zu ähnlichen Thematiken begann, gilt als derjenige, der die Loslösung einer selbständigen Gesellschaftslehre aus der alten Staatswissenschaft begonnen und den sozialen Gedanken in die Nationalökonomie hineingetragen hat. Er strebte eine Neuordnung der Gesellschaft mit dem Ziel der Beseitigung des Gegensatzes von Kapital und Arbeit an. Im Hintergrund stand bei ihm die Idee einer zwischen den je herrschenden und abhängigeren Klassen ausgleichenden Macht, die zu seiner Zeit real nur als "soziales Königtum" denkbar war. Arbeit ist für ihn die Grundlage einer alle Menschen umfassenden Sozialordnung, deren Pole Persönlichkeit und Gemeinschaft sind. Der Rahmen der Sozialordnung ist abgesteckt durch Besitz als "Machtfaktor des Lebens" auf der gesellschaftlichen Ebene, wirtschaftlich durch das Vermögen und rechtlich durch Eigentum. Größe und Art desselben bestimmen die Gliederung des sozialen Ganzen.
Dem Zeitalter der "Ausschließlichkeit des Besitzes" folgt das der Herrschaft der Arbeit über den Besitz.[*]

2.1.3 Alexis de Tocqueville

Alexis de Tocqueville (1805-1859) wird berühmt durch sein sehr erfolgreiches Werk: "Über die Demokratie in Amerika" (I. 1835;

---

[*] S. hierzu: W. B e r n s d o r f ,Hrsg., Internationales Soziologen-Lexikon, Encke, Stuttgart, 1959, S. 537 f. und Stefan K o s l o w - s k i , Die Geburt des Sozialstaates aus dem Geist des Deutschen Idealismus - Person und Gemeinschaft bei Lorenz von Stein, Akademie-Verlag, Berlin, 1989.

II. 1840) Der Philosoph Dilthey (1833-1911) schrieb über ihn:
"Er ist der Analytiker unter den geschichtlichen Forschern seiner Zeit, und zwar unter den Analytikern der politischen Welt
der größte seit Aristoteles und Machiavelli." Tocqueville entdeckte in den Vereinigten Staaten von Amerika die Realisierung
des Prinzips der Gleichheit, von dem er sagte, daß es nun als
beherrschendes die Welt nicht mehr verlassen werde, er sagte
auch die spätere Konfrontation der USA mit Rußland voraus und
machte ebenso ine Fülle eindrucksvoll sich bewahrheitender Aussagen über die zu erwartende kulturelle Entwicklung in Europa
sowie die Gefährdung einer einmal installierten Demokratie durch
Anarchie und Diktatur, wie auch durch eine "erdrückende Beamtenschaft".*
Tocquevilles "Über die Demokratie in Amerika" gehört zu den
Arbeiten, die ein soziologisch interessierter Mensch lesen muß!
(S. hierzu auch S. 80).

2.2   Max Weber - Rationale Analyse des Rationalisierungs-
prozesses?

Donald G.   M a c R a e   sagt in seinem lesenswerten und
kritischen Buch "Max Weber" (DTV, München, 1975, S. 64):

"Webers eigener Aussage zufolge war die geistige Welt, in der er
lebte, von Marx und Nietzsche geprägt. Zu einem seiner Studenten
sagte er im privaten Gespräch einmal: 'Die Redlichkeit eines
heutigen Gelehrten, und vor allem eines heutigen Philosophen,
kann man daran ermessen, wie er sich zu Nietzsche und Marx
stellt. Wer nicht zugibt, daß er gewichtigste Teile seiner
eigenen Arbeit nicht leisten könnte ohne die Arbeit, die diese
beiden getan haben, beschwindelt sich selbst und andere.' (Nach:
Eduard B a u m g a r t e n , Max Weber, Werk und Person, Tübingen
1964)."

---

*   Zitate aus dem Vorwort von J.P.   M a y e r   der Ausgabe von „Über die
    Demokratie in Amerika" bei Reclam, Stuttgart, 1990 (ursprünglich, wie
    angeführt, 1835 und 1840).

Zu Nietzsche fügt MacRae hinzu (S. 65):

"Keiner hat nachdrücklicher als er vor den Schrecken und der brutalen Tyrannei gewarnt, die das 20. Jahrhundert bringen werde - aber keiner hat auch mehr Intelligenz und sprachliche Ausdruckskraft darauf verwendet, eben jene Ideen zu formulieren, die den geistigen Nährboden dieser Tyrannei bilden sollten ... Nietzsches Ansicht nach ist die Menschheit von allzuviel christlicher Tugend verdorben worden. Ein Übermaß an christlicher Nächstenliebe und Barmherzigkeit habe ihr gründlich geschadet, und durch die falsche Behauptung des Christentums, es gäbe eine den Dingen immanente Ordnung, die anders und besser sei als das, was wir unmittelbar wahrnehmen können, sei sie betrogen und hinters Licht geführt worden."

Max Webers Denken war also eingespannt in hochbrisante Strömungen und Diskussionen seiner Zeit, während eines Lebens (1864-1920), in dem er nur wenige Jahre als Lehrstuhlinhaber wirkte, was allerdings seine Forschungsarbeit in der gesundheitlich erzwungenen großen Pause bis kurz vor seinem Tod nicht behindert zu haben scheint.

Wer sich mit einem der als hervorragend bezeichneten Soziologen vertraut machen will, tut gut daran, sich verschiedene Ausgaben seiner Werke und Arbeiten über ihn auf deren Vorworte und Einleitungen hin anzusehen. Er wird entdecken, wie unterschiedlich die Perspektiven der Herausgeber und Autoren sein können, sei es auf Grund des Zeitabstandes zur Entstehungszeit der betreffenden Arbeiten, sei es wegen des mehr oder weniger kritischen Standortes der Urteilenden.

In zwei Punkten stimmen bei Max Weber auch sonst divergierende Beurteilende überein: Daß das zentrale Interesse Max Webers auf die Themen: Rationalisierung/Bürokratisierung/Säkularisierung/Verweltlichung und Entmythologisierung der Welt des Menschen gerichtet war, und, daß sein Werk über weite Strecken recht mühsam zu lesen ist. Zum Letzteren ist zu sagen, daß Max Webers schwerer Stil mit seinem Bestreben zusammenhing, seine Aussagen in einem Höchstmaß präzise zu machen; das führte bei einigen seiner großen Definitionsversuche allerdings dazu, daß die umfangreichen soziologischen Definitionen teilweise nicht kompatibel waren, sich also gegenseitig im Wege standen. Mit der ersten Behauptung werden wir uns noch beschäftigen. Max Weber hat kein System sozialer Entwicklungsstufen oder historischer Zyklen entworfen (s. MacRae, S.110), aber trotzdem sind eine Stufentheorie und der Gedanke einer ständigen zyklischen Erneuerung in seinem Werk enthalten: Das rationale Handeln zeigt sich vom Anfang des Weges des Menschen her überlegen und setzt sich letztendlich durch, und es ersetzt alle anderen sozialen Verhaltensweisen, bis "das Leben allmählich seinen Reiz verliert" (S.111).

Weber erlebt das Entstehen einer alle Lebensbereiche verändernden Industriegesellschaft in Deutschland als einen besonders hastigen Prozeß, da Deutschland bestrebt war, die Vorsprünge der Engländer, Amerikaner und Franzosen aufzuholen. Diese neue Gesellschaft des harten Kalküls hatte ihre politischen Zentren in den Großstädten: Großstadt und Politik waren daher die großen Herausforderungen seiner Zeit, in der er mit einer Mischung von Faszination und Grauen den Prozeß der Umwälzung von Technik, Gesellschaft und Alltagsleben registrierte, wozu eine Reise in die USA offenbar sehr beitrug. Daß dabei nicht nur ihm die Frage früh auftrat, wer diesen neuen Apparat einmal würde steuern können, sei hier nur angemerkt; Weber sprach schon 1890 von der "Sehnsucht nach einem neuen Caesar" (S. 51 bei MacRae).

Max Weber beginnt seine Vorbemerkungen zu den Gesammelten Aufsätzen zur Religionssoziologie mit den folgenden Worten:

"Universalgeschichtliche Probleme wird der Sohn der modernen europäischen Kulturwelt unvermeidlicher- und berechtigterweise unter der Fragestellung behandeln: welche Verkettung von Umständen hat dazu geführt, daß gerade auf dem Boden des Okzidentes, und nur hier, Kulturerscheinungen auftraten, welche doch - wie wenigstens wir uns gern vorstellen - in einer Entwicklungsrichtung von universeller Bedeutung und Gültigkeit lagen?"[*]
Und er fährt fort: "Nur im Okzident gibt es eine 'Wissenschaft' in dem Entwicklungsstadium, welches wir heute als 'gültig' anerkennen ... Eine rationale Chemie fehlt allen Kulturgebieten,

---

[*] Aus: Dirk Kaesler (Hrsg.), Max Weber. Sein Werk und seine Wirkung, Nymphenburger Verlagsanstalt, München, 1972, S. 36 ff.

außer dem Okzident. Der hochentwickelten chinesischen Geschichtsschreibung fehlt das thukydideische Pragma (Ursachenforschung,
d.V.). Macchiavelli hat Vorläufer in Indien. Aber aller asiati-
schen Staatslehre fehlte eine der aristotelischen gleichartige
Systematik und die rationalen Begriffe überhaupt. Für eine rationale Rechtslehre fehlen anderwärts trotz aller Ansätze in
Indien ..., trotz umfassender Kodifikationen ... die streng
juristischen Schemata und Denkformen des römischen und des daran geschulten okzidentalen Rechtes. Ein Gebilde ferner wie das
kanonische Recht kennt nur der Okzident. Ähnlich in der Kunst
... usw." und:
"Den 'Staat' überhaupt im Sinne einer politischen Anstalt, mit
rational gesatzter 'Verfassung', rational gesatztem Recht und
einer an rationalen, gesatzten Regeln: 'Gesetzen', orientierten
Verwaltung durch Fachbeamte, kennt, in dieser für ihn wesentlichen Kombination der entscheidenden Merkmale ... nur der Okzident.
Und so steht es auch mit der schicksalsvollsten Macht unseres
modernen Lebens: dem Kapitalismus."

Es folgen Ausführungen darüber, daß es Erwerbsstreben, Geldgier
usw., selbstverständlich auch durch Handel erworbenen Reichtum,
überall und zu allen Zeiten gegeben hat. Aber: "Schrankenlos-
este Erwerbsgier ist nicht im mindesten gleich Kapitalismus,
noch weniger dessen 'Geist'. Kapitalismus kann geradezu identisch sein mit Bändigung, mindestens mit rationaler Temperierung
dieses irrationalen Triebes...".
Die Lösung der Frage, wie es zu dieser "Bändigung" gekommen ist,
die erst den immer wieder neu investierenden modernen Kapitalismus ermöglichte, glaubte Max Weber in einem vorwiegend religiösen Moment gefunden zu haben (wobei er die an anderer Stelle
- s. oben - erwähnte frühe Rationalität z.B. der Römer sozusagen
nur als Material benutzt).* Die entsprechende weit bekannte
Schrift ist: "Die protestantische Ethik und der Geist des Kapitalismus".

---

*   S. zu dieser Frage z.B. Friedrich T e n b r u c k ' s Arbeiten:
     „Das Werk Max Webers", in: Kölner Zeitschrift f. Soziologie und Sozi-
     alpsychologie 27, (1975), S. 663-702, und „Wie gut kennen wir Max
     Weber? Über Maßstäbe der Weber-Forschung im Spiegel der Weber-Ausga-
     ben", in: Zeitschrift. f. d. gesamte Staatswissenschaft 131 (1975),
     S. 719-742.

Diese Schrift soll nun genauer behandelt werden, und zwar nicht quasi aus der Erinnerung heraus oder unter Zuhilfenahme der zahlreichen Darstellungen dazu, sondern insofern authentisch, als Max Weber nach der Fassung von 1904/05 (und mit der Fassung von 1920 kommentiert, hrsg. v. Klaus Lichtblau und Johannes Weiß, Athenäum-Hain-Hanstein, Bodenheim, 1993) zur Sprache kommen soll (wobei die Seitenzahlen zu den betreffenden Stichworten in Klammern genannt sind).

Weber beginnt (1) mit einem Hinweis auf "den ganz vorwiegend protestantischen Charakter des Kapitalbesitzes und Unternehmertums ... wie der oberen gelernten Schichten der Arbeiterschaft, und namentlich des höheren technisch oder kaufmännisch vorgebildeten Personals der modernen Unternehmungen". (Hier beginnen übrigens die teils sehr instruktiven Anmerkungen, die oft mehr als die Hälfte des Textes ausmachen...). Wie während des ganzen Textes, versucht Weber auch hier, zuerst einmal die durchaus nicht selbstverständliche oder unmittelbar einleuchtende Feststellung zu relativieren; er verweist nämlich (2) darauf, daß sich z.B. die Mehrzahl der reichen größeren Städte im 16. Jahrhundert dem Protestantismus zugewandt hätten, was - allein für sich - das positive Verhältnis von Unternehmen und Protestantismus erklären könne. Aber er fragt weiter, warum sich gerade solche Städte mit einer bestimmten Religion oder religiösen Richtung verbunden hätten. Immerhin war die katholische Kirche mit ihrem Grundsatz "Die Ketzer strafend, doch den Sündern mild" (3) ein z.B. den Handwerkern sehr angenehmer religiöser Oberherr. Freies Unternehmertum mit freiem Handeln hätte hier doch am ehesten sich entwickeln können. Dagegen stellt Weber fest:

"Nicht ein Zuviel, sondern ein Zuwenig von kirchlich-religiöser Beherrschung des Lebens war es ..., was gerade diejenigen Reformatoren, welche in den ökonomisch entwickelsten Ländern, und ... innerhalb ihrer gerade die ökonomisch aufsteigenden 'bürgerlichen Klassen' jene puritanische Tyrannei nicht etwa nur über sich ergehen ließen, sondern in ihrer Verteidigung ein Heldentum entwickelten, wie gerade bürgerliche Klassen als solche es selten vorher und niemals nachher gekannt haben...".

Wie hängt also das Streben nach "Beherrschung des religiösen
Lebens durch die (oder eine) Kirche" mit "Unternehmergeist"
zusammen? (5) "Es würde also darauf ankommen zu untersuchen,
welches diejenigen Elemente sind oder waren, die in der vorste-
hend geschilderten Richtung gewirkt haben und teilweise noch
wirken."
Zuerst fällt auf, daß eine große Zahl von "Vertretern ... der
innerlichsten Formen christlicher Frömmigkeit aus kaufmännischen Kreisen stammen" und "aus Pfarrhäusern kapitalistische
Unternehmer größten Stils hervorgehen" (7/8).
Wieder bedenkt Weber, daß das als eine Reaktion gegen das - zu
fromme - Elternhaus angesehen werden könne. Aber das würde
wieder nicht erklären, daß eben diese Unternehmer wieder eine
intensive Frömmigkeit gezeigt hätten. Und: Woher wußten schon
die Spanier im 17. Jahrhundert, "daß die Ketzerei (d.h. der
Calvinismus der Niederländer; die Niederlande gehörten noch zu
Spanien; d.V.) den Handelsgeist befördert"? Weber erinnert in
diesem Zusammenhang daran, daß z.B. die Quäker und Mennoniten
bei aller "Lebensfremdheit" immer reich gewesen seien, und daß
sogar Friedrich Wilhelm I. "die Mennoniten trotz ihrer absoluten Weigerung, Militärdienst zu tun, als unentbehrliche Träger
der Industrie gewähren ließ..." (9). Schon Montesquieu hat gesagt: Die Engländer haben es in drei wichtigen Dingen von allen
Völkern der Welt am weitesten gebracht: in der Frömmigkeit, im
Handel und in der Freiheit. (10)
Wie ist das alles zu verstehen?
Nicht den Schlüssel, aber eine Grundlage dafür findet Max Weber
im berühmten Brief "Advice to a young tradesman" (geschrieben
1736, veröffentlicht 1748) von Benjamin Franklin, der hier soweit wiedergegeben werden soll, wie Weber ihn in seinem Werk
zitiert:

"Bedenke, daß die Zeit Geld ist; wer täglich zehn Schillinge
durch seine Arbeit erwerben könnte und den halben Tag spazieren
geht, oder auf seinem Zimmer faulenzt, der darf, auch wenn er
nur sechs Pence für sein Vergnügen ausgibt, nicht dies allein
berechnen, er hat nebendem noch fünf Schillinge ausgegeben oder
vielmehr weggeworfen.

Bedenke, daß Kredit Geld ist. Läßt jemand sein Geld, nachdem es zahlbar ist, bei mir stehen, so schenkt er mir die Interessen, oder so viel als ich während dieser Zeit damit anfangen kann. Dies beläuft sich auf eine beträchtliche Summe, wenn ein Mann guten und großen Kredit hat und guten Gebrauch davon macht.

Bedenke, daß Geld von einer zeugungskräftigen und fruchtbaren Natur ist. Geld kann Geld erzeugen und die Sprößlinge können noch mehr erzeugen und so fort. Fünf Schillinge umgeschlagen sind sechs, wieder umgetrieben sieben Schilling drei Pence und so fort bis es hundert Pfund Sterling sind. Je mehr davon vorhanden ist, desto mehr erzeugt das Geld beim Umschlag, so daß der Nutzen schneller und immer schneller steigt. Wer ein Mutterschwein tötet, vernichtet dessen ganze Nachkommenschaft bis ins tausendste Glied. Wer ein Fünfschillungsstück umbringt, mordet alles, was damit hätte produziert werden können, ganze Kolonnen von Pfunden Sterling.

Bedenke, daß - nach dem Sprichwort - ein guter Zahler der Herr von jedermanns Beutel ist. Wer dafür bekannt ist, pünktlich zur versprochenen Zeit zu zahlen, der kann zu jeder Zeit alles Geld entlehnen, was seine Freunde gerade nicht brauchen.

Dies ist bisweilen von großem Nutzen. Neben Fleiß und Mäßigkeit trägt nichts so sehr dazu bei, einen jungen Mann in der Welt vorwärts zu bringen, als Pünktlichkeit und Gerechtigkeit bei allen seinen Geschäften. Deshalb behalte niemals erborgtes Geld eine Stunde länger als du versprachst, damit nicht der Ärger darüber deines Freundes Börse dir auf immer verschließe.

Die unbedeutendsten Handlungen, die den Kredit eines Mannes beeinflussen, müssen von ihm beachtet werden. Der Schlag deines Hammers, den dein Gläubiger um 5 Uhr morgens oder um 8 Uhr abends vernimmt, stellt ihn auf sechs Monate zufrieden; sieht er dich aber am Billardtisch oder hört er deine Stimme im Wirtshause, wenn du bei der Arbeit sein solltest, so läßt er dich am nächsten Morgen um die Zahlung mahnen, und fordert sein Geld, bevor du es zur Verfügung hast.

Außerdem zeigt dies, daß du ein Gedächtnis für deine Schulden hast, es läßt dich als einen ebenso sorgfältigen wie ehrlichen Mann erscheinen und das vermehrt deinen Kredit.

Hüte dich, daß du alles was du besitzest für dein Eigentum hältst und demgemäß lebst. In diese Täuschung geraten viele Leute, die Kredit haben. Um dies zu verhüten, halte eine genaue Rechnung über deine Ausgaben und dein Einkommen. Machst du dir die Mühe, einmal auf die Einzelheiten zu achten, so hat das folgende gute Wirkung: Du entdeckst, was für wunderbar kleine Ausgaben zu großen Summen anschwellen und du wirst bemerken, was hätte gespart werden können und was in Zukunft gespart werden kann....

Für 6 £ jährlich kannst du den Gebrauch von 100 £ haben, vorausgesetzt, daß du ein Mann von bekannter Klugheit und Ehrlichkeit bist. Wer täglich einen Groschen nutzlos ausgibt, gibt an 6 £ jährlich nutzlos aus, und das ist der Preis für den Gebrauch von 100 £. Wer täglich einen Teil seiner Zeit zum Werte eines Groschen verschwendet (und das mögen nur ein paar Minuten sein), verliert, einen Tag in den andern gerechnet, das Vorrecht 100 £

jährlich zu gebrauchen. Wer nutzlos Zeit im Wert von 5 Schillingen vergeudet, verliert 5 Schillinge und könnte ebenso gut 5 Schillinge ins Meer werfen. Wer 5 Schillinge verliert, verliert nicht nur die Summe, sondern alles, was damit bei Verwendung im Gewerbe hätte verdient werden können, - was, wenn ein junger Mann ein höheres Alter erreicht, zu einer ganz bedeutenden Summe aufläuft."

Dieser "Brief" ist verständlicherweise schon lange ein Gegenstand von Diskussionen und Widerstreit gewesen. Er hat eine erbitterte Gegenschrift schon 1855 ausgelöst (Brief und Bemerkungen dazu 12/13). Werner Sombart z.B., der als eine Art Schatten mit seinem Buch über den modernen Kapitalismus (1903) ebenso hinter Max Weber steht, wie Thorsten Veblen (1857-1929) mit seiner Arbeit: "The Theory of business enterprise" (1904), meinte z.B., daß der Brief durchaus dem eines Renaissancemenschen (Alberti) gleichzusetzen wäre, der für Sparsamkeit usw. plädiert hätte. (In "Der Bourgeois", 1913, also erst für die Fassung der "protest. Ethik..." von 1920 relevant). Max Weber ordnet diesen bemerkenswerten Schriftsatz, der selbstverständlich als eine Art Lehrbrief gedacht ist, in ganz anderer Weise ein: Er hebt heraus, daß es sich hier um eine Verpflichtung des einzelnen gegenüber dem als Selbstzweck vorausgesetzten Interesse an der Vergrößerung des Vermögens handelt. (13) Nicht kaufmännischer Wagemut (wie z.B. bei den Fugger in Augsburg) ist hier das entscheidend treibende Element, sondern eine "ethisch gefärbte Maxime der Lebensführung". (14) Und in diesem Sinne faßt Weber den "Geist" des Kapitalismus auf. Viele Äußerungen der Zeit, auch von Calvinisten oder nahestehenden Sekten, bezeugen, daß das wichtigste dieser besonderen Ethik der Erwerb von Geld und immer mehr Geld ist (15), rein als Selbstzweck gedacht und völlig abgehoben gegen "Glück", "Nutzen" und "Genuß". Gelderwerben soll eine Art Berufspflicht sein (16), und die Frage ist nun, wie eine solche Auffassung entstehen konnte. Hier flicht Weber eine kurze Bemerkung ein, die zeigt, wo der Gegner zu finden ist, gegen den hier mehr oder minder offen gefochten wird. Bei der Behandlung der Frage, ob der beginnende

Kapitalismus diese Haltung, oder ob die Haltung (Idee) den
Kapitalismus entwickelt habe, sagt er (17):

"In diesem Fall liegt also das Kausalverhältnis jedenfalls um-
gekehrt als vom 'materialistischen' Standpunkt aus zu postulie-
ren wäre. Aber die Jugend solcher Ideen ist überhaupt dornenvol-
ler, als die Theoretiker des 'Überbaus' annehmen, und ihre
'Entwicklung' vollzieht sich nicht wie die einer Blume (Ein
Seitenhieb gegen die Hegelianer; d.V.). Der kapitalistische
Geist in dem Sinne, den wir für diesen Begriff bisher gewonnen
haben, hat sich in schwerem Kampf gegen eine Welt feindlicher
Mächte durchzusetzen gehabt." Und, der Vollständigkeit halber:
"Eine Gesinnung wie sie in den zitierten Ausführungen Benjamin
Franklins zum Ausdruck kam und den Beifall eines ganzen Volkes
fand, wäre im Altertum wie im Mittelalter ... ebenso als Aus-
druck des schmutzigsten Geizes und einer schlechthin würdelosen
Gesinnung proskribiert worden, wie dies noch heute von allen
denjenigen sozialen Gruppen regelmäßig geschieht, welche in die
spezifisch moderne kapitalistische Wirtschaft am wenigsten verflochten oder ihr am wenigsten angepaßt sind." (noch 17)

Dabei sei einzurechnen, daß es schon immer geldgierige, geizige
und durch Handel reich gewordene Menschen gegeben habe. Denn:
die absolute Skrupellosigkeit (18) sei gerade eine in rückstän-
digen Ländern häufigere Erscheinung!
Der Gegner des Kapitalismus, mit dem er zu ringen hat, ist eben
der Traditionalismus, der nicht nur "Werte hütet", sondern sich
starr gegen jede Veränderung, besonders aber gegen eine rationale Betrachtung von Dingen, Prozessen, Mensch und Gesellschaft
stemmt. (Durch Akkordlohn ist der traditionale Arbeiter nur
dazu zu bewegen, kürzer zu arbeiten, da er ja dann das Erwartete
verdient hat...). (21) Nochmals also die Frage: Woher kommt die
Arbeitswilligkeit des kapitalistisch orientierten Menschen? Der
religiöse Hintergrund muß weiter ausgeleuchtet werden. (23)
Woher kommt der asketische Zug, der sich offenbar mit den Begriffen "Berufsorientiertheit", "Berufserfüllung" (29) und Hin-
gabe an Geldverdienen verbindet, ohne daß hier ein Zug zu
"traditionaler" Lebensfreude zu finden ist? Offenbar liegt ein
irrationales Element zugrunde. (33) Darauf verweist auch der
Hintergrund des deutschen Begriffes "Beruf", nämlich Berufung;
im Englischen heißt es dann schon klar "call", der Ruf.

Zuerst äußert sich der Wandel des Weltbildes (und damit der
"Geist") in dem Hinüberschieben des Schwergewichtes vom "seligen Schauen" als Endziel, zum seligen Tätigwerden!
(Weber streut hier - nach langen Ausführungen über die Geschichte des Begriffes "Beruf" - wieder an strategischer Stelle, die
Bemerkung ein: "So könnten die nachfolgenden Studien an ihrem
freilich bescheidenen Teil vielleicht auch einen Beitrag bilden
zur Veranschaulichung der Art, in der überhaupt Ideen in der
Geschichte wirksam werden." (50). Aus der Zögerlichkeit und
fast zurücknehmenden Bescheidenheit dieser Ankündigung ist -
wie ich meine - noch die Ehrfurcht zu spüren, die Marx - wider-
willig - entgegengebracht wurde).
Es geht nun endlich also direkter auf die Wahlverwandtschaft
zwischen gewissen Formen des religiösen Glaubens und "Berufs-
ethik" zu. (51)
Im zweiten Abschnitt der Arbeit, mit dem Zwischentitel: "Die
Berufsidee des asketischen Protestantismus" (53) mit dem In-
halt: Die religiösen Grundlagen der innerweltlichen Askese,
und: Askese und Kapitalismus, zählt Weber zuerst die "geschichtlichen Träger des asketischen Protestantismus" auf: Calvinismus, Pietismus, Methodismus, die aus der täuferischen Bewegung
hervorgewachsenen Sekten, deren gemeinsamer Geist mit
"Puritanismus" bezeichnet wurde. (Weber untersucht hier - wie
sonst auch - alle Begriffe skrupulös auf ihre Herkunft
und Abgrenzungsmöglichkeiten hin).
Zuerst betont er, daß das Leben in diesen Gruppen - schon zu
Anfang des 17. Jahrhunderts - nicht ohne den alles und alle
beherrschenden Gedanken an das Jenseits zu verstehen ist. (55)
Das Ausbreitungsgebiet sind die Niederlande, England, Frankreich, besonders für den Calvinismus. (56) Als charakteristisch-
stes Dogma gilt die Lehre von der Gnadenwahl. (57) Die sich
gegen Katholizismus und die anglikanische Kirche behauptende
Lehre wird in ihrer Grundauffassung in der "Westminster confession"
1647 deutlich (58). In ihr wird nicht nur betont, daß der Mensch
durch seinen Sündenfall gänzlich seinen Willen zu eigener, auch
guter Lebensführung verloren hat und unfähig ist, sich zu bekeh-

ren, sondern auch, daß nur Gott (in seiner Güte, mit ewigem Ratschluß usw.) zur Offenbarung seiner Herrlichkeit einige Menschen zu ewigem Leben bestimmt/prädestiniert hat...
Dieser Kern der Prädestinationslehre bleibt nun. "Mag ich zur Hölle fahren, aber solch ein Gott wird niemals meine Achtung erzwingen", soll Milton (1608-1674) dazu gesagt haben (59)). Angesichts dieses "geheimen Ratschlusses Gottes "(60) bleiben den Menschen nicht viele Alternativen: Sie müssen Wege finden, um in den Kreis der Auserwählten zu gelangen.
Max Weber verweist hier (52/53) darauf, daß sich damit in den Völkern mit puritanischer Vergangenheit ein "illusionsloser und pessimistisch gefärbter Individualismus" entwickelt, der in einem gespannten Verhältnis zum ganz andersartigem Blick der späteren "Aufklärung" steht! Zuerst muß der Calvinist von sich fordern - will er nicht auf jeden Fall ewiger Sünde verfallen - ständig ein gottgefälliges Leben zu führen. Hier schiebt sich nun der Begriff des "Berufes" (Berufung) ein, der schon - als arbeitsteilige Berufsarbeit - aus der "Nächstenliebe" abgeleitet wurde: "Die 'Nächstenliebe' äußert sich - da sie ja nur Dienst am Ruhme Gottes ... nicht der Kreatur sein darf - in erster Linie in Erfüllung der durch die lex naturae gegebenen Berufsaufgaben, und sie nimmt dabei einen eigentümlich sachlich-unpersönlichen Charakter an, den eines Dienstes an der rationalen Gestaltung des uns umgebenden gesellschaftlichen Kosmos". (66/67) Die wunderbare Einrichtung dieses Kosmos läßt ja erkennen, daß sie dem Nutzen des Menschengeschlechts dienen soll, daher ist Arbeit im Dienst dieses gesellschaftlichen Nutzens Gottes Ruhm fördernd und gottgewollt. (67)
Auf die Frage: "Bin ich denn erwählt? Und wie kann ich dieser Erwählung sicher werden?" (69), wie ist also der "Gnadenstand" erkennbar, kann es nur eine Suche nach sicheren Merkmalen geben, an denen man die Zugehörigkeit zu den "electi", den Auserwählten, erkennen kann. (69)
Wie erkenne ich den eigenen Gnadenstand? In dem unterdessen aufgebauten Rahmen kann das erstens nur dadurch - als Vorbedingung - geschehen, daß ich mich für ausgewählt halte und jeden

Zweifel als Anfechtung des Teufels abweise; zweitens muß als hervorragendes Mittel eine selbstauferlegte rastlose Berufsarbeit angesehen werden, denn nach calvinistischem Glauben ist nicht Ruhe oder Passivität das Ziel, sondern Wirkungen zu haben; der Glaube daran, daß Wirkungen auch Zeichen des festen, willensgestärkten Glaubens sind, der "fides efficax" (73) ist die Grundlage.

An welchen Wirkungen, Früchten des Tuns, kann nun der reformierte Christ erkennen, daß er im rechten Glauben handelt? Die Antwort lautet: An einer Lebensführung, die zur Mehrung von Gottes Ruhm dient!

Daß man sich so verhält - das erscheint Max Weber als einer der wichtigsten Schritte - kann man nur erkennen, wenn man sein gesamtes Leben einer systematischen Selbstkontrolle unterzieht! (S. dazu auch: Lewin S c h ü c k i n g , Die Familie im Puritanismus, Leipzig-Berlin, 1929; d.V.) Hierzu ist nicht nur die strenge Führung eines Tagebuches (für sich selbst und die Familie) notwendig, sondern auch eine tägliche Rechenschaftsablegung, möglichst in der Öffentlichkeit, mindestens vor der Familie. Denn nur "in einer fundamentalen Umwandlung des Sinnes des ganzen Lebens in jeder Stunde und jeder Handlung kann sich das Wirken der Gnade als einer Enthebung des Menschen aus dem status naturae in den status gratiae (der Gnade) bewähren" (77). Diese beständige Selbstkontrolle (später ist das der Idealtyp des englisch/amerikanischen 'Gentleman') entwickelt beständige Motive gegenüber den 'Affekten' und erzieht den Menschen.

Damit ist der Weg gebahnt zu einer nicht religiös/geistlichen (wie bei Mönchen), sondern einer "innerweltlichen" Askese, aus dem Glauben an die Notwendigkeit der ständigen, prinzipientreuen Bewährung des Glaubens im weltlichen Berufsleben. (80/81)

In dieser Haltung kann sich der Christ ständig "selbst den Puls fühlen". (84) Das antike und dann mittelalterliche Bild von der "Buchführung Gottes" wird - geschmackloser Weise, wie Weber hinzufügt - nun zum Vergleich Gottes im Verhältnis zu einem Kunden: Gott als shopkeeper... (84). Nach längeren Ausführungen zu den historischen Varianten auch bei verschiedenen Völkern fügt er hinzu, daß der Pietismus das Eindringen der methodisch kontrollierten, also asketischen Lebensführung in Gebiete der nicht calvinistischen Religiosität bewirkt. (95)

Insgesamt bedeutet diese ständige kontrollierte Lebensführung, die nicht mehr "angestrengt", sondern habituell, gewohnheitsmäßig geworden ist, daß zugleich ein feines Gefühl dafür entsteht, wieweit man selbst, aber auch, wieweit jemand überhaupt in "seinen Grenzen" bleibt, nämlich in dem von Gott ihm gesteckten Rahmen. (S. 100, Fußnote 177). Nachdem Weber den Pietismus des Kontinentes und den angelsächsischen Methodismus als Sekundärerscheinungen des Calvinismus abgehandelt hat, geht er zum "zweiten Träger" protestantischer Askese über: Dem Täufertum und den aus ihm hervorgegangenen Baptisten, Mennoniten und Quäkern. Hier wird die Prädestination verworfen und das Schwergewicht auf das "Harren" auf den Geist gelegt. (116)

Die Selbstzucht in Bezug auf die Lebensführung ist auch hier selbstverständlich, also die ständige subjektive Aneignung einer religiösen Lebensführung. (119)

Welches sind nun die deutlicheren Zusammenhänge des asketischen Protestantismus mit den Grundsätzen des ökonomischen Alltagslebens? (122)

Hier ist bemerkenswert, daß Besitz nur deshalb als gefährlich angesehen wird, weil der in die Versuchung des Ausruhens auf dem Besitz führen kann! (124) Zur Erinnerung: Nicht Muße und Genuß, sondern nur Handeln, Wirkungen erzielen, dient dem Willen Gottes. "Zeitvergeudung ist also die erste und prinzipiell schwerste aller Sünden" (124), langer Schlaf absolut verwerflich usw.. Zeit ist noch nicht Geld, aber Zeit ist Anspruch Gottes auf Tätigkeit. (125)

Arbeit ist Selbstzweck des Lebens; der paulinsche Satz: wer nicht arbeitet soll nicht essen! gilt für alle; Arbeitsunlust ist Zeichen fehlenden Gnadenstandes. (128) Gewissenhaftigkeit in der Berufsausübung verrät den Gnadenstand; da alle Tätigkeit dem gesamten göttlichen Kosmos zugute kommen muß, d.h. konkret: der Gemeinschaft der Menschen, speziell des eigenen Volkes, kann auch der Wechsel eines "call" (oder die Kombination mehre-

rer) nicht falsch sein, wenn ein allgemeiner Nutzen daraus
hervorgeht. (131/132) Die Wichtigkeit der produzierten Güter
verrät die Nützlichkeit des ausgeübten "Berufes", d.h., die
Wichtigkeit für die Gesamtheit. Die ausgeübte Tätigkeit zerstört sich oder behindert sich aber selbst, wenn sie nicht
profitträchtig ist, und: "Wenn ... Gott, den der Puritaner in
allen Fügungen des Lebens wirksam sieht, einem der Seinigen eine
Gewinnchance zeigt, so hat er seine Absichten dabei." (132)
Daher darf man solche Fingerzeige auch nicht mißachten! (133)
Für Gott darf man arbeiten um reich zu sein.
Dabei sind die "vornehme Läßlichkeit des Seigneurs" und die
"parvenühafte Ostentation des Protzen" (134) der Askese gleichermaßen verhaßt. (S. 137/138, ein Verweis Webers, daß Ähn-
lichkeiten zum Talmud bestehen). Da nun das unbefangene Genießen des Lebens verboten ist, das Gebot rationaler Selbstkontrolle
aber sich gegen jede äußere Autorität, auch die von König und
Obrigkeit überhaupt richtet (139), entsteht eine Form des harten Individualismus asketischer Prägung, der alles "kreatürli-
che" (und damit dessen Vielfalt, auch im menschlichen Leben)
strikt, d.h. grundsätzlich und streng ablehnt: "Jene mächtige
Tendenz zur Uniformierung des Lebensstils, welcher heute das
kapitalistische Interesse an der 'standardization' der Produktion zur Seite steht, hat in der Ablehnung der 'Kreatur-
vergötterung' ihre ideelle Grundlage." (142)
Genüsse sind nur erlaubt, wenn sie nichts kosten (in der Ehe nur
zur Erzeugung von Nachkommenschaft). Besitz ist derart ver-
pflichtend, daß diese Idee sich mit erkältender Schwere auf das
Leben legt. Und je größer der Besitz ist - wonach man ja ständig
strebt - desto schwerer wiegt das Gewicht der Verantwortung vor
Gott, ihn zu dessen Ruhm ungeschmälert zu erhalten und durch
rastlose Arbeit zu vermehren. (144)

Max Weber schließt:
"Die innerweltliche protestantische Askese ... wirkt also mit
voller Wucht gegen den unbefangenen Genuß des Besitzes, sie
schnürt die Konsumtion, speziell die Luxuskonsumtion, ein. Dagegen entlastet sie ... im Effekt den Gütererwerb von den Hemmungen der traditionalistischen Ethik, sie sprengt die Fesseln

des Erwerbsstrebens ..., indem sie es nicht nur legalisiert, sondern ... direkt als gottgewollt ansieht." (145)

Kampf gegen die Fleischeslust ist kein Kampf gegen Reichtum, sondern gegen die damit verbundenen Versuchungen. An der Stelle von "Luxus" hat "comfort" zu stehen, die nützliche und insofern angenehme Ausstattung. Und: Bringt man die Bremsung des persönlich-familiären Konsums mit der Entfesselung des Erwerbsstrebens zusammen, "...so ist das äußere Ergebnis naheliegend: Kapitalbildung durch asketischen Sparzwang." (147)

Die Folge von Kapitalanhäufung und Bewährungsstreben ist dann die Erweiterung/Erhöhung der Produktion usw.. Es verwundert dann nicht weiter, daß sich unter den "genuinsten Anhänger(n) puritanischen Geistes (die) erst im Aufsteigen begriffenen Schichten ... der Kleinbürger und Farmer" finden. (149)

Die Macht der Askese erzeugt zur Verstärkung der sich einleitenden Prozesse den gläubigen Arbeiter, der überhaupt erst imstande ist, die Industrie - nun kapitalistische Industrie - aufzubauen. (150)*

Weber empfiehlt hier, nochmals den "Brief" von Franklin (s. hier S. 47.) zu lesen, in dem sich die Form ausdrückt, in der er - seinerseits - von den aufkommenden kapitalistischen Prinzipien geprägt war. Aber schon zu Anfang war ja von Weber gesagt worden, daß er zeigen wolle, wie einerseits Ideen die Realität umprägen können, andererseits allerdings (Marx folgend) bestehen bleibe, daß die Umstände die Menschen prägten. Und für dies Wechselspiel hatte er in "Die protestantische Ethik und der

---

*   (Zum ganzen Vorgang in seiner späteren Phase, siehe die außerordentlich informative Autobiografie von Andrew Carnegie, Geschichte meines Lebens - vom schottischen Webersohn zum amerikanischen Industriellen - 1835-1919, Manesse Verlag, Zürich, 1993. Carnegie („Andy"), freikirchlich erzogen, jeden Penny sparend, damit es seiner Mutter einmal besser gehen würde, kommt 13jährig mit Familie in die Vereinigten Staaten, wird dort Bote, hat mit 15 die ersten Aktien, scheidet mit 60 aus dem Erwerbsleben aus und stiftet sein Vermögen im Wert von damals 350 Millionen Dollar (nach heutigem Wert kaum weniger als 10 Milliarden Mark) in Volksbibliotheken, Stiftungen zur Förderung von Arbeitern, Arbeiterkindern, Wissenschaft und Forschung „zu Gunsten der Menschheit" usw.).

Geist des Kapitalismus" in der Tat ein Musterbeispiel entwik-
kelt.
Entsprechend heißt es zuletzt: Der Puritaner wollte Berufs-
mensch sein - wir müssen es sein. (153)
Und er fügt weitere Stichworte für die zukünftige Diskussion
hinzu: Daß der so geschaffene (kapitalistische) Kosmos uns beherrschen würde, "bis der letzte Zentner fossilen Brennstoffs
verglüht ist" (153), und daß "aus dem Mantel um die Schultern
der Heiligen das Verhängnis ein stahlhartes Gehäuse" werden
ließ (eod.loc.).
Er läßt dann offen (154), ob sich eine große Wende ergeben wird
durch neue Gedanken oder Wiedergeburt alter Gedanken oder ob die
Kultur sozusagen versteinern würde. (Hier ist - nebenbei - die
Kristallisationsthese von Arnold Gehlen - s. hier S. 168 -
vorweggenommen. Aber man tut gut daran, zur Überprüfung, wer
zuerst war, bei Nietzsche nachzusehen. Allerdings hat Max Weber
ja sofort zu Anfang darauf verwiesen, daß schon zu seiner Zeit
jedermann, der solche Gedanken entwickle, nicht von Marx und
Nietzsche absehen könne.)

2.2.1   Anmerkungen

Zu den dargestellten Thesen Max Webers existiert eine umfang-
reiche Literatur. Hier seien nur genannt: Friedrich W. P o h l
und Christian T ü r c k e , Heilige Hure Vernunft - Luthers
nachhaltiger Zauber, Dietrich zu Klampen, Lüneburg, 1991^2;
Constans S e y f a h r t h und Walter M. S p r o n d e l
(Hrsg.), Religion und gesellschaftliche Entwicklung, Suhrkamp,
Ffm., 1973; Wolfgang S c h l u c h t e r , Rationalismus der
Weltbeherrschung, Suhrkamp, Ffm., 1980; Martin A l b r o w,
Bürokratie, List-Verlag, München, 1972.
Nach Marx und Nietzsche gab es noch mindestens zwei andere, von
Weber mehrfach erwähnte Denker, auf die er sich mehr hätte
beziehen müssen: Werner S o m b a r t und Thorstein Bunde
V e b l e n .

Weiter ist daran zu erinnern, daß Max Weber ausdrücklich die so
akribisch verfolgte Entwicklungslinie des Zusammenhanges zwischen religiöser Haltung und kapitalistischem Tun als eine von
mehreren möglichen Begründungen der kapitalistischen Entwicklung deklariert! Zu weitergehender Kritik s. z.B. den - neo-
marxistisch gefärbten - Beitrag von Herbert Marcuse: "Industrialisierung und Kapitalismus", oder Reinhard Bendix' Beitrag: "Max Webers Soziologie heute" in: Dirk K a e s l e r ,
op.cit.. Zur weiteren Diskusion s. Johannes W e i ß , Max Weber
heute - Erträge und Probleme der Forschung, Suhrkamp, Ffm.,
1989.
Letztendlich soll noch auf die Frage verwiesen werden, warum Max
Weber nicht ausdrücklicher auf den "Universalismus-Streit" zu
Anfang des Jahrtausend hingewiesen hat, wenn er schon den Ursprüngen rationalen Denkens nachging. Diese Frage wird noch
einmal in den Anmerkungen zu T o u l m i n (2.9.5) und in der
"Bilanz" aufgenommen werden.

2.2.2   Werner Sombart

Zu S o m b a r t (1863-1941) ist 1987 (im DTV, München, hrsg.
von Bernhard von B r o c k e) ein Übersichtsband "Sombarts
'Moderner Kapitalismus' - Materialien zur Kritik und Rezeption"
erschienen, der meines Erachtens nach erschöpfend über Sombarts
Werk, dessen Verflechtungen zu anderen Autoren und zur Kritik
über die Jahrzehnte hin berichtet.

2.2.3   Thorstein Veblen

Thorstein V e b l e n (1857-1929) ist interessant, weil er in
seinem 1899 erschienenen und gleich weitverbreitetem Hauptwerk
"The Theory of the Leisure Class" die Entstehung einer "leisure
classe", einer Muse-Klasse - wenn auch nur kurz - verfolgt, d.h.
auf ihre Anfänge in den reitenden Männergesellschaften aufmerk-

sam macht, und weil er eine akkurate und geistreiche Analyse des Verhaltens der wirklich reichen Schichten seiner Gesellschaft (USA, Ende des 19. Jahrhunderts) gibt, die ein Beitrag zur Legitimationsfrage im Kapitalismus ist; zugleich bereitet er den Analysen von Goffman und später Bourdieu den Weg.

2.3 Konzentration auf das Wesentliche?
Norbert Elias - Die Entstehung von Gewaltmonopol und von Verinnerlichung von Fremdzwängen. Die Verlängerung der Handlungsketten

E l i a s' Hauptwerk "Über den Prozeß der Zivilisation - Soziogenetische und psychogenetische Untersuchungen" machte ihn erst 1969 - er war damals 72 Jahre alt - bekannt und bald berühmt. Elias (1897 - 1990) hatte diese Arbeit 1939 (im Verlag Haus zum Falken, Basel) veröffentlicht, nach Vorversuchen aus der Emigration. Aber ein zu dieser Zeit in deutscher Sprache in der Schweiz und zu Kriegsanfang erschienenes, umfangreiches Werk in zwei Bänden (327 und 497 Seiten), in dem Soziologie, Geschichtswissenschaft und Psychoanalyse miteinander verbunden waren, konnte mit Sicherheit damit rechnen, nicht gelesen zu werden. 1960 mußte Elias mir noch schreiben: "Ich freue mich, daß mein Buch nun auch in Deutschland gelesen wird...". Er war damals bei der Vorbereitung der englischen Ausgabe, mit der er endlich bekannt wurde und der die deutsche 2. Auflage dann folgte.
Nach der schwierigen und problematischen Vorstellung von Karl Marx und Max Weber - im Übergang von einer teleologischen zu einer rational angelegten und dann doch etwas dunkler werdenden Analyse des "Prozesses auf uns zu" - scheint man mit Elias in übersichtlicheres, sprich einfacheres Fahrwasser zu kommen. Elias versucht nämlich sozusagen "auf einen Streich" den "Prozeß der Zivilisation" einer rationalen Erklärung zugänglich zu machen. In seiner klaren und - in pädagogischem Drang - sich häufig wiederholenden und überschneidenden Darstellung gelingt ihm das

auch. Später zeigt sich allerdings, daß es erhebliche Anläße zu Kritik gibt, einer Kritik, der wir versuchen, in den Anmerkungen gerecht zu werden.

Wurde in den letzten 20 Jahren von Elias gesprochen, dann wurden oft zuerst das Sich-Schneuzen bei Tisch, Husten, Räuspern und Speien im Mittelalter erwähnt. In der Tat hat sich an den "Tischsitten" der frühen europäischen Zeit Elias' Ingenium entzündet. Aber sein Hauptanliegen kann, bevor ich ins Detail des "Prozesses der Zivilisation" gehe, in wenigen Zügen umrissen werden:

Elias wollte sich "in einem Wurf" sowohl von den Evolutionisten (die wir hier unter "Teleologie" geführt haben) als auch den "Systemtheoretikern" absetzen. Mit den ersteren meinte er Marx bis Spencer, mit den letzteren besonders Talcott Parsons und dessen Anhänger. (Daher wird letzterer im neuen Vorwort zur zweiten Auflage - Umfang 70 Seiten - fast auf jeder zweiten Seite erwähnt). Bei den "Evolutionisten" störte ihn das irreale utopische Element, der "Glaube zum Besseren", bei Parsons die Sucht, Individuum und Gesellschaft als quasi statische Körper in ebenso statische Teile zu zerlegen, also der für ihn ganz und gar unhistorische Ansatz, der im Begriff "System" - für Elias - kulminierte.

Für Elias sind Individuum und Gesellschaft ineinander verwobene "Figurationen", die sich ständig entwickeln und nur prozeßhaft zu verstehen sind. Die Menschen werden in "Verflechtungszusammenhänge" hineingeboren oder geraten in sie, und menschliche Verflechtungszusammenhänge haben nicht-beabsichtigte Folgen!

Von dieser Position aus schildert Elias dann das, was sich seinem analytischen Blick in der Geschichte von ca. 1100 bis ca. 1700 als europäische, insbesondere aber französische Geschichte darbietet.

Hierbei interessieren ihn Einzelergebnisse nur insofern, als er sie für Symptome bestimmter Verflechtungszusammenhänge sehen kann, deren Veränderung - als "unbeabsichtigte Folgen" zu neuen "Figurationen" führt.

Die beiden Bände des "Prozesses der Zivilisation" sind unterteilt in die Themen "Wandlungen des Verhaltens in den weltlichen Oberschichten des Abendlandes" und "Wandlungen der Gesellschaft - Theorie der Zivilisation". Wie der Untertitelverteilung zu entnehmen ist, stellt der zweite Teil des zweiten Bandes eine Zusammenfassung des gesamten Werkes dar. Soweit hier zitiert wird, geschieht es nach der Ausgabe von 1989, 14. Auflage (1. 1976) beim Suhrkamp-Verlag, die text- und seitenidentisch ist mit der zweiten Auflage beim Verlag Francke, Bern. Da diese mit der Ersterscheinung 1939 übereinstimmt, entspricht der Text heute also der Erstauflage.

Elias stellt im Vorwort seines Werkes drei Fragen: Wie ging die Veränderung zur "Zivilisation" im Abendland vor sich? Worin bestand sie? Welches waren ihre Antriebe, ihre Ursachen oder Motoren?

Diese Fragen gilt es zu beantworten.

Um Mißverständnisse zu vermeiden, klärt Elias zu Beginn des ersten Kapitels die Soziogenese des Gegensatzes von "Kultur" und "Zivilisation" in Deutschland. Im Folgenden wird dann der Begriff "Zivilisation" wie international üblich verwendet, also zur Bezeichnung eines technisch entwickelteren, verfeinerteren und insgesamt "moderneren" Zustandes, als bei schriftlosen Völkern oder Kulturen der tieferen Vergangenheit. Damit ist "Zivilisation" ein Kontinuum, über dessen Anfang und Ende man streiten kann; jedenfalls ist der Begriff nicht so national gemütsbeladen wie der der "Kultur" in Deutschland.

"Zivilisierung" bedeutet dann, daß die Sitten "feiner", die materiellen Umstände gehobener sind, und daß die Organisation einer großen Bevölkerung anspruchsvoller und zuverlässiger ist. Einzelne Begriffe, wie "Höflichkeit", verweisen außerdem auf eine bestimmte Verortung, hier: "Hof" (als Burg oder Schloß). Und mit dem Fortschreiten des Zivilisationsprozesses entwickelt sich auch die Sprache - so wie das Wissen anwächst -, die, um im Beispiel zu bleiben, bei Hofe einen "zivilisatorischen Schub" bekommt.

Diese Richtung des Zivilisationsprozesses, in dem die verschiedenen Völker zu gleicher Zeit an unterschiedlichen Stellen stehen können ("niedriger" oder "höher"), verdeutlicht Elias an einem Gespräch Goethes mit seinem Sekretär und engsten Mitarbeiter Eckermann. Goethe findet Eckermann grießgrämig vor. Er fragt ihn, warum er schlechter Laune sei. Darauf antwortet der, daß er gestern in einer Gesellschaft eingeladen gewesen sei, in der es ihm überhaupt nicht gefallen hätte. Was erwarten sie denn von einem solchen Beisammensein? fragt ihn Goethe. Und Elias zitiert (I./38):

"Ich trage, sagt Eckermann am 2. Mai 1824, in die Gesellschaft gewöhnlich meine persönlichen Neigungen und Abneigungen und ein gewisses Bedürfnis zu lieben und geliebt zu werden. Ich suche eine Persönlichkeit, die meiner eigenen Natur gemäß sei; dieser möchte ich mich ganz hingeben und mit den anderen nichts zu tun haben.
Diese ihre Naturtendenz, antwortet Goethe, ist freilich nicht geselliger Art; allein was wäre alle Bildung, wenn wir unsere natürlichen Richtungen nicht wollten zu überwinden suchen. Es ist eine große Torheit zu verlangen, daß die Menschen zu uns harmonieren sollen, ich habe es nie getan. Dadurch habe ich es dahin gebracht mit jedem Menschen umgehen zu können, und dadurch allein entsteht die Kenntnis menschlicher Charaktere, sowie die nötige Gewandtheit im Leben. Denn gerade bei widerstrebenden Naturen muß man sich zusammennehmen, um mit ihnen durchzukommen. So sollten Sie es auch machen. Das hilft nun einmal nichts, Sie müssen in die große Welt hinein, Sie mögen sich stellen, wie Sie wollen."

Das kleinbürgerliche Lebensideal, als eine niedrigere Stufe im Zivilisationsprozeß, steht hier also einem weltbürgerlicheren Ideal gegenüber.
Verfolgt man den Begriff " Zivilisation" zu seinen Ursprüngen, dann gelangt man ins Jahr 1530, in dem Erasmus von Rotterdam die kleine Schrift "De civitate morum puerilium" ("über die Zivilisierung der kindlichen Sitten") veröffentlichte. Sie fand außerordentliche Verbreitung (I./66). Bereits in den ersten sechs Jahren wurde sie dreißigmal aufgelegt; bis zum 18. Jahrhundert 130 mal, zudem in mehreren Sprachen. Zugleich gab es unübersehbar viele Nachahmungen. Nach einer Schrift, in der Erasmus' Buch besonders vertreten war, wurde der für sie verwandte Drucktyp

"Civilité" genannt. Ab da - gemäß der Absicht des Autors, die Kinder zu besseren Sitten zu erziehen - wird der Begriff "zivilisiert" für ein Verhalten eingeführt, das gesteuert und rücksichtsvoll ist. Erasmus geht dabei durchaus auf Details der Lebensführung ein. Weit aufgerissene Augen sind z.B. ein Zeichen von Stupidität; "Starren" ist ein Zeichen von Trägheit; allzu scharf blickt der zu Zorn Geneigte; allzu lebhaft und beredt ist der Blick des Schamlosen; ein ruhiger Geist und respektvolle Freundlichkeit zeigen gute Erziehung. Die Haltung des Körpers, Gebärden, Kleidung, Gesichtsausdruck, alles "äußere" Verhalten ist Ausdruck des inneren, des ganzen Menschen. Und dann folgen (auch ab S. 69) jene Beispiele von der notwendigen dezenten Behandlung z.B. des Nasenschleims:

"An den Nasenlöchern soll kein Schleim sein ... Ein Bauer schneuzt sich in Mütze und Rock, mit Arm und Ellebogen der Wurstmacher. Nicht sehr viel anständiger ist es, die Hand zu nehmen und dann am Kleid abzustreichen. Dezenter ist es den Nasenschleim in ein Tuch aufzunehmen, möglichst mit abgewandtem Körper ..." usw. usf..

Das heißt, die "Affektmodellierung" soll beherrschter werden. (Elias meint dazu, daß bei uns schon die Erwähnung "dieser Dinge" unangenehme Gefühle erwecken kann: Unsere Affektmodulierung hat einen empfindlicheren Standard). Die Verhaltensanweisungen des Erasmus von Rotterdam erstrecken sich über das gesamte Repertoire von Verhalten, Mimik, Gestik, von Stehen, Gehen, Laufen, Sitzen usw.. Wie wenig der geforderte Verhaltensstandard dem unseren entspricht, macht z.B. die Anweisung deutlich, daß man, nachdem man von einem dargereichten Löffel geschmeckt hat, diesen zum Weiterschmecken an andere weiterzugeben hat. (Hier werden allerdings, wie bei anderen Beispielen, die seit den 30er Jahren - d.h. unterdessen auch bei uns geänderten Standards deutlich, von denen aus manches, was damals als "bäuerisch" verurteilt worden wäre, fast natürlich oder doch annehmbar erscheint.)
Deutlich wird der Abstand, wenn es z.B. heißt, daß man - da es noch kaum Teller gab - mit drei Fingern in die Schüssel greifen

soll, und nicht etwa mit beiden Händen ... Das ist auch ein Unterscheidungsmerkmal zwischen unteren und oberen Schichten (69 ff).

Elias rahmt diese Darstellungen mit Hinweisen auf andere Schriften mit ähnlicher Absicht ein, und betont, daß diese "Tischzuchten" oder Manierenschriften des Mittelalters selbstverständlich keine persönlichen Einfälle Einzelner gewesen sind, sondern der Ausdruck teils von "Überlieferungsströmen" aus der - damaligen - Vergangenheit, teils Ausdruck allgemeinen Drängens auf "courtoisie" oder "courtesy" resp. "cortezia" im Italienischen, wohinter das Selbstbewußtsein der gehobenen Schichten steht. Dabei liegt Elias sehr daran, deutlich zu machen, daß Begriffe wie "feiner" usw. keine Wertung enthalten sollen, kein Urteil über "besser" oder "schlechter" (78). Aber es fällt an diesen Verhaltensorientierungen die größere Einfalt, Naivität auf. Wie in allen Gesellschaften, in denen die Affekte jäher und unmittelbarer spielen (79), gibt es weniger psychologische Nuancierungen und Komplizierungen in den Gedankengängen als bei uns. Die Verfeinerung der Ansprüche und der tatsächlichen Verhaltensweisen bezeichnet Elias mit der Wendung "des Vorrückens der Schamschwelle" (89). Innerhalb des damit gemeinten Prozesses gibt es Überholvorgänge oder "Aufholvorgänge". Z.B. meldet sich eine intellektuelle Schicht gegenüber dem Adel (zu dem sie von Geburt teils gehört) mit Äußerungen an, wie: "Mögen andere Löwen, Adler und sonstiges Getier auf ihre Wappenschilder malen. Mehr wahren Adel besitzen die, die auf ihr Wappenschild alles das ins Bild einzeichnen können, was sie durch Pflege in Kunst und Wissenschaft geleistet haben" (95).

Aber wichtiger ist: "Die verstärkte Neigung der Menschen, sich und andere zu beobachten, ist eines der Anzeichen dafür, wie nun die ganze Frage des Verhaltens einen anderen Charakter erhält: Die Menschen formen sich und andere mit größerer Bewußtheit als im Mittelalter."

Damals wurde gesagt: Tue das und tue jenes nicht, aber im großen und ganzen ließ man vieles gehen. Jahrhundertelang wiederholte man annähernd die gleichen, von uns aus gesehen elementaren

Vorschriften und Verbote, offensichtlich ohne daß sie zur Ausbildung ganz fester Gewohnheiten führten. Das wird jetzt anders. Der Zwang, den die Menschen aufeinander ausüben, wird stärker, die Forderung nach 'gutem Benehmen' nachdrücklicher erhoben. (I./102)

Ein Bischof läßt z.B. einem gräflichen Gast, dessen Manieren er lobt, nach dem Abschied von einem Vertrauten sagen, daß der Bischof ihm zum Abschiedsgeschenk die Bemerkung mache, daß er zwar sein Verhalten lobe, daß er aber beim Essen zu sehr schmatze... (105) Und im Englischen heißt es zu dieser Zeit (im 16. Jahrhundert), daß Dinge, die vordem erlaubt gewesen seien, jetzt als unpassend bezeichnet würden. (107)

In einem langen Abschnitt über das Essen, versucht Elias dann weiter zu zeigen, wie ins 17. und dann 18. Jahrhundert hinein die "Scham- und Peinlichkeitsschwelle" langsam vorrückt: "...daß niemand, der sei auch wer er wolle, unter, nach oder vor den Mahlzeiten, spät oder früh, die Wendelsteine, Treppen, Gänge oder Gemächer mit dem Urin oder anderm Unflath verunreinigen, sondern wegen solcher Nothdurft an gebührliche, verordnete Orte gehen tue!" (177, aus der Braunschweigischen Hofordnung von 1589). 1714 ist es dann in der französischen Oberschicht nicht nur selbstverständlich, daß man sich in ein Taschentuch schneuzt, sondern daß man nachher auch nicht hineinblickt... (199).

Im zweiten Band muß Elias nun die selbst entwickelte Frage beantworten, wie diese Prozesse in Richtung auf eine von außen ja nicht erzwungene Verfeinerung der Sitten und Anhebung der gegenseitigen Ansprüche im Hinblick auf Verhalten zu erklären sind.

Er nimmt - erstaunlicherweise - diese Frage nicht direkt auf, sondern setzt mit ihrer indirekten Beantwortung ein, indem er zuerst die Machtkämpfe zwischen Adel, Kirche, Fürsten und letztendlich Bürgertum um die "Anteile an der Herrschaft" zum Thema macht: "Man kann die Zivilisation des Verhaltens und den entsprechenden Umbau des menschlichen Bewußtseins - und Triebhaushalts nicht verstehen, ohne den Prozeß der Staatenbildung und darin jene fortschreitende Zentralisierung der Gesellschaft

zu verfolgen, die zunächst in der absolutistischen Herrschafts-
form einen besonders sichtbaren Ausdruck findet." (II/8) In
einer kurzen "Vorschau über die Soziogenese des Absolutismus"
(ebenda) summiert er dann vorweg die wichtigsten Mechanismen,
die der Zentralgewalt eines Herrschaftsgebietes am Ausgang des
Mittelalters allmählich wachsende Chancen zuführten, unter ihnen.

"Die allmähliche Vergrößerung des geldwirtschaftlichen Sektors
auf Kosten des naturalwirtschaftlichen ... Je mehr Geld in
Umlauf kam, desto stärker stiegen die Preise. Alle Schichten,
deren Verdienst nicht entsprechend stieg, waren damit benach-
teiligt, vor allem die Feudalherren, die von ihren Gütern feste
Renten bezogen." (8/9)

Die Begünstigten waren vor allem das Bürgertum und der König,
der - als Zentralgewalt - durch den Steuerapparat unmittelbar
profitierte. Seine Überlegenheit wuchs also unmerklich.
Proportional dazu konnte das Heer des Königs vergrößert werden.
Seine Unabhängigkeit von seinen Lehnsleuten, den Feudalherren
wuchs. Und:

"...dieser Chancenzuwachs der Zentralfunktion war ... die Voraussetzung für die Pazifizierung eines größeren ... Herrschaftsgebietes von einem Zentrum her". (11)

Schon vorher - vom 12. zum 15. Jahrhundert - sank der Wert der
Reiterei gegenüber dem mehr und mehr mit Schußwaffen ausgerü-
steten Fußvolk. Adelige wurden nun Offiziere einer plebejischen
Truppe (12), die bezahlt werden mußte, was der König am ehesten
konnte.

Wie schon erwähnt, gewannen in diesem Spiel um den Geldwert auch
die bürgerlichen Schichten, das städtische Handwerkertum, Kaufleute und Händler.

Das gab dem König die Möglichkeit, zwischen dem Adel und den
bürgerlichen Ständen sozusagen zu jonglieren: teils mußte ein
Gleichgewicht bewahrt bleiben, teils konnte ein Stand gegen den
anderen ausgespielt werden, teils konnte der König sich bei
bestimmten Gelegenheiten mehr auf den einen Stand, z.B. den
Adel, als auf den anderen stützen; das schloß aber überhaupt

nicht aus, daß er im nächsten Fall das Bürgertum zum Partner
wählte, da man dort unter allen Umständen am Einfluß auf den
König, gegen den Adel, interessiert war: Aufsteigende Schichten
"verzeihen" der Zentralgewalt leicht, solange sie nicht selbst
über die absolute Macht verfügen. Im Laufe der Zeit gewann dabei
das Bürgertum an Einfluß.

Die aufgezeigten Linien verfolgt Elias dann mit großer Sorg-
falt: Mechanismen der Feudalisierung, zentralisierende und de-
zentralisierende Kräfte in der mittelalterlichen Herrschafts-
apparatur, Bevölkerungszunahme nach der Völkerwanderung,
Soziogenese der Kreuzzüge, (auch als "Ventil" für die jüngeren
Söhne, für die kein Land mehr vorhanden ist), Ausdehnung der
Gesellschaft im Inneren: Bildung neuer Organe und Institutionen, Soziogenese des Feudalismus, Soziogenese des Minnesanges
und der courtoisen, höfischen Umgangsformen - für all das gilt
seine Forderung (34):

"Es ist für das Verständnis des Prozesses der Zivilisation von
besonderer Wichtigkeit, daß man von diesen gesellschaftlichen
Prozessen, von dem, was 'Natural- oder Hauswirtschaft', 'Geldwirtschaft', 'Verflechtung größerer Menschenmengen', 'Änderung
der gesellschaftlichen Abhängigkeit des Einzelnen', 'zunehmende
Funktionsteilung' und Ähnliches eigentlich meinen, eine ganz
anschauliche Vorstellung hat. Allzu leicht werden diese Begriffe zu Wortfetischen, aus denen jede Anschaulichkeit verschwun-
den ist und damit im Grunde jede Klarheit."

Dieser Anspruch ist - dessen war sich Elias auch damals bewußt
- für den Soziologen prekär. Als Gesellschafts-Wissenschaftler
will er im Gang durch die Geschichte voran, will bündige Ergebnisse und möglichst bald klare, zusammenfassende Begriffe. Dem
steht der Auftrag, geschichtliche Prozesse penibel zu zerglie-
dern, und das heißt auch zu erforschen, mindestens zu "erlesen",
diametral entgegen. Und das nicht nur, weil mit einer solchen
Aufgabe sehr viel Arbeit verbunden ist - allein schon bei der
Rezeption z.B. eines Buches wie des hier besprochenen -, sondern
weil die sogenannte "Geschichte", je näher man sie durchforscht,
umso mehr in Feinheiten, spezielle Zustände, schwer auf den
Begriff zu bringende Einzelheiten zerfällt. Solche

"Individualitäten" dann mit gutem Gewissen begrifflich zusam-
menzuraffen (z.B. unter einen Begriff wie "Bürger", "Adel" o.ä.)
wird immer schwieriger, je näher man an der Sache ist, d.h.
praktisch als Historiker arbeitet. Daher werden Soziologen von
Historikern leicht als fahrlässig (in ihrer Begriffsbildung)
angesehen, Historiker aber von Soziologen als "unfähig, die
Trends der Gesellschaft zu erkennen".
Elias versucht die Doppelaufgabe der Darstellung von Geschichte
durch Anschauung und der Zusammenfassung in Begriffe zu lösen,
indem er häufig vorwegnehmende zusammenfassende Begriffe ein-
streut oder zusätzliche, generalisierende Bemerkungen, auch
längerer Art (besonders in Fußnoten) einflicht. So z.B. auf S.
83 f., wo er zur Soziogenese des Feudalismus sagt:

"In der feudalen Gesellschaft trat (die geringe Reichweite von
verbindlichen Rechtsverhältnissen) unverdeckter (als heute)
zutage. Die Interdependenz der Menschen und Gebiete war geringer. Es gab keine stabile Machtapparatur über das ganze Gebiet
hin. Die Besitzverhältnisse regulierten sich unmittelbar nach
dem Maße der wechselseitigen Angewiesenheit und der tatsächlichen gesellschaftlichen Stärke."
Und er merkt als Fußnote an, die aber im Text eingeschoben
erscheint und sich als überaus wichtig erweist:
"Bemerkung über den Begriff der gesellschaftlichen Stärke. Die
'gesellschaftliche Stärke' eines Menschen oder einer Gruppe ist
ein komplexes Phänomen. Sie ist, bezogen auf den Einzelnen,
niemals ganz identisch mit seiner individuellen, körperlichen
Stärke und, bezogen auf ganze Gruppen, nicht mit deren Summie-
rung. Aber körperliche Kraft und Gewandtheit *können* unter Umständen ein wesentliches Element der gesellschaftlichen Stärke
bilden. Es hängt vom Gesamtaufbau der Gesellschaft und der
Stellung des Einzelnen in ihr ab, welchen Anteil die körperliche
Stärke an der gesellschaftlichen hat. Diese, die gesellschaftliche Stärke, ist in ihrer Struktur und ihrem Aufbau so verschieden, wie Struktur und Aufbau der Gesellschaft selbst. In
der industriellen Gesellschaft z.B. kann sich höchste, gesellschaftliche Stärke eines Einzelnen mit sehr geringer, physi-
scher Kraft verbinden, obgleich es Phasen in ihrer Entwicklung
geben kann, in denen körperliche Stärke als Ingredienz der
gesellschaftlichen wieder größere Bedeutung für alle erlangt.
In der feudalen Kriegergesellschaft ist eine beträchtliche körperliche Stärke unentbehrliches Element der gesellschaftlichen,
aber jene allein ist keineswegs ausschlaggebend für diese. Etwas vereinfacht kann man sagen: Die gesellschaftliche Stärke
eines Mannes ist, der Chance nach, in der feudalen Kriegergesellschaft genau so groß, wie der Umfang und die Ergiebigkeit
des Bodens, über den er faktisch verfügt. Seine physische Stärke

bildet ohne Zweifel ein wesentliches Element dieser Verfügungs-
gewalt. Wer nicht wie ein Krieger zu kämpfen und den eigenen
Körper in Angriff und Verteidigung einzusetzen vermag, hat auf
die Dauer in dieser Gesellschaft kaum eine Chance zu besitzen.
Aber wer einmal in dieser Gesellschaft über ein größeres Stück
Land verfügt, besitzt als Monopolist des in der Gesellschaft
wichtigsten Produktionsmittels eine gesellschaftliche Stärke,
nämlich Chancen über seine persönliche individuelle Kraft hinaus. Er kann anderen, die auf Boden angewiesen sind, davon
abgeben und ihre Dienste dafür in Anspruch nehmen. Daß seine
gesellschaftliche Stärke so groß ist, wie der Umfang und die
Ergiebigkeit der Böden, über die er tatsächlich verfügt, heißt
zugleich: sie ist so groß, wie sein Gefolge, sein Heer, seine
kriegerische Stärke. Aber eben damit ist zugleich klar, daß er
auf Dienste angewiesen ist, um seinen Boden zu erhalten und zu
verteidigen. Diese seine Angewiesenheit auf Gefolgsleute ver-
schiedener Stufen ist ein wichtiges Element in deren (U.v.V.)
gesellschaftlicher Stärke. Wuchs diese, nämlich seine
Angewiesenheit auf Dienste, so wurde seine gesellschaftliche
Stärke geringer; wuchs bei Nichtbesitzenden der Bedarf und die
Nachfrage nach Boden, so wurde die gesellschaftliche Stärke
derer, die bereits über Boden verfügten größer. Die gesellschaftliche Stärke eines Menschen oder einer Gruppe ist vollständig nur in Proportionen auszudrücken. Dies ist ein einfa-
ches Beispiel dafür.
Genauer zu untersuchen, was 'gesellschaftliche Stärke' ist,
wäre eine Aufgabe für sich ... Auch 'politische Macht' ist
nichts als eine bestimmte Form von gesellschaftlicher Stärke...".

Im zweiten Teil (des zweiten Bandes) geht Elias zur "Soziogenese
des Staates" über, und hier folgt (nach einer im 12. Jahrhundert
ansetzenden Passage über die Schwierigkeiten der Durchsetzung
eines Fürsten gegen die Konkurrenten und einem Exkurs über die
ständig im Auge behaltenen unterschiedlichen Entwicklungen in
England, Frankreich und Deutschland) der entscheidende Abschnitt
(142) "Über den Monopolmechanismus". Wieder stellt Elias dar,
wie in heftigen Auseinandersetzungen viele kleinere Güter, Herrschaften, Fürstentümer gezwungen werden, sich einer Zentralgewalt zu unterwerfen, wobei noch die anerkannten Könige sich -
z.B. auf Fernreisen - mit alten Feinden auseinandersetzen, d.h.
sich ganz real mit mitgebrachtem Heer den Weg frei kämpfen
mußten. Im Zuge dieser Verdichtung und Zentrierung der Macht
wird "aus einem System mit offeneren Chancen ... (ein) System
mit geschlosseneren Chancen...". (145)

Dieser Prozeß wird dadurch unterstützt, daß mit der Monopolisierung von Gewalt und Macht nicht nur die gesellschaftliche Stärke des Monarchen (= Alleinherrschers) wächst, sondern auch - gegenüber den Menschen "außen" - die der in diesem System nicht nur quasi eingeschlossenen, sondern auch von ihm Geschützten! Zugleich werden die Gruppen im Rahmen des Monopolschutzes größer, was auch heißt, daß sie konfliktfähiger werden: Auch ihre gesellschaftliche Stärke wächst - noch innerhalb der Zentralmacht. Das bedeutet, daß mit größer werdendem Gebiet und wachsender Monopolisierung der Gewaltausübung und Macht der oberste Mächtige, meist der König, sich mögliche Gegner heranzieht, d.h. sie in jedem Fall mehr beachten muß als vorher. Das sind Veränderungen, wie Elias sagt (147), die oft Jahrhunderte brauchen, um ihre Ausprägung in dauerhaften Institutionen zu finden. (Diese Prozesse werden weit ausgemalt; den Abschluß des zweiten Bandes bildet vorerst ein Abschnitt zur Soziogenese des Steuermonopols.)

Dann folgt aber das große Kapitel: "Zusammenfassung. Entwurf einer Theorie der Zivilisation" (312).

Hier kommt nun die lange hinausgeschobene Frage: "Was hat die Organisierung der Gesellschaft in der Form von 'Staaten', was hat die Monopolisierung und Zentralisierung der Abgaben und der körperlichen Gewalttat innerhalb eines größeren Gebietes mit der 'Zivilisation' zu tun?" Die Antwort kann hier kurz ausfallen. Ohne jede Planung läuft zuerst der Prozeß der Monopolisierung der Gewalt ab: Immer größere Gebiete werden von Einem erobert, nach dem Prinzip eines Fürsten: Ich wollte nicht alles Land, sondern immer nur das nächstliegende ... (was viele wollten, aber immer wenigere durchführen konnten, bis der Monopolist übrigblieb). In diesem Prozeß wächst nicht nur das zur Verfügung stehende Heer, die Streitmacht, sondern - was noch wichtiger ist: Die Streitmacht wird zentral kaserniert und steht nun auf Abruf bereit, überall zu erscheinen, wo es gilt, Gelände zu verteidigen oder Anhängern des Königs beizustehen. Die Zeiten, wo jeder Reisende mit dem Dolch in der Hand sich bewehren mußte, weil hinter jedem Busch ein Feind lauern kann, nähern

sich ihrem Ende. Es entstehen befriedete Räume von großem Ausmaß. Und innerhalb dieser befriedeten Räume kann nun dreierlei
geschehen: Die Affekte können "zurückgenommen" werden, man muß
nicht ständig "schlagfertig" sein; die Gefühle können sich verfeinern, da nicht ständig Aggression bereitgehalten werden muß.
Daher können sich auch die Sitten verfeinern; und die "Handlungsketten", die vorher kurz waren (was oft - bei plötzlichem Über-
fall - gut war, aber auch zu törichter Voreiligkeit führen
konnte) verlängerten sich, konnten länger werden, was nichts
anderes bedeutete, als daß die Menschen lernten rationaler zu
denken.
Das ist nun wieder nur möglich durch eine Zügelung der Affekte.
Diese Zügelung erklärt Elias dadurch, daß im Rahmen länger-
dauernder Pazifizierung "Fremdzwänge zu Selbstzwängen" werden.
Elias transponiert diese Gedankenführung durch verschiedene
Dimensionen hindurch, aber immer ist das Ergebnis, daß sich mit
dem Wandel der gesellschaftlichen Struktur auch die "Triebmodellierung" der Menschen, und das heißt auch jedes einzelnen
ändert, und zwar "soziologisch" je nach Klassen- oder Schicht-
lage: Je zurückgebliebener gegenüber der gesamten gesellschaftlichen Entwicklung eine Gruppe, Subkultur oder Schicht respektive Klasse ist, desto näher ist ihre "Triebmodellierung" dem
Ausgangsstadium, d.h. im großen und ganzen gröber; je "rationa-
lisierter" (im hier gemeinten Sinn) eine gesellschaftliche Gruppe
oder Schicht ist, desto feiner ist die Triebmodellierung. Der
Affekthaushalt der Menschen einer Gesellschaft auf bestimmter
Entwicklungsstufe entspricht also - mit Erscheinungen des "Nach-
hinkens" - dieser Stufe.
(Damit ist auch ein Entwurf zu einer "historischen Psychologie"
gegeben, die allerdings erst viel später entwickelt wurde.)
Derjenige, der seine Affekte zu dämpfen vermag, ist also in der
"zivilisierten" Gesellschaft im Vorteil. (323) Daher (eod.loc):

"Die größere Triebungebundenheit und das höhere Maß von körper-
licher Bedrohung, auf die man überall dort stößt, wo sich noch
keine festen und starken Zentralmonopole herausgebildet haben,
sind, wie man sieht, Komplementärerscheinungen. Größer ist bei
diesem Aufbau der Gesellschaft die Möglichkeit zum Freilauf der

Triebe und Affekte für den Siegreichen und Freien, größer aber auch die unmittelbare Gefährdung des Einen durch die Affekte des Anderen, und allgegenwärtiger die Möglichkeit der Knechtschaft und der hemmungslosen Erniedrigung, falls ein Mensch in die Gewalt des anderen gerät."

Elias vergißt auch hier nicht - mit Bezug auf die Ergebnisse der Psychoanalyse - die möglichen negativen Auswirkungen des institutionalisierten Selbstzwanges, der Triebunterdrückung, der Selbstdisziplinierung, hervorzuheben (332 ff.) Aber das ist der Preis für größere Langsicht, weitsichtigere Planung, "Besonnenheit" in der Lebensführung, und das heißt auch in der Kommunikation mit dem Anderen.

Innerhalb dieser Prozesse im befriedeten Raum ergibt sich zwangsläufig - als eine weitere Folge - eine Angleichung von Kontrasten (s. anschließend zu Tocqueville!), die aber verbunden ist mit einer Vergrößerung der "Spielarten". (342 ff.)

Die Gesellschaft nivelliert sich, wird aber differenzierter: Während die Statusunterschiede sich verringern, entwickeln sich mehr individuelle Persönlichkeiten. Zugleich rückt die Peinlichkeitsschwelle höher, die "Schamgrenze" weiter vor, zu ungunsten von "Unbefangenheit". Alles zusammen ist der Preis für die gewonnene größere Sicherheit des Lebens überhaupt. Aber die verfolgten und analysierten sowie begrifflich eingeordneten Prozesse sind noch nicht (1937!) abgeschlossen...

2.3.1   Anmerkungen

Hermann K o r t e zitiert Elias aus einer Jugendschrift (1924): "Es liegt nun aber die Gefahr der geschichtlichen Untersuchung stets darin, daß entweder der Forschende am unrechten Ort sich selbst und seine Welt der früheren zu Grund legt, oder daß er ins Gegenteil umschlagend dort, wo sich ihm Fremdheiten und Ungewohntes in den Weg stellen, eilfertig die Brücken abbricht und erklärt, da sei kein Weg des Verständnisses mehr, indes doch vielleicht eine sorgsam abwägende Arbeit gerade aus dem Ungewohnten vieles Förderliche an den Tag bringen könnte." (S. 84, in: Über Norbert Elias).

Diese souveräne Formulierung läßt schon ahnen, daß Elias früh sein Lebensthema gefunden hat: Die Untersuchung langfristiger

Entwicklungen bestimmter Wahrnehmungs-, Verhaltens- und Bewertungsmuster (ebda.). Aber - wie Korte anmerkt:

"Es kommt auf die kontrollierte und distanzierte Art und Weise an, in der man sich aus dem Werturteilsstreit heraushält", und "die prozeßhafte Weiterentwicklung gibt auch der Soziologie die Möglichkeit, von Phase zu Phase besser, d.h. kontrollierter und distanzierter mit Wertungen und Bewertungen umzugehen". (Korte, op. cit. S. 105).

Und Korte zitiert in seiner Arbeit über Elias (auf S. 86) eine wichtige Äußerung, die nicht nur richtungsweisend ist, sondern mit der sich Elias auch von Vorwürfen entlastet. (Sie ist ähnlich ernsthaft und witzig zugleich, wie Helmuth Plessners Erwiderung auf Vorwürfe, er habe von seinem Lehrer Max Scheler "einiges übernommen". Er sagte: "Es wird mehr gedacht als mancher denkt...".)

Elias: "Die Arbeit in den Menschenwissenschaften, wie in anderen Wissenschaften, ist ein Fackellauf: man nimmt die Fackel von den vorangehenden Generationen, trägt sie ein Stück weiter und gibt sie ab in die Hände der nächstfolgenden Generation, damit auch sie über einen selbst hinausgeht. Die Arbeit der vorangehenden Generationen wird dadurch nicht vernichtet, sie ist die Voraussetzung dafür, daß die späteren Generationen über sie hinauskommen können."

Unter solchen Umständen ist es schwierig, einen hochgeachteten Autor zu kritisieren, insbesondere durch Verweis auf Vordenker, wie in diesem Fall selbstverständlich Karl Marx, Max Weber, Ferdinand Tönnies oder Georg Simmel. Auch zum Verhältnis von Soziologie und Geschichtswissenschaft hat Elias - s. Korte, S. 26, op. cit. - sozusagen "abfangende" Bemerkungen gemacht, die ihn - wie ich meine - voll und ganz decken. Trotzdem bleiben Fragen, wie z.B. die, warum das Kloster, die europäische ("abendländische") Universität und besonders die Stadt und die "Soziogenese des Bürgertums" so lapidar kurz erwähnt und kaum abgehandelt werden; dabei gilt für alle diese und ähnliche Einrichtungen, daß ihre Geschichte sicher genau so kompliziert oder komplizierter ist als die des Feudalismus. Hier gibt es sogar durchaus falsche Bemerkungen, wie die (s. S. 140/141 bei

Korte erwähnt), daß bürgerliches Selbstbewußtsein gegenüber dem
Adel sich erst in den sich spät entwickelnden intellektuellen
Schichten gezeigt habe...

Daß Elias zeitgenössische Probleme gern umgangen hat (s. Korte,
S. 121) ist schon häufig erwähnt worden; aber Korte weist auch
darauf hin (S. 129 op. cit.), daß die - kleineren - späteren
Arbeiten von Elias durchaus zeigen, wie sein Ansatz weiterzu-
führen ist.

Ich meine, daß das nur im Sinne der "Fackel-Sentenz" möglich
ist: Um zu einer Analyse der geschichtlichen Ereignisse des 19.
und dann besonders des 20., gerade ablaufenden Jahrhunderts zu
kommen, muß der Elias'sche Ansatz doch erheblich modifiziert
werden.

Korte tut sich in seiner Arbeit im Abschnitt "Versuch der Kritik" (159) schwer. Auch die zitierte Verteidigung von Elias, er
habe die Entwicklung des Rationalisierungsprozesses gerade beim
Adel wegen des Kontrastes zu den üblichen, das Bürgertum beto-
nenden Analysen wegen geschildert, entlastet sein Werk nicht
von der Frage, warum er statt zu langer Passagen zu einzelnen
Sitten und ihren Veränderungen sich nicht des ungleich reizvol-
leren Wechselspiels zwischen den aufsteigenden Bürgerschichten
und dem Adel angenommen hat.

Einen General-Angriff gegen Elias versuchte Hans-Peter
D u e r r mit seiner umfangreichen Arbeit "Der Mythos vom
Zivilisationsprozeß" (Suhrkamp, Ffm., 1988, als Bd. 1; Bd. 2
"Identität", 1990; Bd.3 "Obzönität und Gewalt", 1993). Da Duerr
m.E. nach an Elias als Soziologen vorbeigeht und seine Hauptabsicht verkennt, die unbeabsichtigten Folgen sozialer Handlungen
in einem konfigurativen Individuum-Gesellschafts-Konzept zu
verfolgen, wird seinen Arbeiten hier nicht nachgegangen. Ihre
Ergebnisse mit denen von Elias zu vergleichen, bleibt sicher
interessant.

Eine Gesamtwürdigung des Elias'schen Werkes findet sich von
Peter Reinhart G l e i c h m a n n , als "Norbert Elias - aus
Anlaß seines 90. Geburtstages", in: Kölner Z. f. Soziologie und

Sozialpsychologie, Heft 2/1987, Westdeutscher Verlag, Köln-Opladen, 1987.

Weiter bleibt die Frage des Verhältnisses zu Elias' früherem Dienstherren Karl M a n n h e i m , dessen - nach Zeugnis seiner Studenten - "mitreissende" Vorlesungen Elias ja mitgehört hatte, dessen Einfluß er sich auf keinem Fall beugen wollte, was aber an der Vermutung nichts ändern kann, daß er doch ein ziemliches Maß an "Anregungen" von Mannheim mitgenommen hat. Ohne sein Werk irgendwie zu schmälern, kann man doch sagen, daß für Elias die fatale Spanne des Wartens auf den Erfolg auch bewirkte, daß der Schatten des so früh (1951) gestorbenen Meisters unterdessen verblichen war.
Und zuletzt ist - wie für einige der hier behandelten Autoren - zu fragen, warum Tocquevilles Analysen und Prognosen überhaupt nicht verarbeitet wurden. Daher im Folgenden kurze Anmerkungen zu Karl Mannheim, Ferdinand Tönnies und ergänzende zu Alexis de Tocqueville.

2.3.2   Karl Mannheim

Karl M a n n h e i m (1893-1947), Schüler Max Webers, ab 1930 Prof. für Soziologie in Frankfurt am Main, von wo er 1933 nach England emigrierte, veröffentlichte mit dem Werk "Mensch und Gesellschaft im Zeitalter des Umbaus" (Leiden, 1935) eine umfassende Zeitdiagnose, die zwar 1940 unter dem Titel "Man and Society in an Age of Reconstruction: Studies in Modern Social Structure" im angelsächsischen Bereich weite Verbreitung fand, in Deutschland aber trotz der Rückübersetzung (der gegenüber 1935 verlängerten englischen Fassung) 1958 nur vorübergehend Resonanz hatte. Dagegen wurden in den 50er Jahren seine Thesen zur "Seinsverbundenheit" des an seinen sozialen "Standort" gebundenen Menschen intensiv diskutiert, da von hier aus die seither eher vernachlässigte "Wissens-Soziologie" kräftige Impulse erhielt. Hegel, Dilthey, Max Weber und Marx können als Mannheims wichtigste Bezugspersonen genannt werden.

Für unseren Zusammenhang - Sozialgeschichte an Hand exemplarischer Beispiele und Mannheims Einfluß auf Elias - ist besonders interessant Mannheims Art der sozio-psychologischen Zeitanalyse und Analyse historischer Prozesse, wie er sie in hervorragender Weise bei der Darstellung der Entstehung von "konservativem Denken" vorführt. Das soll hier in sehr verkürzter Darstellung verfolgt werden. Als Grundlage dient der Aufsatz "Das konservative Denken. Soziologische Beiträge zum Werden des politisch-historischen Denkens in Deutschland", aus der von Kurt H. W o l f f herausgegebenen Aufsatzsammlung: "Karl Mannheim - Wissenssoziologie - Auswahl aus dem Werk", Luchterhand, Berlin und Neuwied, 1964, S. 408 ff.

Mannheim versucht zuerst deutlich zu machen, daß mit "traditional" oder "traditionalistisch" etwas völlig anderes gemeint ist, als mit " konservativ". Diese Unterscheidung hat für die dann folgenden Überlegungen grundlegende Bedeutung, denn - um es hier besonders verkürzt zu sagen - der traditionale Mensch denkt im Sinne des Überlegens über gesellschaftliche Zustände usw. überhaupt nicht, sondern handelt nach Erziehung, Sitte, Brauch, nach dem "Hergekommenen", so, wie "es immer schon war"; entsprechend nimmt er im großen und ganzen seine soziale Position als gegeben hin. Wobei nicht vergessen werden darf, daß in traditionalen Gesellschaften Alternativen kaum denkbar sind. Der traditionale Mensch nimmt seine Rolle als selbstverständlich; er fühlt, denkt und handelt "nach hergebrachter Weise". Daher fehlen ihm auch für eine ganze Reihe von Umständen zusammenfassende und insofern abstrakte Begriffe: Sie sind erstens ungewohnt/ungewöhnlich und zweitens unnötig oder besser: sinnlos. Das bekannte Beispiel sind zusammenfassende "General"-Farben wie Weiß oder Braun bei Völkern, die entweder dutzende von Weiß-Nuancen benennen können (weil das nämlich für ihr Überleben notwendig ist) und für die ein Begriff "Weiß" sinnlos ist, oder die ihr Vieh nach der Felltönung benennen und rufen,

d.h. individualisieren (können), während eine Generalfarbe "Braun"
für sie eine Art "Wischiwaschi" wäre.
Diese in sich ruhenden Kulturen geraten - wie in Europa etwa vom
16./17.Jahrhundert an - in größte Verlegenheit, wenn sich in
ihnen eine, meist als "liberal" bezeichnete Schicht von Intellektuellen bildet (teils Wirtschaftsliberale, teils "Literaten"), die mit neuen Allgemeinbegriffen die gesellschaftlichen
Zustände versuchen "auf einen Nenner" zu bringen. Zu derartigen
Begriffen gehören "Volk", "Gesellschaft", "Klasse". Die "Liberalen" verstehen sich immer als progressiv und verlangen mindestens mehr "Freiheit" (wozu selbstverständlich auch der Abbau
traditionaler Schranken gehört). Diese Verlegenheit   z.B. gerade gegenüber dem abstrakten Begriff "Freiheit" - rührt daher,
daß die angegriffene traditionale Gesellschaft zwar eine Sprache hat, nämlich ihre traditionale, gegenständliche und allein
für den Hausgebrauch gedachte und brauchbare, aber keine Spra
che und Sprechweise, mit der sie die Angriffe der Liberalen oder
Progressiven "kontern" könnte. Sie bleibt zuerst "sprachlos".
Dann zwingt die Situation aber zum verbalen Widerstand. Und hier
liegt nichts näher, als sich der neuen Begriffe zu bemächtigen
und sie im eigenen - traditionalen - Sinn zu deuten und zu
benutzen.
Eine solche Art von Wendung der neuen Waffe des Gegners gegen
ihn selbst ist nach Mannheim das "konservative Denken". Es ist
nichts anderes, als das zum abwehrenden Denken gezwungene
traditionale Denken und Fühlen, das mangels eigener Reserven
die gegen es gerichteten Wortwaffen umkehrt, um damit nun dem
Gegner, d.h. den Liberalen, Progressiven und dann "Linken" zu-
zusetzen. Daß hierbei durchaus auch - nach einiger Übung - in
das Arsenal der eigenen und vergangenen Begrifflichkeit, d.h.
den historischen Sprachschatz gegriffen wird, beschreibt Mannheim ausführlich:

"Während für das 'progressive' Denken jedes einzelne zumeist
seinen letzten Sinn nur aus etwas vor ihm oder über ihm liegen-
dem, aus einer Zukunftsutopie oder aus einer über dem Sein
schwebenden Norm erhält, wird die Bedeutsamkeit des Besonderen
im konservativen Denken aus etwas hinter ihm liegenden, aus der

Vergangenheit, oder aus dem im Keime Vorgebildeten abgeleitet. Was hier für das Erfassen des Besonderen Zukunft bedeutet, das bedeutet dort die Vergangenheit; was hier die Norm, das leistet dort die Idee des 'im Keim Vorgebildetseins'." (S. 437, op. cit.)

Von dieser Basis aus entwickelt Mannheim dann ein lebhaftes und anschauliches Bild der Auseinandersetzungen zwischen Adel, konservativem (d.h.: traditionalem) und liberalem Bürgertum und später den sich bildenden Arbeiterparteien. Es ist unschwer zu erkennen, daß von einer solchen Vorführung von unbeabsichtigten Folgen sozialen Handelns erhebliche Einflüsse auf Elias ausgeübt worden sind, die er aber in einer eigenartig widerspenstigen Haltung nicht in seinem Werk - sozusagen als Versatzstücke - genutzt hat.

2.3.3 Ferdinand Tönnies

Ferdinand T ö n n i e s (1855-1935) muß hier kurz erwähnt werden, weil sein in erster, aber fast wirkungsloser Auflage 1887 erschienenes Werk "Gemeinschaft und Gesellschaft" (erst mit der zweiten Auflage 1912 erlebte es einen phänomenalen Aufschwung) weltweit verbreitet wurde.* 1946 fragte mich in sowjetrussischer Gefangenschaft ein über 7000 Kilometer dorthin gekommener junger japanischer Offizier als erstes: "Do you know Tönnies 'Gemeinschaft und Gesellschaft'?" ... Es konnte also niemand, der soziologisch interessiert war, behaupten, er habe Tönnies nicht gekannt. Heute wird das Lesen der 250-Seiten-Schrift durch die altväterliche Ausdrucksweise sehr behindert,

---

* Daß Tönnies wiederum von Herbert S p e n c e r (1820-1903) „abgekupfert" hat, und ganz besonders von Henry James Sumner M a i n e (1822-1888), der mit seinem berühmten Werk „Ancient law: its connection with the early history of society, and its relation to modern ideas" (1861, 11. Auflage 1890) immerhin einige Nasenlängen vor Tönnies geschrieben hatte, kann nicht unterdrückt werden. Maine beschreibt, wie aus „Status", d.h. traditionalen Verhältnissen, durch „Kontrakt" neue Verhältnisse sich teils dokumentierten, teils - in Richtung auf größere Gesellschaften - geschaffen wurden. Das Vorbild

von der Schrift abgesehen, die für Jüngere ebenfalls ein Hindernis darstellen dürfte, und von der heute teils kurios wirkenden Terminologie ganz zu schweigen. Aber der Grundgedanke von Tönnies war einfach und zur damaligen Zeit "durchschlagend": Er beschreibt, wie sich - völlig dem Titel der Arbeit gemäß - aus "Keimformen der Gemeinschaft" Gemeinschaften entwickeln, die aus Gemeinsamkeit der Herkunft, des Ortes, des "Geistes" usw. sich ableiten. Danach folgen weitere "natürliche Einheiten", wie Klan, Stamm, Volk oder Dorf, Gau, Land oder Gemeinde, Gilde, Stadt usw.. Die Stadt wird als "gemeinschaftlicher Organismus" ebenso positiv geschildert, wie das "Handwerk als Kunst". Wirklich interessant, jedoch auch im deutschen Sprachraum nicht ganz neu wird dann die Analyse der "bürgerlichen Gesellschaft" als einer neuen eher lebensfeindlichen Form der Geselligkeit, wo "jeder ein Kaufmann" ist, ein "latenter Krieg" herrscht, da allgemeine Konkurrenz herrscht und "Grenzenlosigkeit".
Dies alles - hier nach dem fotomechanischen Nachdruck 1963 der 8.Auflage von 1935 (Wiss. Buchges., Darmstadt) - wird im "Ersten Buch Allgemeine Bestimmungen der Hauptbegriffe" in Paragraphen abgehandelt. Es folgt das zweite Buch: "Wesenwille und Kürwille" über Tradition und Freiheit der Entscheidung, das dritte Buch " Soziologische Gründe des Naturrechts" - wo "Status und Kontrakt" erwähnt werden - und ein Anhang zu "Ordnung, Recht, Moral" und letztendlich zu "Kommunismus, Individualismus, Sozialismus, antiker und moderner Kulturmasse und zur "Aufgabe". Eine ausführliche und berühmte Darstellung und Analyse, besser, Deutung des Übergangs von einfacheren zu großstädtisch-industriell-kapitalistischen Verhältnissen lag also - nach Marx - aus konservativer Sicht vor, wobei man sich darum streiten kann, ob Tönnies nicht eher den Liberalen zuzuzählen ist resp. war. Das eigentlich besonders zur Elias'schen Thematik "Vorrücken der Schamschwelle" nicht zu übersehende Buch war aber - wie hier

für Tönnies ist unverkennbar... Tönnies erwähnt ihn auch, aber befremdend kurz. S. zur internationalen Diskussion: Lars Clausen u. Carsten Schlüter, Hundert Jahre „Gemeinschaft und Gesellschaft", Leske und Budrich, Opladen, 1992.

bereits auf Seite 41 erwähnt - "Über die Demokratie in Amerika",
von Alexis de T o c q u e v i l l e (1805-1859). Seine ebenfalls
weite Verbreitung über ein Jahrhundert, bis in die 30er Jahre
unseres Jahrhunderts, d.h. bis zur Entstehungszeit von "Über
den Prozeß der Zivilisation" steht hier nicht nochmals zur
Diskussion. Es hätte aber interessieren müssen, daß Tocqueville
Voraussagen gemacht hatte, die mindestens zur unmittelbaren
Fortführung der Arbeit von Elias hätten führen können. Gemeint
sind seine Aussagen darüber, daß die von ihm in den Vereinigten
Staaten von Amerika - 1835 - entdeckte Gleichheit der Menschen
sich als Idee in Zukunft überall in der Welt durchsetzen würde;
daß sich die Menschen in Zukunft literarisch nur noch mit sich
selbst beschäftigen würden, und daß eine einmal geschaffene
Demokratie nur noch dadurch gefährdet werden könne, daß die
Menschen dächten, sie würde ohne ihre Beteiligung von selbst
"weiterlaufen", daß eine dauernde Majorität ohne Minderheiten-
schutz die Idee der Demokratie pervertieren würde und/oder, daß
eine neue "Aristokratie der Industrie" sich breitmachen und
Demokratie zerstören würde.
Tocqueville zeigte sich damit nicht nur dem Zeitgenossen Charles
Dickens überlegen, der wenige Jahre später ebenfalls die Vereinigten Staaten mit seiner Frau bereiste (1842) und darüber ein
ganz witziges Buch schrieb (Charles D i c k e n s, Aufzeichnungen aus Amerika, Greno, Nördlingen, 1987; erste englische Auflage 1842!), sondern auch Karl Marx, der keine Erfahrung in
Regierungsgeschäften besaß und einen viel schwächeren
Entwicklungssinn (der außerdem wie ausführlich behandelt teleologisch getrübt war). Und ein Zeit- und Entwicklungsanalytiker
wie Tönnies hätte Tocqueville überhaupt nicht übersehen oder
doch völlig mißachten dürfen.
Allerdings war Tönnies darin nicht der Letzte.
Zur Rezeption und Weiterentwicklung der Gedanken von Norbert
Elias siehe K o r t e , op. cit.; Peter G l e i c h m a n n ,
Johann Goudsblom und Hermann Korte (Hrsg.), Materialien zu Norbert Elias' Zivilisationstheorie, Suhrkamp, Ffm., 1979 (1977)
und dieselben als Hrsg.: Macht und Zivilisation, Suhrkamp, Ffm.,

1984. Außerdem sei verwiesen auf Artur B o g n e r, Zivilisation
und Rationalisierung - Die Zivilisationstheorien Max Weber's,
Norbert Elias' und der Frankfurter Schule im Vergleich, Suhrkamp,
Ffm., 1989.

2.4 David Riesman - Auf dem Weg zur einsamen Masse?

Etwa von 1960 an gehörte David R i e s m a n ' s "Die einsame
Masse" (Rowohlt, Hamburg, 1958), mit einer Einführung von Helmuth
Schelsky, zur Standardlektüre der Westberliner und Westdeutschen Oberschüler. Was war an dieser 1950 zuerst veröffentlich-
ten Arbeit so Besonderes, die mit dem Untertitel "Eine Untersuchung der Wandlungen des amerikanischen Charakters" nicht gerade dem Interesse der damaligen deutschen Schule zu entsprechen
schien?
Zuerst ist zu sagen, daß der us-amerikanische Titel "The lonely
crowd" nicht ganz dem deutschen "einsam" entspricht, das -
zumindest damals - auch etwas Positives enthielt. So hatte z.B.
ein Buch von Schelsky über die deutsche Universität den durchaus
als Forderung gemeinten Titel: "Einsamkeit und Freiheit". "The
lonely Crowd" müßte daher eher als "Die Masse der auf sich
gestellten Individuen" oder "Die in Individuen zerfallene Gesellschaft" übersetzt werden.
Hier beschäftigen wir uns mit dieser Arbeit weniger, weil sie in
den USA sofort ein Bestseller wurde und dann auch hier und
anderswo weite Verbreitung fand, sondern weil das Wort "Wandlungen" auf eine sozialhistorisch angelegte Studie verweist.
Und in der Tat ist Riesman's Werk nicht weniger anspruchsvoll
als das von Elias, allerdings direkt in die Zeit der 50er/60er
Jahre reichend, vielleicht sogar bis zu uns heute (1994) oder
über uns hinweg.
Der Untertitel verweist nur scheinbar ausschließlich auf die
USA. Wie sich bald herausstellt, sind ähnliche Prozesse in allen
Gesellschaften gemeint, die aus dem rein traditionalen Zustand

in bewegtere Zustände übergehen oder auch gingen. So schreibt
Riesman z.B. auf Seite 29 (op.cit.):

"Das Mittelalter kann in der abendländischen Geschichte als
eine Epoche bezeichnet werden, in der die meisten Menschen
traditionsgeleitet waren. Der Begriff 'traditions-geleitet'
bezieht sich jedoch auf ein generelles Merkmal, wie es nicht nur
Völkern des vorkapitalistischen Europa, sondern auch so grund-
verschiedenen Völkern wie den Hindus, den Hopi-Indianern, den
Zulus und den Chinesen, den nordafrikanischen Arabern und den
Balinesen gemeinsam ist. Diese Feststellung sehe ich durch ähnliche Einsichten anderer Autoren über eine solche Gemeinsamkeit
in der Verschiedenartigkeit bestätigt. Sie führten für die von
ihnen gefundenen gemeinsamen Merkmale Termini wie 'Altkultur'
(im Gegensatz zu 'Zivilisation'), 'Ständegesellschaft' (im Gegensatz zu 'Vertragsgesellschaft'), 'Gemeinschaft' (im Gegensatz zu 'Gesellschaft') u.a. ein. So verschieden die durch
solche Termini wie Altkultur, Ständegesellschaft und Gemeinschaft bezeichneten Gesellschaften auch sein mögen, sie ähneln
einander in Hinsicht auf das verhältnismäßig langsame Tempo, in
dem der soziale Wandel vor sich geht, ihrer Abhängigkeit von
familien- und sippengebundenen Organisationen und - verglichen
mit den späteren Epochen - ihrem dichten Netz von sozialen
Wertsetzungen."
Und auf S. 36 heißt es: "So stellt meine Untersuchung des
aussengeleiteten Charakters eine Analyse sowohl des Amerikaners
als auch des heutigen (1950! d.V.) Menschen überhaupt dar.
Vielfach fällt es mir schwer, oftmals ist es mir unmöglich, zu
sagen, wo die Grenze zwischen beiden zu ziehen ist. Einerseits
neige ich zu der Ansicht, daß die Heimat des außengeleiteten
Typus doch wohl in Amerika zu finden ist, und zwar auf Grund
gewisser Elemente, die spezifisch für die amerikanische Gesellschaft sind, beispielsweise ihrer europäischen Abstammung und
des Fehlens einer feudalherrschaftlichen Vergangenheit. Demge-
genüber neige ich dann andererseits dazu, mehr Gewicht auf
Kapitalismus, Industrialisierung und Verstädterung, also auf
globale Entwicklungstendenzen, zu legen als auf irgendwelche
charakterbildende Besonderheiten auf dem amerikanischen Schau-
platz."

Bei aller zögerlich-bescheidenen Zurückhaltung meint Riesman
also offenbar doch, eine allgemeine menschliche Gesetzmäßigkeit
gefunden zu haben, die in klarem Zusammenhang mit bestimmten,
offenbar in der jüngeren Geschichte unvermeidbaren Entwicklungen steht.
Daß er Ansätze macht, diese Gesetzmäßigkeiten auch in der Antike, z.B. der Geschichte Athens, zu finden (s.S. 46) bestärkt nur
in der obigen Annahme.

Wo findet Riesman nun jene Zusammenhänge, die Zeichen grundle-
genden Wandels oder grundlegender Wandlungen in ganzen Gesellschaften sind, möglicherweise auch deren Ursachen oder Sekundär-
ursachen?

Riesman bezieht sich nicht auf die Vorsehung, nicht auf das
Proletariat als Träger und Vollstrecker eines geschichtlichen
Willens, nicht auf Religion und auch nicht auf befriedete Räume
nach einem Macht-Monopolisierungsprozeß. Zum Erstaunen sicher
vieler Soziologen greift er dagegen auf eine bevölkerungspoli-
tische oder besser demografische Argumentation zurück: Stillstand oder rasches Wachstum der Bevölkerung in unterschiedlichen Epochen, aber auch aus unterschiedlichen Gründen.

So beschreibt er - objektiv unbestreitbar - die traditionale
Gesellschaft als eine deshalb in bezug auf die Größe der Bevölkerung stillstehende, weil sie eine Gesellschaft mit "hohem
Bevölkerungsumsatz" ist (S. 26, op.cit.). Die Sterblichkeits-
ziffern sind dort so hoch, "daß die Bevölkerung aussterben
würde, wenn nicht die Geburtenziffern ebenso hoch wären" (26).
Dieser - in sich sehr dynamische und schmerzhafte - "Stillstand"
ist aber nicht zu vergleichen mit dem Stillstand einer Bevölkerung auf einer hohen Wachstums-Stufe, auf der - durch bessere
materielle Umstände - nicht nur die Sterberate niedrig ist,
sondern auch die Lebenserwartung hoch; das würde unweigerlich
zu einem starken Anwachsen der betreffenden Bevölkerung führen,
wenn nicht die Geburtenrate auf einen sehr niedrigen Wert sinken
würde, was in der Tat überall geschehen ist und geschieht, wenn
das materielle Niveau hoch genug ist. Die Gründe für dieses
Fallen der Geburtenrate sind mannigfaltig. Bekannt sind die
Auswirkungen von empfängnisverhütenden Mitteln und der gestie-
genen Tendenz zur "Selbstverwirklichung", womit wohl häufig
schlichter Eigennutz gemeint ist usw.. Diese Zusammenhänge stehen aber hier und bei Riesman nicht zur Diskussion. Riesman geht
es vielmehr darum zu zeigen, wie sich auf drei demografischen
Ebenen: Der des traditionalen Bevölkerungsstillstandes, der
starken Bevölkerungszunahme und der Ebene des Stillstandes bei
hohem materiellen Niveau ganz unterschiedliche "Charaktertypen"

ausformen: Der traditionale, der innen-geleitete ("inner-directed") und der außen-geleitete ("other-directed"). Mit "Charakter" meint Riesman nicht eine individuelle, erbbiologisch und milieutheoretisch zu erklärende Eigenschaft einzelner Menschen, sondern eine Art von Sozialcharakter, der für alle Menschen einer dieser Epochen oder Ebenen gültig ist, ein "Epochen-Charakter". (Diesen Ausdruck verwendet Riesman aber nicht!) Der Charakter der Menschen in den traditionalen Gesellschaften interessiert Riesman nur insofern, als von hier aus die breiteren Ausführungen über den "innen-geleiteten" und den zentral interessierenden "außen-geleiteten" Charakter ihre Basis finden. Die Traditions-Lenkung wird folgendermaßen beschrieben (27): Die Gesellschaftsordnung ist relativ stabil, da keine dramatischen Veränderungen der Bevölkerungsmenge erhebliche Eingriffe oder Veränderungen erfordern. Daher kann die Verhaltenskonformität der Menschen "in hohem Maße durch die verschiedenen Einflußsphären der Alters- und Geschlechtsgruppen, der Sippen, Kasten, Stände und so fort vorgegeben sein - durch Verhältnisse also, wie sie jahrhundertelang bereits bestanden haben und die nur geringfügig, wenn überhaupt, in der Generationsfolge verändert werden."

Alles in der traditionalen Gesellschaft ist "kulturell selbstverständlich" vorgegeben, so daß die Kinder in einer Atmosphäre der Selbstverständlichkeit aufwachsen, die zwar die Herrschaftsverhältnisse verschleiert, aber den Vorteil klarer Vorgaben für das eigene Verhalten, den Lebenslauf, mögliche Prämien und Strafen hat. Hierbei ist zu bemerken, daß in der traditionalen Gesellschaft (wie dann teils auch in der religiös beeinflußten oder besonders national gesonnenen innen-geleiteten Gesellschaft) das Wohlverhalten als selbstverständlich gilt und nicht prämiert wird, während Fehlverhalten nur in geringem Maße toleriert, meist streng bestraft wird!

Veränderungswünsche oder Ausbruchstendenzen werden in Märchen und/oder Schauergeschichten abgedrängt. Konkrete "Abweichende" werden - wenn nicht verfolgt oder vernichtet - häufig in besonderen Rollen zugelassen: Zauberer, Medizinmänner, später ver-

mutlich auch Mönche (28). Nach Lösung von Problemen auf bessere
Art als bisher wird wenig gesucht.

Ein gewisses Ausmaß von Individualität können sich nur Angehö-
rige sehr angesehener oder mächtiger Kreise leisten. Das schließt
nicht aus, daß der Einzelne zur Profilierung seiner besonderen
Befähigung ermutigt wird, - in Grenzen.

Ritus, Brauchtum und Religion beherrschen das Leben. Fragt man
also danach, von wo aus ein Mensch in einer traditionalen Kultur
gelenkt wird, so kann man nur sagen, daß das durch "die Kultur"
geschieht, vertreten in jedem einzelnen anderen Gesellschafts-
mitglied; daß aber die Vorbedingung jener Stillstand (der
Bevölkerungsbewegung) ist, der der Gesellschaft die Chance zur
relativen inneren Ruhe gibt.

Mit einem starken Anstieg der Bevölkerung, d.h. Wachstum der
Gesellschaft, das nicht "vorgeplant" ist, gerät nun die ganze
Gesellschaft in Bewegung mit an sich absehbaren Folgen, die nur
vorher von Soziologen so nie beschrieben worden sind wie bei
Riesmann:

Die schnelle und so nicht erwartete Zunahme der Bevölkerung ist
im hier interessierenden Zeitraum von etwa 1700 an, dann fast
explosionsartig von 1800 an, zuerst einmal auf das Sinken der
Säuglingssterblichkeit zurückzuführen, was vermutlich mit einem
Ansteigen der Hygiene zusammenhängt. Damit sinkt auch die Sterberate der gebärenden Frauen. Später folgt langsam eine Verlängerung der Lebensdauer der Menschen, bis heute zu früher unglaub-
lichen 70 bis über 80 Jahren.

Dies Anwachsen der Bevölkerung bringt alle schon aus anderen
Gründen angelaufenen Prozesse des Zerfalls von "Werten und Sitten" und des Zerbrechens von alten gesellschaftlichen Klein-
strukturen zu einer Art Übersieden: Die bisher den Zusammenhalt
der - meist kleinen - Gemeinschaften sichernden Institutionen
beginnen sich aufzulösen. Der Zusammenhalt innerhalb der Familie wird schwächer; der Verbund von Haus und Arbeit löst sich
mit Vordringen der Manufaktur, dann Fabrik auf (das wird von
einigen Autoren als die vielleicht folgenschwerste Auflösungs-
erscheinung betrachtet); das Anwachsen der Bevölkerung mit Ar-

beit außerhalb der Familienkontrolle löst auch die kirchlichen Kontrollen auf (besonders Auspendler, d.h. auswärtig Arbeitende, sind nicht mehr zu kontrollieren); es entsteht langsam, dann immer schneller (siehe oben) eine "Arbeiterreservearmee"; der aufkommende Kapitalismus muß sich erst organisieren und die Unternehmer begreifen erst spät, daß eine - an sich gewünschte - Unterbezahlung der Arbeitenden ihnen keine kaufkräftige Massenbasis schafft; nach den Männern müssen auch die Frauen außerhalb arbeiten, dann die Kinder.

Kurz: Es beginnt das Zeitalter, in dem die Menschen "auf sich selbst gestellt" werden, von der Gemeinschaft verlassen werden (die nun auch zu schwach zur allseitigen Hilfe wird). Es entsteht der Fächer von Menschen, die es "mit dem Hut in der Hand kommt man durchs ganze Land" versuchen bis hin zu den "einsamen Wölfen". In dieser Zeit des Aufbruchs, der Verzweiflung, aber auch des grenzenlosen Optimismus, werden Orientierungshilfen gebraucht wie vorher. Aber sie kommen immer deutlicher nicht von einer sozialen Gemeinschaft, Familie, Nachbarschaft/Verwandtschaft, weltlicher und geistlicher Gemeinde, sondern werden - so läuft Erziehung nun - von innen her bezogen, als Orientierungsprinzipien, unter denen Ehrlichkeit, Zuverlässigkeit, Sauberkeit, Pünktlichkeit, Arbeitsgenauigkeit eine hervorragende Rolle spielen.

Zu dieser Innen-Lenkung, mit der die Menschen nicht mehr wie in der traditionalen Gesellschaft sozusagen voll ausgestattet dem Leben gegenübertreten, sondern nur mit einer Art Kompaß ausgerüstet sind, schreibt Riesman (31):

"Die mit der Renaissance und der Reformation in der abendländischen Geschichte in Erscheinung tretende und erst jetzt (1950, d.V.) im Schwinden begriffene Gesellschaft dient uns als Beispiel für eine Gesellschaftsform, in der die Innen-Lenkung die vorherrschende Art der Konformitätssicherung darstellt. Ein hohes Maß von sozialer Mobilität, hervorgerufen durch die schnelle Ansammlung von Kapital (welche mit umwälzenden technologischen Entwicklungen einhergeht) und eine geradezu unaufhörliche Expansion, die einmal mit der Produktion von Verbrauchsgütern und

Menschen nach innen und mit der Forschung, Kolonisierung und
Weltmachtpolitik nach außen wirkt, kennzeichnen diese Gesell-
schaft. Die größten Chancen, die diese Gesellschaft zu vergeben
hat - und die größte Initiative, die sie denen abverlangt, die
mit den neuen Problemen fertig werden wollen -, werden von
Charaktertypen verwirklicht, denen es gelingt, ihr Leben in der
Gesellschaft ohne strenge und selbstverständliche Traditions-
Lenkung zu führen. Dieses sind die innen-geleiteten Typen."

Riesman verweist dann auf unterschiedliche Entwicklungstendenzen
und -geschwindigkeiten und fährt fort:

"Alle (Entwicklungstendenzen) weisen auf ein gemeinsames Merkmal hin: Die Kraft, die das Individuum steuert, wird verinner-
licht, d.h. sie wird frühzeitig durch die Eltern in das Kind
eingepflanzt und auf prinzipiellere, aber dennoch unausweichli-
che Ziele gerichtet." Und weiter (32): "...ein (neuer) psycho-
logischer Mechanismus (wird) erfunden, der der offeneren Gesellschaft angemessen ist. Diesen möchte ich als einen seelischen 'Kreiselkompaß' bezeichnen."

Das ist auch deshalb besonders wichtig, weil die höhere Mobilität den Menschen zeigt, daß es unterschiedliche Traditionen
gibt, zwischen denen sie nun "hindurchzusteuern" haben. Mit
"Kreiselkompaß" ist allerdings nicht gemeint, daß die Menschen
nicht für Erfahrungen offen waren. Im Gegenteil sind sie lern-
begieriger als je zuvor; nur die Auswertung der Ergebnisse
geschieht unter dem Diktat der inneren Leitung, des nun sich
verweltlichenden Gewissens. Besonders bei den Protestanten ist
die innere Leitung eingespannt zwischen dies verweltlichte Gewissen und das gottorientierte. Die ist allerdings im Wesentlichen nicht über Priester und Kirche vermittelt, sondern durch
das - neue - Gespräch des einzelnen Menschen mit seinem Gott.
Riesman führt das nicht so aus, aber sein Verweis auf Huizingas
"Herbst des Mittelalters" zeigt auf "jene Seelenqual und Verwirrung, den Konflikt der Werte, aus denen sich die neuen Formen
allmählich entwickelt haben. Schon im späten Mittelalter sahen
sich die Menschen gezwungen, mit einem neuen Bewußtseinsgrad zu
leben. Indem sich ihr Selbstbewußtsein und ihre Individualität
entwickelten, wurden sie gezwungen, sich in der Welt auf neue

Art und Weise einzurichten. Ein Vorgang, der heute noch weiter-
geht." (33)
Riesman nimmt die Thematik "innen-geleitet" im Vergleich zu
"außen-geleitet" im Durchgang durch verschiedene Themenbereiche
wie Erziehung, Altersgenossen der Kinder, Arbeit, politischer
Lebensstil immer wieder auf. Eine Art Bilanz zieht er auf Seite
137:

"Der innen-geleitete Mensch kommt innerlich und äußerlich nie
zur Ruhe. Auf der einen Seite fesselt ihn die Produktion mit
ständig neuen Aufgaben, auf der anderen Seite verbringt er sein
Leben mit der dauernden inneren Erschaffung und Erarbeitung
seines Charakters. Wie er auf wirtschaftlichem Gebiet Arbeitslosigkeit und 'Entlassung in den Ruhestand' fürchtet, empfindet
er in fast allen anderen Lebensbereichen Müßiggang und Trägheit
als eine 'Unterbeschäftigung' seiner charakterlichen Fähigkeiten. Der innen-geleitete Mensch fühlt sich gedrängt, ständig
alle seine Kräfte zu mobilisieren und sie zur Bewältigung einer
jeden Aufgabe voll und bewußt einzusetzen. Berufserfüllung bedeutet für ihn Lebenserfüllung."

Dieser Charakter- und Lebenstyp hält sich bis heute durch. Aber
mit der oben skizzierten neuen Art des Stillstandes der
Bevölkerungsmenge auf höherem materiellen Niveau wird der innen-geleitete Menschentyp von einem neuen Typ sozusagen unter-
wandert und umringt, dem außen-geleiteten Menschen.
Die Prägung eines derartigen neuen Menschentyps ist nach Riesman
der Tatsache zu verdanken, daß - wie schon erwähnt - die
"Bevölkerungswelle" abebbt und die dadurch bewirkten Bewegungen
teils zu einem Stillstand kommen. Das hastige bis hektische
Zusammenwirken von steigender Menschenmenge und steigender Produktivität (mit der Entwicklung des Kapitalismus werden die
produzierenden Menschen zunehmend zu Konsumenten) hatte zu einer erheblichen Anhebung des Lebensniveaus geführt. Jetzt steigen die Ansprüche der Menschen. Diese Ansprüche sollen nicht für
die folgende Generation sondern für einen selbst verwirklicht
werden (der Kern der "Selbstverwirklichung", d.V.), mit der
Erleichterung von Geburtenverhütung (Pille) sinkt die Geburtenrate, aber erwünscht, und das geschieht in einem Ausmaß, das
sogar die durch verbesserte Gesundheitspflege verlängerte Le-

bensdauer der Älteren kompensiert: Die Bevölkerungszahl stagniert, sinkt eher etwas ab. Riesman sagt dazu (34):

"Immer weniger Menschen sind in der Landwirtschaft oder in der Grundstoffindustrie beschäftigt - selbst in der industriellen Güterproduktion nimmt die Beschäftigungsziffer relativ ab. Der Arbeitstag ist kurz, er ermöglicht außerdem materiellen Überfluß und Freizeit. Aber die Menschen zahlen für diese Wandlungen - denn hier wie überall werden die gelösten Probleme durch neue, ungelöste ersetzt: sie befinden sich nun in einer zentralisierten und bürokratisierten Gesellschaft und in einer durch den (von der Industrialisierung her noch beschleunigten) Kontakt mit anderen Rassen, Nationen und Kulturen zusammenschrumpfenden und durcheinandergewirbelten Welt. Beharrlichkeit und Unternehmungsgeist, wie sie der innen-geleitete Mensch besaß, sind unter diesen neuen Gegebenheiten in geringerem Maße erforderlich, dagegen wächst der Umfang, in dem anstelle der materiellen Bedingungen nun die anderen Menschen zum Problem werden."

Der außen-geleitete oder -gelenkte Menschentyp tritt zuerst (35) im 20. Jahrhundert in den Großstädten auf. Riesman verweist darauf, daß er erstaunliche Ähnlichkeit mit dem Menschentyp hat, den Tocqueville schon 1835 in den Vereinigten Staaten entdeckte und den Tönnies als "neuen Menschentyp" bezeichnete: Oberflächlicher, freigiebiger, verhaltensunsicherer und weit mehr von der Anerkennung anderer abhängig als ein Europäer. (Riesman hätte auch auf das Bild des Großstadtmenschen bei Georg Simmel, Anfang des 20. Jahrhunderts verweisen können, aber auch auf Charles Dickens schon erwähntes Reisebuch von 1840):

"Vielleicht ist es dieses nie zu befriedigende seelische Bedürfnis nach Anerkennung, was die Großstadtbewohner des heutigen (1950!) amerikanischen Mittelstandes von der an sich ähnlich gearteten Großstadtbevölkerung früherer Epochen ... trennt." (38)

Gegenüber dem innen-geleiteten rastlosen, aber auch "in sich ruhenden" Menschen befindet sich der außen-geleitete in einer ganz anderen Situation (137): Er sieht sich "vor allem Aufgaben gegenüber, die sich aus dem Umgang mit anderen Menschen und den Beziehungen zu ihnen ergeben; er findet seine Lebenserfüllung im Umgang mit Menschen. Berufsarbeit und Vergnügen sind folglich beides Beschäftigungen, deren Sinn darin gesehen wird, mit anderen Menschen fertigzuwerden. Viele berufliche Beschäftigungen ebenso wie viele Freizeitbeschäftigungen bestanden aber unter gleichen Bezeichnungen auch schon in der vorangegangenen Epoche. Im folgenden will ich daher zu zeigen versuchen, wie einerseits der charakterliche Wandel mit einem inneren Bedeutungswandel der gleichen Berufs- und Freizeitbeschäftigungen und andererseits mit der Entwicklung neuer Beschäftigungen zusammenhängt."

Riesman nimmt nun die us-amerikanische Entwicklung auf: Nach 1890 gab es in Amerika kein amtliches Grenzgebiet mehr, d.h. ein Gebiet mit weniger als 6 Bewohnern pro Quadratmeile. Die Besiedlung der Grenzgebiete war abgeschlossen; das Endstadium der "Bevölkerungswelle" ist erreicht (137). Beschränkung der europäischen Einwanderung (1924) und sinkende Geburtenziffern markieren dies Ende einer Entwicklung des "go west", das Symbol für Hoffnung und Freiheit gewesen war (138). Noch immer gibt es für den Einzelnen große Entwicklungschancen; aber der Spielraum schränkt sich mehr und mehr ein: Selbständigkeit weicht der Anstellung, Selbständigkeit in der Anstellung weicht der Abhängigkeit in einer immer mehr ausdifferenzierten Hierarchie, innerhalb derer nicht nur nach oben und unten - typisch hier der Werkmeister oder foreman-, sondern auch zu den Vielen links und rechts gesehen werden muß, um "richtig zu liegen". Das erhöhte Bildungsangebot wirft immer mehr qualifizierte Menschen auf den Markt. Die Kapazitäten der Produktionsstätten steigen ungeheuer, die Gesellschaft wird so wohlhabend und finanzkräftig, daß sie einen großen Teil des Nationaleinkommens für öffentliche Dienste und für die Erziehung und Berufsschulung zur Verfügung stellen kann (138). Entwicklung der Maschinen und Organisation der Arbeit werden zur Routine auf hohem Niveau; das Zentralproblem aller Betriebe, einschließlich von Verwaltungen, Krankenhäusern und Schulen, werden nun die Menschen. Dieses Problem entwickelt sich vor dem Hintergrund der veränderten und verbesserten Kommunikationsmittel: Telephon, automatische Steuerungsanlagen, Hollerithmaschine,* elektrische Kalkulationsmaschine und neue statistische Methoden für die Qualitätsuntersuchung (139).

In den 20er Jahren werden die "menschlichen Beziehungen" und die Gruppendynamik (wie in der Hawthorne-Studie, Chicago, Beginn der "Human Relations"-Studien von Elton Mayo) erforscht. Damit wird nicht nur etwas vorher nicht Beachtetes entdeckt, sondern auch eine neue Dimension der menschlichen Beziehungen, eine erhöhte Sensibilität in der gegenseitigen Beachtung und Beobachtung der Menschen. Die Empfänglichkeit für die kleinen Nöte und Bedürfnisse der anderen ist bei den außen-geleiteten Menschen größer als bei den innen-geleiteten, die eher von sich und den anderen verlangen, "sich zusammenzunehmen". (139)

Auch Führungskräfte, die eher dem innen-geleiteten Milieu entstammten (und vielleicht auch heute entstammen), müssen nun lernen, geschickt zu verhandeln und dabei für die Wünsche und Bedürfnisse der Partner empfänglich sein, - gleich, wie sie damit dann umgehen. Das bedeutet, daß heute (1950!) jeder Mensch, besonders solche in leitenden Stellungen, gezwungen ist, d.h. "unter sozialem Druck steht", (140) besondere gesellige Fähigkeiten zu entwickeln, "und zwar sowohl innerhalb als auch außerhalb seiner Dienstzeit und unabhängig von den innen- oder außengeleiteten Charakterzügen, die bei ihm vorherrschen oder von ihm unterdrückt werden" (140).

Typisch für eine solche Situation ist, daß nach dem Psychoanalytiker gerufen wird, der in der Tat dann in den USA fast zum selbstverständlichen Begleiter von Menschen wird, die eine etwas höhere Verantwortung in ihren Tätigkeiten haben.

Der Hintergrund - dies ein Zusatz von mir - ist, wie bei Riesman immer wieder angedeutet, die wachsende Produktivität der Gesellschaft, deren Profite so hoch sind, daß ein "weicheres" Verhandeln im Betrieb und besonders mit Gewerkschaftlern möglich wird. Diese ihrerseits können bei vorzeigbaren Erfolgen wiederum "weicher" verhandeln, was dann bis hin zu quasi zeremoniellen Schlagabtauschen führt. Wo der Beginn dieser in

---

* Lochkarten-System, zuerst 1890 in den USA bei Wahlen angewandt.

gewissem Sinn positiven Spirale ist, bleibt dahingestellt. Nach Riesman ist die Basis die Bevölkerungsstagnation auf hohem materiellen Niveau.

Auf das sicher mit der Außen-Leitung zusammenhängende Problem der "Single-Kultur" geht Riesman 1950 begreiflicherweise nicht ein, da sie sich auch in den USA erst in Anfängen abzeichnet. David Riesman weist immer wieder darauf hin, daß sich auch in den "modernen", hochindustrialisierten Ländern die Charaktertypen "traditional-" und "innen-geleitet" noch finden und sich mit den außen-geleiteten überlappen.

Daher sind diese häufig oder ständig mit diesen "älteren" Zügen konfrontiert, und zwar nicht nur von Person zu Person sondern auch innerhalb der Menschen selbst! Sie müssen sich dann in sich selbst mit Zügen auseinandersetzen, die sozusagen "hinterherhinken". Oft sind es nur einzelne, auf ein Gebiet beschränkte Züge der betreffenden Individuen, die mit den neuen Anforderungen, dem neuen Klima "nicht zufrieden" sind. Ohne Karl Mannheims Formulierung "Gleichzeitigkeit des Ungleichzeitigen"(1934) zu verwenden, flicht Riesman zu dieser Problematik der Interferenz der unterschiedlichen Leitungs- oder Orientierungstypen immer wieder Beispiele ein.

Ganz charakteristisch ist ein Beispiel aus der Eltern-Kind-Sphäre (61):

"Eltern, die der innen-geleiteten Lebensführung entsprechend, die Verinnerlichung eines planvollen Strebens nach klar abgesteckten Zielen zu erzwingen suchen, laufen Gefahr, daß ihre Kinder auf dem Personenmarkt außer Mode sind. Die Steuerung durch den Kreiselkompaß ist nicht beweglich genug für die schnell aufeinanderfolgenden Anpassungen der Persönlichkeit, die erforderlich werden, weil andere Konkurrenten im Rennen liegen, die keinen Kreiselkompaß haben...".

Die außen-geleitete Umwelt handelt eben nicht mehr nach Prinzipien, sondern folgt Steuerungen, die zwar auch von der sogenannten Mode, d.h. meist Großanbietern, Konzernen in der Tarnung von "shops" kommen können, aber weit mehr einem schwer faßbaren Fluidum, einer neuen Sensibilität entspringen, die momentan "weiß, was richtig ist", ohne das aber so auszudrücken. Daher kann ein Überschreiten solcher neuer Grenzlinien des Verhaltens und "Geschmacks" nicht mehr als Überlegenheit anerkannt werden - was vorher auch möglich war -, aber es wird auch nicht im traditionalen Sinn sanktioniert; man wendet sich vielmehr ab, was nun, da kein innerer Stabilisator da ist (der einem sagt: Du tust/tatest recht) schlimmer als klare Sanktion ist. (Von daher kommt vermutlich heute auch das "Mobbing"; hierzu aber in den Anmerkungen).

Riesman (63): "Das typische außen-geleitete Kind wächst in einer kleinen Familie, einem abgeschlossenen Stadtviertel oder einem Vorort auf. In noch größerem Umfang als in der vorangegangenen Epoche verlassen die Väter das Haus, um zur Arbeit zu gehen, und sie entfernen sich zu weit, um zum Mittagessen zu rückzukehren. Das Elternhaus stellt auch keine wirklich private Sphäre mehr dar. Wenn die Zahl der Familienmitglieder und der Wohnraum sich verringern und die Lebensgemeinschaft mit älteren Verwandten zerfällt, wird das Kind unmittelbar den seelischen Spannungen der Eltern ausgesetzt. Unter diesen Umständen erhöht sich die Selbstbewußtheit in den Beziehungen zu anderen, besonders deshalb, weil auch die Eltern in steigendem Maße sich ihrer selbst bewußt sind. (U.v.V.) ... Den Eltern fehlt nicht nur die Selbstsicherheit des erfolgreichen innen-geleiteten Typus, sondern auch die Rückzugsstrategie, die viele nicht erfolgreiche innen-geleitete Menschen zu entwickeln wußten ... Auch fühlen sich die Eltern ihren Kindern nicht mehr überlegen..." und (64): "Das außen-geleitete Kind weiß oft mehr von der Wirklichkeit als seine Eltern."

Entsprechend anders sind auch die Beziehungen des außen-geleiteten Kindes zu seinen Altersgenossen:

"Das von innen-geleiteten Eltern umgebene Kind sieht sich ... oft vor ganz und gar unvernünftige Forderungen gestellt. Es wird in seiner Entwicklung nicht gehemmt, aber es wird auch nicht geschont. Auf solche Forderungen kann das aufwachsende Kind mit verzweifelten Bemühungen, den Vorbildern nachzuleben, oder mit einsamer Auflehnung antworten. Es reagiert nicht wie das Kind in der außen-geleiteten Umgebung, das die Gruppe der Altersgenossen als eine Interessengemeinschaft ansieht, die dazu da ist, ängstliche Eltern zur Vernunft zu bringen, wenn diese unvernünftige oder nur ungewöhnliche Forderungen stellen" (80). Und: "Im Gegensatz zum innen-geleiteten Kind, das in neuer Umgebung leicht verkrampft wirkt, wenn es seine angelernten (und von seiner vertrauten Umgebung geforderten) Verhaltensweisen 'nicht los wird', ...ist das außen-geleitete Kind in der Lage, sich jeder neuen Umgebung fast automatisch anzupassen und

auf die subtilsten Anzeichen des jeweiligen Milieus zu reagieren." (85)

Der innen-geleitete Mensch in der Phase des Um- und Aufbruchs,
immer ferner von den Quellen der Tradition, ist zu sehr mit den
ihm sich in der Natur, z.B. als Siedler oder in der neu zu
entwickelnden Produktion und Distribution entgegen stellenden
Problemen beschäftigt und insofern mit sich selbst und seinem
Durchhaltevermögen, als daß ihm andere Menschen besonderes Interesse abnötigen könnten, wenn ihm nicht direkt daran gelegen
ist. Das ist - zu Anfang - in der Liebe (selbstverständlich in
Richtung auf Heirat) der Fall, bei der Arbeit in Bezug auf
Mitarbeiter, und z.B. bei der Überzeugungsarbeit, besonders im
religiösen Bereich. Entdecker, Erfinder, Missionare sind die
Prototypen dieser Epoche. Und: Der als positiv-innen-geleitet
geltende Mensch hatte Kredit!
Auf der anderen Seite kann der innen-geleitete Mensch träumen,
ohne sich zu verlieren, und sein Verhältnis zur Kunst ist das
einer "Flucht nach oben", von der er allerdings äußerst schnell
wieder den "Boden der Tatsachen" erreichen kann!
Riesman sagt (S. 135) - wie häufig zwischendurch summierend:

"Wir können das Wesen der Innen-Lenkung auf die Formel bringen,
daß in einer Gesellschaft, in der sie vorherrscht, das Individuum von den anderen distanziert und vor ihnen geschützt ist,
dadurch aber sich selbst überlassen und verwundbarer ist".

Gerade aus dieser - erwünschten - Isolation heraus ist der
innen-geleitete Mensch bereit, für seine Überzeugungen zu kämpfen; "Überzeugung" ist aber ein Begriff, der dem außen-geleiteten Menschen wenig gefällt. Er ist "inside-dopester" (175),
Informationssammler, und läßt seine Interessen im übrigen von
einer Interessengruppe, d.h. deren Repräsentanten vertreten,
mit denen er in der Regel nicht zufrieden ist, es sei denn,
offenbare Erfolge - und seien es nur scheinbare - werden für
seine "Gruppe" erfochten (wobei es meist eher um Zugeständnisse
auf Grund guter wirtschaftlicher Lage geht). "Politik" rückt
damit in eine eigenartig ferne Sphäre, wenn sie nicht relativ

Wenige als Karrierechance anzieht. Da er - der Außen-geleitete
- nur ein diffuses Verhältnis zu "Grundsätzen" hat, fühlt er
sich grundsätzlichen Problemen gegenüber hilflos und ertappt
sich durchaus beim Wunsch nach zu einfachen Lösungen. Das führt
praktisch zu einem stillen Konservativismus solange die Dinge
gut gehen und sich noch nicht herausgestellt hat, wie bela-
stungsfähig eine solche Haltung politisch ist.
Riesman füllt den Rahmen, der hier gezeichnet wurde, mit einer
Fülle von Beispielen und weitergehenden Überlegungen aus. Schon
eine aus dem Inhaltsverzeichnis herausgegriffene Kapitelüber-
schrift: "Der falsche persönliche Ton in den zwischenmenschlichen Beziehungen: Hindernisse für die Autonomie in der Arbeit"
(273) verweist darauf. Er beschließt seine Arbeit mit Überlegungen, die mit der Frage anfangen:

"Ist es vorstellbar, daß diese wirtschaftlich so begünstigten
Amerikaner eines Tages aufwachen werden, um zu erkennen, daß sie
'überkonform' sind?" (318)

Das war im Jahr 1950.

2.4.1   Anmerkungen

Zu Riesman kritische Anmerkungen zu machen fällt besonders schwer,
weil er nicht nur die Autoren erwähnt, die im Zusammenhang
seiner Ideen notwendig zu erwähnen waren, wie Marx, Max Weber,
Tocqueville oder z.B. C.G. Jung (im Zusammenhang mit dessen in
den " Psychologischen Typen" [Rascher Verlag, Zürich, 1921]
auftretendem Gegensatz-Paar: introvertiert-extravertiert, wobei nahelag, zu fragen, ob nicht der innen-geleitete Typ eigentlich der introvertierte Typ Jung's ist - was Riesman richtig
verneint). Es ist auch schwierig, ihn zu kritisieren, weil sein
Buch unter den Intellektuellen eine in dieser Form seltene
Betroffenheit auslöste, die kurzzeitig in Wellen auch auf Europa übergriff: Zuviele erkannten in den geschilderten und analysierten drei Typen ihre Großeltern, ihre Eltern und sich selbst;

sie erkannten oder entdeckten in sich den Zwiespalt der drei
(oder zumindest zwei) Orientierungen, also vorwiegend die innere Auseinandersetzung zwischen ihren fast noch traditional,
aber eher innen-bestimmten Gefühls- und Denklagen und ihren
"Außentendenzen".

Ein Teil einer gewissen teils sehr wortgewaltigen Sprachlosig-
keit gegenüber der "Einsamen Masse" hängt wohl auch damit zusammen, daß die auf einen selbst gerichteten Überlegungen höchst
fruchtbar auf andere Themenbereiche übertragen werden konnten,
da Riesman ja auch die Frage behandelt und damit direkt nahe-
legt, wieweit z.B. eine traditionale Haltung die nächste Epoche
"überspringen" kann. So könnte man heute fragen, ob die neue
Akzeptanz der Oper durch Jüngere damit zusammenhängt, daß auch
in modernen Operformen notwendigerweise alles nach außen gekehrt (nämlich gesungen) werden muß, was gewissen Tendenzen der
Außen-geleiteten entsprechen könnte, wie unterdessen das "Outing"
auch.

Daß Riesman Elias' damals noch verborgenes Werk nicht erwähnt,
kann ihm ebenso wenig zugerechnet werden, wie das Nichterwähnen
von Karl Mannheim, der zwar schon 1935 veröffentlichte, aber
damals auch erst nur in deutscher Sprache. Und wenn er ebenso-
wenig Lewins' Typen des europäischen und des (modernen) amerikanischen Menschen rezipiert[*], so erwähnt er Lewin immerhin.

Auch kann gefragt werden, wo bei der gesamten Analyse eigentlich
die Frauen bleiben; Riesman erwähnt in den Abschnitten über
Erziehungsfragen durchaus die problematischen Situationen der
Mädchen, z.B. zwischen innen-geleitetem Elternhaus und Schule
resp. peergroup und in Passagen wie auf S. 93 ff. Wo er die
Situation der Frauen behandelt, aber gerade an solchen Stellen
muß gefragt werden, ob sich nicht Teile der Analyse aus weiblicher Sicht ganz anders ausnehmen würden, z.B. wegen einer wahrscheinlichen zeitlichen Verschiebung der drei Epochen bei den
beiden Geschlechtern, zu ungunsten der Frauen in ihrer völlig

---

[*]   Ich habe dies Modell zweimal in "Freude am soziologischen Denken",
       Duncker und Humblot, Berlin, 1993 erläutert: S. 44 und 222.

anderen Lage als die Männer. Zudem käme dann noch die Frage des
"weiblichen Blicks" hinzu.
Vorgeworfen hat man Riesman besonders die ungenügende Herleitung des materiellen Hintergrundes seiner - für ihn ja fundamentalen - Bevölkerungsbewegungen. Aber das zu leisten war auch
nicht sein Anliegen. Und die - unterdessen schon mehrmals be-
rührte - Frage, was Riesman's Theorie für den Menschen von 1995
und später zu sagen hat, sprengt den Rahmen einer Sozialgeschichte.

2.5 Walt R. Rostow - Stadien wirtschaftlichen Wachstums.
   Der sozioökonomische Hintergrund

Karl M a r x hatte sich intensiv mit dem Kapitalismus in seiner
Zeit beschäftigt, Max W e b e r hatte den Kapitalismus im
Wesentlichen aus religiösen Gründen abgeleitet, Norbert
E l i a s war am Phänomen "Kapitalismus" nur insofern interes-
siert, als er ihm mit der Ableitung höherer Rationalität nach
Befriedung von größeren Räumen (über den Monopolisierungseffekt)
nahe kam, David R i e s m a n interessierte er nur als Träger
jenes hohen materiellen Niveaus, das einen neuen Stillstand der
Bevölkerungsbewegung verursachte, mit der Folge des Wechsels
der Menschen von der Innen-Leitung zur Außen-Leitung ("Other-
Directedness"). Wie der Kapitalismus in einzelnen europäischen
Ländern entstand, und welche, durch Ungleichzeitigkeit hervor-
gerufene, unterschiedliche Entwicklung er nahm, blieb offen.
Walt W. R o s t o w (geb.1916), Wirtschaftswissenschaftler und
von 1966-69 Sonderberater von Präsident Kennedy, geht in seiner
1960 erschienenen Arbeit "Stadien wirtschaftlichen Wachstums"
(Vandenhoeck u. Ruprecht, Göttingen, 1960. Titel des Originals:
"The Stages of Economic Growth") der Frage nicht nur nach den
Gründen der Entstehung des Kapitalismus nach, sondern auch der
Frage der ungleichzeitigen Entstehung in Europa. Mit dem Unter-
titel verrät er seine Hauptabsicht: "Eine Alternative zur marxistischen Entwicklungstheorie".

Eine gut informierende Übersicht voranstellend (hier S. 99), betont Rostow gleich zu Anfang, daß die Wachstumsstadien" nur eine verkürzende Art sind, den Ablauf der modernen Geschichte zu beschreiben:

"Sie sind nicht nur gebildet worden, um die Gleichheiten auf dem Wege der Modernisierung aufzuzeigen, sondern auch, um die Einmaligkeit der Erfahrungen jeder Nation darzustellen." (15)

Es geht also darum, sich den besonderen Faktoren zuzuwenden, die ungefähr seit dem 17. Jahrhundert die Geschichte der modernen Welt bestimmt haben.

Dazu veranlassen eine Reihe gewichtiger Fragen: "Was trieb die traditionellen Agrarwirtschaften dazu, einen Prozeß der Modernisierung einzuleiten? Wann und wie wurde das gleichmäßige wirtschaftliche Wachstum ein immanenter Bestandteil jeder Gesellschaft? Welche Kräfte hielten das so erreichte Wachstum aufrecht und bestimmten seine Konturen? Welche gemeinsamen sozialen und politischen Züge des Wachstumsprozesses können in jedem Stadium erkannt werden? In welcher Richtung gab sich die Einmaligkeit jeder Gesellschaft in den einzelnen Stadien zu erkennen? Welche Kräfte haben die Beziehungen zwischen den stärker entwickelten und weniger entwickelten Gebieten bestimmt und in welcher Beziehung, wenn überhaupt, stand die relative Aufeinanderfolge der Wachstumsstadien zu einem Kriegsausbruch? Und schließlich, wohin führt uns der kumulative Prozeß? Führt er uns zum Kommunismus oder zu den reichen Vororten, die hübsch mit Sozialkapital ausgestattet sind, zur Zerstörung, zum Mond oder wohin?" (16)

Als Grundlage für Überlegungen zu diesen Fragen sieht Rostow die Ansicht an, daß Gesellschaften sich gegenseitig beeinflussende "Organismen" sind, d.h., daß außerwirtschaftliche menschliche Motive und Bestrebungen ständig, teils quer durch die verschiedenen, in Kontakt zueinander kommenden oder sogar aufeinander angewiesenen Gesellschaften wirken: Kalte Kalkulation allein bestimmt nicht die Entwicklung der Menschheit. Wechsel vollziehen sich nur, wenn sie eine Gruppe oder Schicht befriedigen. (17)

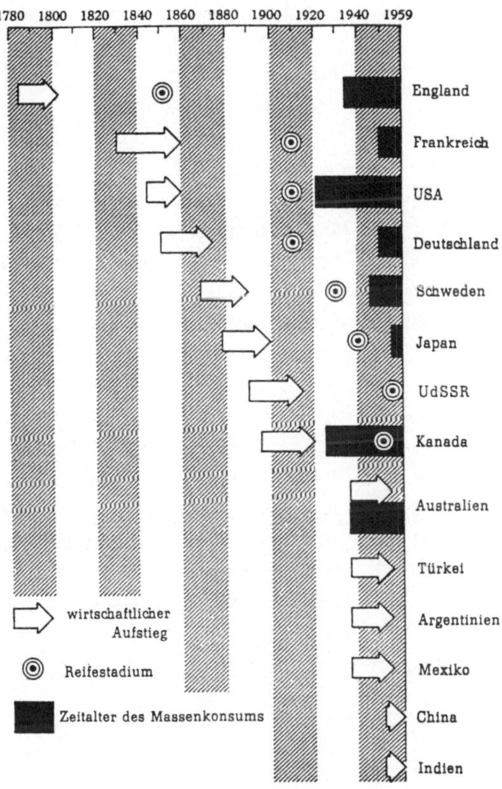

Die Wachstumsstadien in ausgewählten Ländern. Beachtenswert ist, daß Kanada und Australien in das Zeitalter des Massenkonsums eingetreten sind, bevor sie das Reifestadium erreicht haben. (Veröffentlichung mit frdl. Genehmigung des ECONOMIST.) (S. 14 bei Rostow)

Die fünf Wachstumsstadien

Rostow unterteilt die geschichtliche Entwicklung in 5 Stadien
oder Epochen:
- Die traditionelle Gesellschaft
- Die Anlaufperiode: Voraussetzungen für den wirtschaftlichen
  Aufstieg
- Den wirtschaftlichen Aufstieg
- Die Entwicklung zur Reife
- Das Zeitalter des Massenkonsums
Als Abrundung folgt ein Abschnitt: Jenseits des Konsumzeitalters.

Ich beginne mit einer kurzen Übersicht zu jedem Stadium, um dann
- Rostow folgend - jedes Stadium noch näher zu charakterisieren.

1. Die traditionelle Gesellschaft
Eine "traditionelle Gesellschaft" ist nach Rostow eine Gesellschaft mit begrenzten Produktionsmöglichkeiten. Die Struktur
einer solchen Gesellschaft bedingt die Produktionsmöglichkeiten
und begrenzt sie gleichzeitig. Die Produktionsmöglichkeiten,
und das heißt auch die verfügbare Technik, beruhen auf
"vornewtonscher" Wissenschaft (Newton: 1643-1727):

"Newton wird hier als Symbol für die entscheidende Wende in der
Geschichte verwandt, als die Menschen zum erstenmal erkannten,
daß die Außenwelt einigen wenigen erkennbaren Gesetzen unterlag
und für systematische produktive Manipulationen geeignet war."
(18)

Wie immer wieder, räumt Rostow auch hier ein, daß solche Abgren-
zungen insofern etwas willkürliches haben, als selbstverständlich auch traditionale Gesellschaften nicht rein statisch sind,
ihre Produktion ebenso wie die von ihnen beherrschten Flächen
vergrößern können, u.U. ihre Bewässerungssysteme verbessern oder
neue Getreidearten einführen können. Sie sind also auch im
Wandel, aber eben unterhalb der mit dem Stichwort "Newton" (das
für die Masse der modernen Erfindungen steht) angegebenen Grenze:

"Im allgemeinen hatten diese Gesellschaften infolge der niedrigen Produktivität einen hohen Prozentsatz ihrer Ressourcen auf
die Landwirtschaft zu verwenden, und durch das landwirtschaft-
liche System entstand eine hierarchische Struktur mit zwar sehr
engem, aber doch einigem Raum für vertikale Mobilität (gemeint
ist hier mehr der mögliche Aufstieg, d.V.). Familien- und Stammes-
verbindungen spielen in der sozialen Organisation eine große
Rolle." (19)

Solche Gesellschaften sind zwar meist zentral beherrscht, in
der Praxis gilt aber das auf kleinere Gesellschaften dieser Zeit
und dieses sozial-ökonomischen Zustandes übertragbare Wort:
Rußland ist groß, und der Zar ist weit entfernt! Die praktische
Herrschaft wurde von den lokalen Grundbesitzern ausgeübt.

2. Die Anlaufperiode: Voraussetzungen für den wirtschaft
lichen Aufstieg
Voraussetzung für den wirtschaftlichen Aufstieg einer
traditionalen (oder im wesentlichen traditionalen) Gesellschaft
ist eine unter Umständen dichte Abfolge von technischen Erfindungen und die Bereitschaft, sie auch einzusetzen. Das heißt
unter den damaligen Umständen, eine Erfindung muß derart ein-
leuchtend in ihren Vorteilen sein, daß sie wenigstens die libe-
raleren unter den konservativen Gemütern so beeindruckt, daß
sie das gewagte Experiment unternehmen oder auf sich nehmen, sie
anzuwenden. Dieses Verhalten selbst weist ebenso wie die vor-
aufgegangenen Erfindungen (meist sind es Serien von kleinen
Erfindungen; William Ogburn - 1886-1958 - zählte in "Social
Change", 1922, für das Zustandekommen der Lokomotive über 2.000
Erfindungen!) auf Keime von sozialer Wandlungsbereitschaft, die
hier nicht zur Diskussion stehen.
England ist die erste Nation, die die Voraussetzungen für ein
ständiges Wachstum entwickelt. Der allgemeinere Fall ist, daß
der "wirtschaftliche Aufstieg nicht endogen, sondern exogen
durch das Eindringen aus entwickelteren Gesellschaften geschaffen wurde". (21)

3. Der wirtschaftliche Aufstieg

Hier ist nun "der Weg frei"; alte Hindernisse und Widerstände sind überwunden; bisher nur begrenzte unternehmerische Vorstöße erweitern sich "und beginnen die Gesellschaft zu bestimmen" (22). Der wichtigste Anstoß ist technologisch bedingt, besonders für England. Die Investitionen steigen, neue Industrien breiten sich sehr schnell aus; neue Techniken greifen in die Landwirtschaft ein, die kommerzialisiert wird; der Lebensstil ändert sich auch hier.

4. Die Entwicklung zur Reife

Nach längerem stetigen, wenn auch schwankendem Wachstum zu Beginn des 19. Jahrhunderts dehnt sich moderne Technik auf alle Bereiche der wirtschaftlichen Aktivitäten aus. Der internationale Güteraustausch wächst. Etwa 60 Jahre nach Beginn der Aufstiegsperiode (und ca. 40 Jahre nach Abschluß dieser Periode) zeigt die Wirtschaft, daß sie alles das produzieren kann, wofür sie sich entscheidet. (24/25)

5. Das Zeitalter des Massenkonsums

Dauerhafte Konsumgüter und Dienstleistungen werden führende Wirtschaftssektoren (26). Die Menschen streben bewußt danach, die Früchte der reifen Wirtschaft in Form von Konsumgütern zu genießen.

Wir gehen jetzt diesen bisher nur kurz skizzierten Stadien nach, um erst zu Ende den Abschnitt: "Jenseits des Konsumzeitalters" zu behandeln.

Zum Ausgangspunkt, der traditionalen Gesellschaft

Traditionelle Gesellschaften werden hier nur unter dem Gesichtspunkt behandelt, inwiefern sie für bestimmte Veränderungen relativ aufgeschlossen sind und wie sie - auch auf "einsickernde" oder aufgezwungene - verändernde Einflüsse reagieren.

Traditionelle Gesellschaften sind zäh im Beibehalten alter Bräuche und Sitten, ziemlich wehrhaft in der inneren Verteidigung ihrer Institutionen, darunter verständlicherweise zuerst der Religion (wenn die Gesellschaft eine einheitliche hat!) und bewährter Organisationen, wie der Gilden, Zünfte, Innungen. Der Soziologe könnte erwarten, daß als erstes oder zweites das Herrschaftsgefüge und -gefälle genannt würde. Das wäre deshalb nicht ganz gerechtfertigt, weil es in jedem nur etwas abgestuften Herrschaftsgefüge, von Stämmen mit Häuptlingen und Häuptlings-Stellvertretern angefangen, nicht nur Rivalitäten unter den Gleichberechtigten gibt, sondern auch kritische Bewegungen "von unten" her, besonders - nach dem Zipp'schen Rangneid-Korrelationskoeffizienten* - als Neid und Mißgunst der nächst anliegenden Schicht. Solche Schichten fühlen sich häufig zu Unrecht beherrscht, d.h. gegängelt (auch wenn das nur wenig der Fall ist) und sie meinen in der Regel von sich, daß sie das Gemeinwesen besser verwalten würden. Im Herrschaftsgefüge rumort es also überall, so ruhig eine Gesellschaft, besonders als Tyrannei oder Diktatur auch aussehen mag. Hinzu kommen Aufstandsversuche "von unten", selten bis zur Rebellion ansteigend (der Vorstufe von Revolution), und immer blutig oder doch rigoros unterdrückt. Die Gesellenaufstände des Mittelalters sind hierzu ebenso deutliche Zeichen wie die Bauernaufstände.
Eine traditionelle Gesellschaft ist also keineswegs in dem Sinne statisch, daß sich in ihr nichts bewegt. Statisch ist eher die Gemütsverfassung der Menschen, was "Schicksal" im allgemeinen anbetrifft. Wie Rostow gleich zu Anfang bemerkt, ist eine Art von Fatalismus die Regel. Wie schon zu Anfang dieser Sozialgeschichte angemerkt, wissen die Menschen dieser früheren Zeiten gerade das, was sie zur Verrichtung ihrer lebensnotwendigen Tätigkeiten befähigt, dazu einige Glaubensregeln und vielleicht Spruchweisheiten; dazu kommt Wissen aus Erfahrung in der unmittelbaren Umgebung und "Klatsch". Veränderungen sind erfahrungs-

---

* Dieser Koeffizient sagt aus, daß jemand immer den Nächsthöheren mehr beneidet und kritisiert, als den weitaus Höheren.

gemäß meist negative; daß sich in Zukunft, und womöglich einer baldigen Zukunft, etwas in der herkömmlichen "Technik" und/oder den sozialen Verhältnlssen positiv ändern, d.h. aus ihrer Sicht verbessern könnte, ist Chimäre, unglaublich, oder besser: nicht vorstellbar im Sinne von Nichtdenkbar; es wird nicht gedacht, höchstens im Märchen derart unwirklich übersteigert, daß es sich als Phantasmagorie selbst entlarvt.

Hier liegt also der Punkt des größten Widerstandes einer traditionalen Gesellschaft. Es mußte erst wieder und wieder "ad oculos", augenscheinlich, demonstriert werden, daß etwas besser gemacht werden könnte (und das zu erschwinglichen Kosten), damit es "begriffen", geglaubt und unter Umständen in die Tat umgesetzt wird, wobei als nächster Widerstand der Gedanke nicht zu vernachlässigen ist, daß diese "Neuerung" auch nicht den sozialen Status negativ verändert.

Dieser Aspekt, daß durch Neuerungen die soziale Struktur nicht verändert werden darf, ist uralt. Schon im 16. Jahrhundert verbat ein englischer König den Aufbau weiterer wassergetriebener Holzsägewerke, weil dadurch "Arbeitsplätze gefressen würden".

Zum Fatalismus gesellt sich also in der traditionalen Gesellschaft der Argwohn, Neuerungen könnten die soziale Struktur verändern, Unruhe schaffen und damit - oder überhaupt - das Herrschaftsgefüge zuungunsten der Herrschenden verschieben.

Etwas anders sieht es aus, wenn eine Erfindung in _einem_ Sektor der Gesellschaft Vorteile zu bringen verspricht, ihre - unter Umständen aber negativen - Folgen den oder die anderen Sektoren also unvorbereitet treffen, besonders, wenn die Folgen sich erst langsam bemerkbar machen. Und wieder anders steht die Sache, wenn Erfindungen, d.h. Neuerungen, sich als dem Interesse der herrschenden Gruppe oder herrschender Gruppen (Fürsten bis Stadtpatriziat, Großbauern, Großgrundbesitzer) vorteilhaft erweisen. Die Einbruchstellen in die traditionale Gesellschaft sind also Interessen führender Personen oder Schichten oder Interessen Einzelner an Neuerungen, deren Folgen noch nicht sofort absehbar sind. Wenn sich beides miteinander verbindet, ist verständlicherweise die Aussicht auf erfolgreichen Wider-

stand am geringsten: Werden zuerst - durch neue Maschinen - die
Spinner und Spinnerinnen "erwischt", folgen die Weber mit evtl.
Widerstand schon auf verlorenem Posten!

Die Voraussetzungen für den wirtschaftlichen Aufstieg

Wollte man alle Voraussetzungen für einen wirtschaftlichen Aufstieg eines Landes in Europa verfolgen, käme man - wie Rostow
(S. 21) anmerkt - nicht darum herum, alle Ereignisse nach Beginn
des Mittelalters daraufhin zu sichten: Machtverschiebungen, oft
durch Erbfolge; religiöse Bewegungen, bis hin zum Protestantismus und seiner Etablierung mit Hilfe von Fürsten, die vom Papst
unabhängig werden wollten; Einführung der anglikanischen Sonder-
kirche im 17. Jhdt.; Geldveränderungen, besonders Entwertungen
mit allen Folgen von Inflation zu der betreffenden Zeit, z.D.
der Verarmung und damit beginnender Entmachtung des einfacheren
Adels; sich ansammelnde, aber unterdrückte Erfindungen, wie
z.B. den mechanischen Webstuhl; Eindringen des arabischen Wissens, mit den Kreuzzügen und durch Übersetzungen; Bauernaufstände, wie schon erwähnt; Gesellenaufstände in den Städten;
auch in den Städten Auflehnungen des kaufmännischen Bürgertums
gegen das Geldbürgertum, die Finanziers oder Bankiers; Einflüsse jeweils "von außen", z.B. durch den sich entwickelnden Fernhandel zu Wasser und zu Lande usw..

Rostow merkt dazu an: "Innerhalb Westeuropas war England die
erste Nation, die die Voraussetzungen für ein ständiges Wachstum entwickelte, begünstigt durch seine geographische Lage,
seine Rohstoffquellen, seine Handelsmöglichkeiten und seine
soziale und politische Struktur" (21).

Zum generellen Verlauf in den meisten anderen Ländern fügt er
hinzu, daß die Voraussetzungen für den wirtschaftlichen Aufstieg - wie schon erwähnt - nicht endogen, sondern exogen geschaffen wurden:

"Dieses Eindringen schockierte ... die traditionelle Gesellschaft und setzte ihren Aufbruch in Bewegung oder beschleunigte
ihn. Aber darüber hinaus wurde die Gesellschaft auch mit Ideen
und Gefühlen bekannt, durch die ein Prozeß in Gang gebracht
wurde, der als moderne Alternative zur traditionellen Gesellschaft aus der alten Kultur entstand.
Es verbreitete sich die Meinung, daß der wirtschaftliche Fortschritt nicht nur eine mögliche, sondern eine notwendige Bedingung für einen anderen gutgeheißenen Zweck ist: sei es die
nationale Würde, der private Profit, die allgemeine Wohlfahrt
oder ein besseres Leben für die Kinder ... Neue Typen von
Unternehmern treten auf ... Unternehmer, die gewillt sind, Er-
sparnisse anzulegen und Risiken zu tragen ... Die Investitionen
steigen ... Der Umfang des Binnen- und Außenhandels steigt."
(21)

Eine solche Bewegung setzt in den meisten Ländern Änderungen der
sozialen Struktur, des politischen Systems und der Produktions-
techniken voraus, die grundlegend sind (33). Der uns hier interessierende Fall liegt bei jener kleinen Gruppe von Nationen vor,
"die in gewissem Sinne 'frei geboren' sind: Die Vereinigten
Staaten, Australien, Neuseeland, Kanada und vielleicht einige
andere Länder. Diese Nationen wurden hauptsächlich von England,
das sich bereits seit langem in der Übergangsperiode befand,
geschaffen. Darüber hinaus wurden sie von sozialen Gruppen gegründet - gewöhnlich die eine oder andere Art von Nichtkonformisten
-, die an der Schwelle des Übergangs zum dynamischen Prozeß sich
langsam in England durchsetzten". (33)
Der Übergang hat also viele Dimensionen. Eine landwirtschaftli-
che Gesellschaft muß der Industrie, dem Verkehr, dem Handel und
dem Dienstleistungsgewerbe den Vortritt lassen (35). Alle neuen
Industrie- und Handelszweige müssen sich vom lokalgebundenen
Blickwinkel lösen und die Nation und andere Nationen ins Auge
fassen. Dem Sinken der Nachfrage nach unqualifizierten landwirtschaftlichen Kräften muß eine allgemeine Senkung der Geburtenziffern entsprechen. Überschußeinkommen aus der Landwirtschaft müssen in die neuen Industrien und eine neue Infrastruktur (Straßen, Eisenbahnen usw.) fließen. Die Menschen müssen
nun nach ihren - teils neuen - Fähigkeiten bewertet werden und
nicht mehr nach "Herkommen". "Vernunft" muß vor hergebrachtem
Denken rangieren.

Das alles ruft nach größeren Gruppen entschlossener Menschen,
die die entstehende moderne Wissenschaft weitertreiben, die mit
kostensenkenden Erfindungen umgehen können (36), die Führungs-
rollen einzunehmen gewillt sind und die - soweit sie über erhebliche Mittel verfügen (z.B. aus altem Vermögen) - bereit sind,
es nicht selbst zu verbrauchen oder Spekulanten zu überlassen,
sondern es schöpferischen Unternehmern des neuen Stils zu überlassen. Zugleich muß die Bevölkerung erkennen, daß mit der
Annahme neuer Tätigkeiten sich ihre Lebenschancen erhöhen könnten und dazu bereit sein, in einem neuen und durchaus auch
einengendem System, z.B. der Fabrik, dem Büro, zu arbeiten. Der
notwendige Anstieg der Investitionsquote (36/37) kommt nur,
wenn ein radikaler Wechsel der Menschen ganz unterschiedlicher
Schichten in ihren Einstellungen geschieht. Der in gewisser
Weise "schmerzhafteste" Prozeß ist dabei, daß gerade in dieser
schwierigen Anlaufperiode ein ungewöhnlich hoher Anteil des
Sozialkapitals (41) in den Verkehrssektor und andere Kapitalin-
vestitionen gehen muß. "Sozialkapital" hat "drei kennzeichnende
Eigenschaften, durch die es sich von Investitionen allgemein
... unterscheidet." (41 ff.) und:

"Zunächst hat das Sozialkapital eine lange Anlage- und
Rückzahlungsperiode. Im Gegensatz zu einer Doppelernte und der
Anwendung von chemischen Düngemitteln zeigt eine Eisenbahn erst
ein oder zwei Jahre nach der Investition Ergebnisse, obgleich
langfristig die Gewinne sehr hoch sind. Zweitens ist das Sozialkapital allgemein in großen unteilbaren Mengen notwendig. Entweder baut man die Linie von sagen wir Chicago nach San Francisco oder man baut sie nicht: Eine unvollständige Eisenbahnlinie
ist nur von beschränktem Nutzen, während viele andere Formen der
Investition, sowohl in der Industrie als auch in der Landwirtschaft, schon bei kleinen Anlagen sehr nützliche Ergebnisse
zeitigen können. Drittens werden die Gewinne, die aus dem Sozialkapital fließen, an die Gesellschaft als ganzes auf indirektem
Wege zurückgezahlt und nicht direkt an den Unternehmer, der die
Investition veranlaßt hat. Wenn wir diese drei Kennzeichen zusammennehmen, so zeigt sich, daß die drei Charakteristika des
Sozialkapitals - die lange Anlage- und Rückzahlungsperiode, die
begrenzte Teilbarkeit und die indirekte Form der Rückzahlung -
der Regierung (U.v.V.) im allgemeinen eine außergewöhnlich be-
deutsame Rolle bei der Anlage von Sozialkapital zuerkennen,
d.h. der Staat muß in der vorindustriellen Periode eine sehr
bedeutende Rolle übernehmen." (42).

Rostow führt hiernach aus, daß die gesellschaftlichen Veränderungen, die jetzt notwendig sind, eine neue Elite (43) brauchen, die nicht nur der protestantischen Ethik (s. Max Weber) verpflichtet ist, sondern die die Modernisierung als erstrebenswert ansieht. Diese neue Elite muß einen großen Teil der sozialen und politischen Autorität gewinnen (43), die bis dahin die alte grundbesitzende Elite hatte.

Läuft einmal ein solcher Prozeß in einem Lande, dann ist die Reaktion der angrenzenden Nationen leicht erklärbar: Sie wollen sich nicht durch eine "fortschrittlichere" Nation überrunden lassen.

Der Prozeß wird ungemein gefördert dadurch, daß aus halbmodernisierten Gesellschaften lokale Koalitionen hervorgingen, die dem Modernisierungsprozeß die Wege ebneten (s. dazu den Abschnitt über Field u. Higley). Rostow stellt sich nun (S. 49) nochmals die Frage, wie der erste historische Aufstieg gerade in England zu erklären ist. Wir kennen nun die Antwort schon fast vollständig: Nur in England waren die notwendigen und ausreichenden Bedingungen für den wirtschaftlichen Aufstieg erfüllt, während die anderen Länder erst die Voraussetzungen dafür entwickelten. (Die Niederlande, die Immanuel W a l l e r s t e i n später in seinem bedeutenden Werk: "The modern World-System II.", Academic Press, N.Y., London, Toronto, Sydney, San Francisco, 1980, zum "Herz" des Kapitalismus zählt, sind zwar zu dieser Zeit (ab 1600) führend im Geldhandel (Börse ab 1611), haben aber keine zureichende Industrie entwickelt, vom Rohstoffmangel im eigenen Land ganz zu schweigen (58)).

Zum wirtschaftlichen Aufstieg

Während des Aufstieges breiten sich sehr schnell neue Industrien aus, deren Gewinne zum großen Teil in neuen Fabriken investiert werden. Neue Arbeitskräfte werden benötigt, und damit neue Dienstleistungen, Geldeinkommen werden - auf einem bescheidenen Niveau - üblich, und mit ihnen steigt die Anzahl

derer, die sparen (d.h. auch: auf sehr bescheidenem Niveau
sparen können) und die damit entweder den Prozeß direkt be-
schleunigen, z.B. durch Anlage in Aktien, oder indirekt dadurch, daß ihr Spargeld für Sozialinvestitionen zur Verfügung
steht: Straßenbau, Hafenbau, Bau von Kranken-, Armen- und auch
"Arbeitshäusern" (die zuerst in Konkurrenz zu Manufakturen Vorläufer der Fabrik waren) (23). Die Periode des wirtschaftlichen
Aufstiegs liegt - nach Rostow (24) - für England etwa in den
zwei Jahrzehnten nach 1780, für Frankreich und die Vereinigten
Staaten in den Jahrzehnten nach 1840, für Deutschland nach 1850,
für Rußland und Japan nach 1880, "während um die 50er Jahre des
20. Jdhts. Indien und China auf ganz unterschiedliche Art ihren
wirtschaftlichen Aufstieg in Gang gesetzt haben" (24).
Die Häfen sind nun ausgebaut, die Speicher stehen, Eisenbahnen
verbinden Häfen, Handelsorte, Zentren, Städte miteinander, die
"Infrastruktur" ist allgemein verbessert, alte und neue Fabriken sind ans Verkehrsnetz angebunden. Der wirtschaftliche Aufstieg erfolgt aber nun nicht nach nur einem Muster, - wie schon
angedeutet. Die "alten" Länder brauchen für ihn Änderungen in
der politischen und sozialen Struktur; die neuen - wie die
"Vereinigten Staaten von Amerika" - haben mehr mit dem paradoxen
Umstand zu tun, daß sie politische, soziale und kulturelle
Hindernisse gar nicht so sehr haben, sondern daß ihr natürlicher
Wohlstand, auf Grund ihrer reichen Ressourcen, den Aufstieg
verzögert (54).
Der Beginn des wirtschaftlichen Aufstiegs ist häufig auf einen
starken Anstoß zurückzuführen (55), eine politische Revolution
(mit der eine neue Elite an die Macht drängt), durch Erfindungen
mit Kettenreaktionen, "durch die Öffnung der englischen und
französischen Märkte für schwedisches Holz 1860" usw.:

"Was hier wesentlich ist, ist nicht die Art des Anstoßes, sondern die Tatsache, daß die bisherige Entwicklung der Gesellschaft und ihrer Wirtschaft schließlich in einer positiven,
andauernden und sich selbst verstärkenden Form auf den Anstoß
reagiert" (55).

Rostow nennt drei Bedingungen (57), die erfüllt sein müssen, damit von "wirtschaftlichem Aufstieg" (nämlich zur "Reife") gesprochen werden kann:

1. Anstieg produktiver Investitionen bis auf 10% (oder mehr) des Nettosozialproduktes (Volkseinkommens);

2. Entwicklung möglichst mehrerer wichtiger industrieller Sektoren mit hoher Wachstumsrate;

3. "Vorhandensein oder schnelles Entstehen eines politischen, sozialen und institutionellen Rahmens, der die Impulse für eine Erweiterung im industriellen Sektor und die potentiellen 'externaleconomics' der Aufstiegsperiode ausnutzt und das Wachstum fortschreiten läßt" (57).

(Es folgen die entsprechenden statistischen Zahlen für mehrere Länder).

Die wirkliche Bereitschaft einer Gesellschaft, bis zur "Reife" voranzugehen, läßt sich daran ermessen, wieviel Rückschläge sie in dieser Entwicklung fähig ist auf sich zu nehmen. (63) Besonders schmerzhaft kann hier die notwendige Umlenkung der Einkommensströme sein, d.h. Umlenkung in produktivere Hände. (65) Hier kommt nun der Punkt, an dem sich Rostow nochmals fragen muß, wo eigentlich die Ursprünge des notwendigen neuen Unternehmertums zu finden sind. D.h. aber auch, daß er sich mit der Protestantismus-These von Max Weber auseinandersetzen muß. Er tut das - als Wirtschaftswissenschaftler - mit einem gewissen Widerwillen:

"In diesem Zusammenhang verweisen die Wirtschaftswissenschaftler mehr und mehr auf die protestantische Ethik. Der Wirtschaftsgeschichtler sollte für dieses Licht am grauen Horizont der formalen Wachstumsmodelle nicht undankbar sein. Aber die bekannten Wachstumsmodelle, die die Theorie zu erklären versuchen muß, führen uns über die Frage des Protestantismus hinaus. In einer Welt, in der samuraische, parsische, jüdische, norditalienische, türkische, russische Beamte (ebenso wie Hugenotten, Schotten und Nordengländer) die Rolle der führenden Elite im Wirtschaftswachstum übernommen haben, sollte J. Calvin die Bürde nicht allein zu tragen haben. Im Grunde ist die Neigung, religiöse oder andere Werte, die dem Gewinnmaximierungsprinzip dienlich sind, als positiv zu betrachten, eine unvollkommene soziologische Grundlage für dieses bedeutende Phänomen.

Was für das Heranwachsen solcher Eliten notwendig erscheint,
ist nicht nur ein angemessenes Wertsystem, sondern sind zwei
weitere Bedingungen: 1. die neue Elite muß die üblichen Wege zur
Macht und zur Erreichung des Prestiges aufgeben, die von der
traditionellen Gesellschaft, von der sie ein Teil ist, gehütet
werden. 2. Die traditionelle Gesellschaft muß genügend flexibel
(oder schwach) sein, ihren Mitgliedern als Aufstiegsmöglichkeit
materielle Vorzüge (oder politische Macht) als Alternative zur
Konformität zu gestatten. Und so etwas geht selbstverständlich
nicht ohne vorhergehende Veränderungen besonders in der Landwirtschaft." (69)

Rostow behandelt dann die führenden Sektoren im wirtschaftlichen Aufstieg, primäre Wachstumssektoren, wo Innovationen z.B.
zur Nutzung sehr billiger Rohstoffe führen; sekundäre Sektoren,
wie Kohle- und Eisenindustrie sowie der Maschinenbau als Voraussetzung für die Eisenbahn; abhängige Wachstumssektoren, wie
die Nahrungsmittelindustrie oder der Wohnungsbau.

Die "Entwicklung zur Reife" und zum Reifestadium

Nach dem Eisenbahnaufstieg sind es jetzt - nach Kohle, Eisen und
Schwerindustrie - Stahl, neue Schiffe mit Dampfmaschinenan-
trieb, Chemikalien, Elektrizität und Produkte der modernen Werk-
zeugmaschinen-Industrie, die die Wirtschaft vorantreiben (78).
Die technische Reife liegt - nach einer offenbar fast überall 60
Jahre andauernden "Vorreife" vor: In England um 1850, in den
Vereinigten Staaten 1900, in Deutschland 1910 (wie in Frankreich), in Schweden 1930, Japan 1940, Rußland 1950, Kanada auch
1950.
Der enorme Führungsvorsprung Englands wird von Rostow wie folgt
begründet:

"Etwa zum Zeitpunkt der Ausstellung 1851 hatte England alles,
was die moderne Wissenschaft und Technik einer Wirtschaft mit
den Rohstoffquellen (und der entsprechenden Bevölkerung) eines
Landes wie England um die Mitte des 19. Jh. bieten kann, gemei-
stert und praktisch auf alle Anwendungsmöglichkeiten ausgedehnt. In verschiedenen ... speziellen Punkten hatten jedoch
andere Länder ... um die Mitte des 19. Jhdts. eine gewisse
Führung vor England. Die Amerikaner kündigten auf dem Gebiet der
arbeitssparenden, insbesondere der landwirtschaftlichen Maschinen

schon ihre Fertigkeit an, und die Deutschen in der chemischen Industrie. Aber die Ausstellung im Crystal Palace (1851) spiegelte die Tatsache wider, daß England mit einer abgewogenen reifen Wirtschaft einzigartig dastand" (80).

Rostow verfolgt nun den Weg anderer Nationen, um dann nochmals die Problematik der Definition der Reife zu diskutieren (87). Er greift dazu einige spezielle Probleme heraus, mit denen er zeigt, wie notwendig es ist, zur Definition der "Reife" eines Landes auch zuzulassen, daß sich "Gebiete oder Sektoren einer Nation der vollen Anwendung der modernen Technik, aus welchen Gründen auch immer, entgegenstellen. Und das scheint allgemein auf alle Nationen zuzutreffen, die man im großen und ganzen als reif bezeichnen würde ... Die technische Definition der Reife kann also nur eine Annäherung sein, wenn man sie auf eine ganze Nation anwendet." (88)
Entsprechend gab und gibt es "reife" Gesellschaften, die zugleich arm und reich sind.
Die außerökonomischen Faktoren, die in diesem Prozeß, oder besser: diesen Prozessen, eine Rolle spielen, sind nach Rostow "neue moderne Elemente, Werte und Ziele"; von neuen Positionen aus beginnen sie die Institutionen der Gesellschaft zu kontrollieren, bis ihre alten Gegner sich zurückgezogen haben und der Prozeß der Modernisierung zu Ende geführt werden kann. Das ist (90/91) nur möglich, weil sich im Modernisierungsprozeß die Struktur der Bevölkerung ändert: von einer zu 75% in der Landwirtschaft tätigen zu einer Arbeiter-, Angestellten- und Beamtengesellschaft mit regelmäßigem Einkommen. Das ergibt einen Druck (92), der zu sozialen Umwälzungen führt: Von der Fabrikgesetzgebung 1840 in England bis zur Bismarck'schen sozialen Gesetzgebung (zur Beruhigung der sozialen Situation) 1880. Der ausbeuterische Textil-, Eisenbahn-, Stahl- und Ölbaron weicht dem Manager "einer hochbürokratisierten und differenzierten Maschine" (92).
Zudem wächst langsam die Auflehnung gegen die menschlichen Kosten in der Entwicklung zur Reife.
Damit (92) "ist das Reifestadium sowohl eine gefährliche Zeit als auch eine Zeit, die neue hoffnungsvolle Wege eröffnet".

Zum Zeitalter des Massenkonsums

Gesellschaften, die das Reifestadium erreicht hatten, standen (und stehen) vor der Wahl von drei Zielen - so Rostow, wobei er sich sehr allgemein äußert:

- Als erstes gibt es das Ziel der außenpolitischen und militärischen Expansion: "Immer wieder zeigt sich in der modernen Geschichte das Phänomen, daß es einige Gruppen gibt, die über ihre Grenzen hinaussehen, um neue Welten zu erobern, wenn ihre Gesellschaften das Stadium der technischen Reife erlangt haben. Und in einigen Fällen erhielten diese Gruppen auf die eine oder andere Weise wirksame Kontrolle über die nationale Politik" (94).

- Eine zweite Richtung ist der Wohlfahrtsstaat durch Gebrauch der staatlichen Macht, vermittels der Einkommensverteilung durch ein progressives Steuersystem, und zwar um humane Ziele zu erreichen, die im freien Marktprozeß nicht erreicht werden können.

- Die dritte Möglichkeit, "die durch das Erreichen des Reifestadiums eröffnet wurde, war die Ausdehnung des Konsums von notwendiger Nahrung, der Wohnung, der Kleidung nicht nur auf eine bessere Nahrung, eine bessere Wohnung und eine bessere Kleidung, sondern auch in Richtung auf den Massenkonsum von dauerhaften Konsumgütern und von Dienstleistungen." (95).

Und: "Jede Gesellschaft, die vor der Möglichkeit und der Notwendigkeit steht, zwischen diesen drei Richtungen im Stadium der technischen Reife zu wählen, hat verschiedene Ergebnisse erzielt, die wenigstens graduell einzigartig waren."

Diese Aussage stützt Rostow dann durch längere Ausführungen zum Ablauf der Geschichte in den Industrie-Nationen. Und er schließt die Frage an, ob nicht die Menschen in geistige Stagnation und auch Langeweile verfallen werden, wenn der Lebensstandard sich auf einem sehr hohen Niveau einpendelt. (114)

Er schließt den für uns interessanten Abschnitt seiner Arbeit mit der Feststellung, daß viele Fragen vorerst rein theoretisch sind, da einerseits die Massenvernichtungswaffen "alle Probleme der menschlichen Rasse ein für allemal lösen könnten" (115), und andererseits die gesamte südliche Hälfte des Erdballs plus China sich noch im Stadium des Anlaufs oder der Aufstiegsbewegung befindet, mit für die Zukunft unklaren Folgen.

Die dann folgenden längeren Ausführungen über mehr als ein Drittel des Buches beschäftigen sich mit einem Vergleich des amerikanischen und russischen Wachstums, mit dem Problem des Friedens (1960) und den damals aktuellen Fragen des Kommunismus im Verhältnis zur Wachstumsfrage.*

2.5.1 Anmerkungen

Während die Soziologen, die sich gerade der wenig geschichtsorientierten, formalen Systemtheorie zuwandten, Rostow nur wenig beachteten, wurde er von Historikern und Wirtschaftswissenschaftlern unterschiedlich bewertet. Ein Beispiel dafür ist die "Besprechung" (mehr ein Kongreßbericht) von Henri Baudet (weder im Lit.Verz. noch in der Mitarbeiterliste des Weltarchivs genannt...) und J.H. van Struijvenberg: "Rostow's Theory on Growth" (im Weltwirtschaftsarchiv, Bd. 90, 1963, S. 57 ff.), wo bemängelt wird, daß der Einfluß der Kreuzzüge auf Europa nicht berücksichtigt sei und z.B. der Beginn des "Aufstieges" schon "about 1600" läge. Insgesamt wird Rostow von Baudet pauschal - vom Standpunkt des Historikers aus - abgeurteilt: Seine Prognosen seien ebenso falsch wie seine Analyse, und Struijvenberg stellt fest, daß Rostow's Begriffsbestimmungen nur sehr dürftig seien, und besonders falsch sei, daß fortschrittlichere Länder andere Länder zu nationalen Reaktionen bewegt hätten...

---

*   Das Buch von Wolfgang H a r i c h , Kommunismus ohne Wachstum, erschien erst 1972.

Diese Fachkritik erinnert an das Wort von Jean Paul: "Jeder Fachmann ist auf seinem Gebiet ein Esel!" Es ist nämlich zu offensichtlich, daß Rostow mit seiner dem Umfang nach sehr kurzen Studie - kaum mehr als 100 Seiten für die Entwicklung der Stadientheorie - weder ein historisches noch ein wirtschaftswissenschaftliches Werk im Fachsinne schreiben wollte, sondern einen Vorschlag entwickelt hat, die in der Geschichte zu wenig entwickelte ökonomische Dimension zu integrieren. Womit er dem dann berühmteren Wallenstein weit voranging!

Es bleibt aber die Frage, warum Rostow nicht in mutigerem Zugriff die Vorteile noch weiter und detailliert ausgeführt hat, die England zu seiner Führungsrolle prädestinierten: Seine Insellage, seine - ohne Schottland und Wales - nicht umfangreichere Landfläche als die Brandenburgs, eine Größe also, die Kreuz- und Querverbindungen zwischen Städten und Häfen, eine Integration also, außerordentlich erleichterten, die Bildung der Clubs, die zuerst "verwandtschaftliche Seilschaften" und dann immer mehr geschäftlich bedeutend wurden, infolge ihrer großen inneren Homogenität über das beste bekannte Organisationsmittel verfügten: Konsensus! Und selbstverständlich die Bedingungen und Anfänge eines funktionierenden Parlamentarismus, der - s.d. nächsten Beiträge - blutige Auseinandersetzungen allmählich, aber sehr früh bremste.

Erst vor einer solchen Folie wäre die Verfügung über Rohstoffe, über Techniken zu deren fortschrittlicher Bearbeitung usw. wirklich eindrucksvoll und noch überzeugender geworden.

Aber auch ohne derartige soziologisch und historisch-psychologisch noch interessantere Detailbeschreibung bleibt Rostows Arbeit doch anregend zum Nach- und Weiterdenken; sie schärft auch heute noch den Blick auf andere Völker mit der Frage, in welchem Stadium sie sich heute befinden mögen, und ob, resp. wann, diese Stadieneinteilung sozusagen eine - oder mehrere - Weichen braucht, um Sonderentwicklungen zu erklären.

Gerade für den Bereich der historisch orientierten Wirtschaftswissenschaften alle Bezugspersonen eines Autors - hier Rostows

- anzuführen ist unmöglich; Rostow nennt in seinen "Stadien"
auch zahlreiche Autoren. Aber ein Autor muß noch etwas ausführlicher vorgestellt werden, den er mit Sicherheit im Auge hatte,
als er in den 50er Jahren schrieb: James B u r n h a m , mit
seinem "Regime der Manager", das 1941 in den USA (als "The
Managerial Revolution"), 1946 in Frankreich und 1948 in Deutschland
erschienen war! Burnham (geb. 1905) hatte hier in einem General-
angriff auf Kapitalismus und Sozialismus zugleich, ein so schnell
verbreitetes und vieldiskutiertes Buch geschrieben, daß gerade
eine sich als antimarxistisch verstehende Studie, wie Rostows,
seinen Schatten nicht übersehen konnte.

"Burnham erklärt, daß die gegenwärtige Gesellschaftsordnung,
die auf dem Privateigentum an den Produktionsmitteln, auf den
Gesetzen von Profit, freier Initiative und freiem Wettbewerb,
auf der Stellung des Lohnempfängers und der daraus folgenden
Spaltung ineinander entgegengesetzte Klassen beruht, in verhältnismäßig kurzer Zeit verschwinden werde. Nach seiner Meinung ist sie schon jetzt in ihrer moralischen Berechtigung wie
in ihrer materiellen Leistungsfähigkeit tödlich getroffen. Selbst
der strenggläubigste und hartnäckigste Sozialist braucht von
den neun Punkten der Anklageschrift gegen den Kapitalismus, die
sich am Ende des 3. Kapitels findet, nichts zu streichen oder
weitere Punkte hinzuzufügen; diese Anklageschrift ist schon
fast ein Totenschein."

So schreibt Léon Blum, der französische Staatsmann und Soziali-
stenführer, in seinem Vorwort zur französischen Ausgabe des
"Regime der Manager", das der deutschen als Nachwort beigegeben
wurde, und:

"James Burnham ist also mehr als mancher Sozialist davon über-
zeugt, daß der Kapitalismus zum Untergang verurteilt ist. Dagegen bestreitet er die Annahme, daß an seine Stelle automatisch
der Sozialismus treten werde ... Nach einer relativ kurzen
Zeitspanne, welche Burnham auf höchstens ein halbes Jahrhundert
schätzt, wird der Kapitalismus am Ende sein; dann wird die
gesamte Kulturwelt von einem wirtschaftlichen und sozialen System beherrscht werden, dessen Wesen, ja dessen bloßer Name uns
bisher unbekannt war: das System der Manager.
Den Übergang vom Kapitalismus zu diesem neuen System wird die
Revolution der Manager darstellen, die der Welt an Stelle der
sozialistischen Revolution angekündigt wird...
Burnham behauptet, das System der Manager, das eines Tages das
Erbe des Kapitalismus antreten werde, sei in der heutigen Ge-

sellschaft bereits im marxistischen Sinne des Wortes vorgebil-
det. Worauf stützt er diese Behauptung?
Er stützt sie auf eine Reihe von, wie er meint, übereinstimmen-
den Anzeichen, die sich teils aus der wirtschaftlichen, teils
aus der geschichtlichen Analyse ergeben. Einerseits erfordert
die moderne Produktion einen technischen Apparat von zunehmender Kompliziertheit, dessen einzelne Elemente voneinander unabhängig sind, und dessen 'Management' nur einer zahlenmäßig immer kleiner werdenden Elite zukommen kann. Je schärfer sich
diese Entwicklung ausprägt, um so mehr verstärkt und strafft
sich die Einwirkung der Manager auf die Produktion. Diese Manager sind nun meistens nicht die Eigentümer oder Aktionäre der
Unternehmen, auch nicht die Finanzleute, denen das Kapital gehört oder die mit den Aktien herummanipulieren, ja nicht einmal
die kaufmännischen Betriebsleiter. Es sind vielmehr die technischen Leiter, die das Unternehmen als Produktionsmittel in Gang
halten, die das Spiel des in sich verzahnten Räderwerks der
Maschine regulieren und das Steuerrad der Betriebsführung in
Händen haben.
Bei allen modernen Nationen, in Nordamerika nicht anders als in
Europa, zwingt die wirtschaftliche Entwicklung die Staaten,
sich in ständig wachsendem Maße an der Kontrolle, ja an der
unmittelbaren Leitung der Produktion zu beteiligen; dabei spielt
der Unterschied zwischen privaten und staatlichen oder ver-
staatlichten Unternehmen nur eine kleine Rolle. Ob die Manager
nun die Leiter einer privaten Industriegesellschaft oder Organe
eines öffentlichen Unternehmens sind, ihre Funktion und Aufgabe
sind immer die gleichen. Die Macht, die sie über die gesamte
Produktion haben, muß sich ständig vergrößern. In dem Maße, in
dem ihre Macht wächst, kommt ihnen das immer klarer zu Bewußtsein; sie fühlen sich in immer höherem Grade solidarisch, und
immer stärker wird der Anreiz, diese Macht dem eigenen Interesse
dienstbar zu machen, d.h. einen ständig zunehmenden Teil der
erzeugten Reichtümer vorweg für ihren persönlichen Nutzen abzu-
schöpfen. Auf diese Weise werden die Manager mit der fortschrei-
tenden wirtschaftlichen Entwicklung eine eigene Klasse mit Klas-
senbewußtsein, Klasseninteressen und Klassenprivilegien.
An dem Tage, an dem das kapitalistische System zusammenbricht
..., wird zwar das Privateigentum an den Produktionsmitteln
aufgehoben und verschwinden die Eigentümer, Aktionäre, Geldge-
ber und kaufmännischen Geschäftsführer. Aber die Klasse der
Manager, die selbst nicht Eigentümer sind, bleibt bestehen;
ihre Macht wird nicht nur nicht zerstört, sondern im Gegenteil
unendlich erweitert, da sie nicht mehr durch das kapitalistische Eigentum und den kapitalistischen Staat beschränkt wird,
die Lenkung der Produktion aber mit der Lenkung der Gesellschaft
zusammenfällt.
Es bleibt also eine einheitliche Klasse bestehen, welche die
Macht hat, nach eigenem Gutdünken den Ausleseprozeß zu bestimmen, der ihr die Kontinuität sichert und dazu die Macht gibt,
unaufhörlich die Beträge zu steigern, die sie in Ausübung ihrer
Privilegien der Gesamtproduktion vorweg entnimmt. Damit hat
sich die Revolution vollzogen; es ist aber nicht die sozialistische Revolution, sondern die Revolution der Manager."

Eine etwas neuere Auseinandersetzung mit Burnham findet sich in Daniel B e l l ' s (das "postindustrielle" Geplänkel einleitendem) Buch: "Die nachindustrielle Gesellschaft" (Campus-Verlag, Ffm-N.Y., 1975 (amerikanisch 1973), auf den Seiten 31 und 95-99. Hier zitiert Bell auch Karl M a r x .
Nach der strukturellen Änderung des Kapitalismus' durch das Aufkommen des neuen Bankwesens - schreibt Bell (S.68) ist die zweite umwälzende Änderung - durch die Aktiengesellschaften die Trennung von Eigentum und Leitung und das Aufkommen einer neuen Berufskategorie - wenn nicht sogar einer Klasse - die Marx "die Arbeit der Oberaufsicht und Leitung" nennt:

"Daß nicht die industriellen Kapitalisten, sondern die industriellen managers (Direktoren), die Seele unseres Industriesystems' sind, hat schon Herr Ure bemerkt ... Die kapitalistische Produktion selbst hat es dahin gebracht, daß die Arbeit der Oberleitung, ganz getrennt vom Kapitaleigentum, auf der Straße herumläuft." (MEW, Bd. 25, S. 400)

Bell führt dann weiter aus, inwiefern sich die von Marx mit diesen Aussagen verbundenen Prognosen nicht erfüllten. Da Bell damit auch Burnham rundweg ablehnt, geht er auf die Grundidee nicht recht ein. Seine Arbeit wird im Abschnitt 2.8.4 etwas ausführlicher dargestellt.

2.6 G. Lowell Field und John Higley - Das Verhältnis von Eliten und Nicht-Eliten in der Vergangenheit bis Heute. Das Insider-Outsider-Problem.

Die bisher vorgestellten Entwürfe setzten zwar für unsere Situation Demokratie und doch liberale und rechtsstaatliche Verhältnisse voraus, doch keiner befaßte sich ausdrücklich mit den Vorbedingungen für die Entstehung von Demokratie. Die durch Elitenuntersuchungen (in Skandinavien) ausgewiesenen Autoren Field und Higley gehen in "Eliten und Liberalismus", (Westdeutscher Verlag, Opladen, 1983, engl. 1980) dieses Problem, das ja nicht unbedingt mit der Entstehung von Kapitalismus zusammenhängen müßte, von der Seite der Elitenfrage an, d.h. sie werfen ein Thema auf, das traditionell bei Soziologen unbeliebt ist. Und sie gehen es auf ungewöhnliche Weise an. Ich zitiere aus meiner Einleitung (s. hierzu die Anmerkungen):

"Bei keinem Eliten-Theoretiker wurde bisher die eigene privilegierte Position berücksichtigt und gefragt, unter welchen wirtschaftlichen Umständen welche Form von Elite den gewünschten Standard des gesamten gesellschaftlichen Lebens - Recht, Freiheit, Meinungsfreiheit eingeschlossen - erst ermöglicht. Die Autoren der hier übersetzt vorliegenden Studie 'Elitism', G. Lowell Field, Emeritus an der University of Connecticut, und John Higley von der Australian National University, Canberra, leiten ihre Arbeit mit der Feststellung ihrer Privilegiertheit als gutbesoldete Sozialwissenschaftler ein, einem 'Besitzstand', den sie beizubehalten wünschen. Und sie fragen ohne jede ideologische Verbrämung nach den historisch-gesellschaftlichen Mechanismen, die ein solches Leben ermöglichen, - ein Leben in Freiheit und mit der Freiheit, sich diejenigen interessanten Menschen aussuchen zu können, mit denen man Kontakt haben möchte: 'Well situated, well educated, well off ...' Diese Untersuchung erscheint deshalb so wichtig, weil sie - unabhängig davon, ob uns ihre inhaltlichen Aussagen gefallen - unbestechlich aufklärend ist. Sie erweitert das Blickfeld, informiert über Zusammenhänge, läßt uns unsere Situation besser verstehen, stellt Fragen, die wir beantworten müssen, wenn wir so, wie wir es wünschen, überleben wollen, gibt Antworten, die uns nicht gefallen mögen, - aber dann müssen wir andere begründete Antworten parat haben, und hier liegt die Prüfung.
In diesem Buch ist kein Raum für Verdrängung unliebsamer Einsichten. Es stellt unnachsichtig die Frage, wie der Standard, dem wir unsere Freiheit verdanken, wie die politische Stabilität der Institutionen, wie dies ganze Arsenal von realisierter Liberalität entstanden ist und unter welchen Bedingungen es erhalten werden kann. Die Antworten sind meist schmerzlich, sie machen mindestens nachdenklich. Sie verweisen auf historische Zufälle, z.B. die Loslösung der USA vom britischen Mutterland oder das vorübergehend billige Öl als Energiequelle zur Entwicklung 'westlichen Wohlstands', - auf Konstellationen also, die nicht voraussagbar und teils von Anfang an labil waren und meist unwiederholbar sind. Die Antworten erklären, inwiefern das Entstehen liberaler Systeme mit der Elitenfrage zusammenhängt und insbesondere, wieweit es in den modernen demokratischen Gesellschaften von uns, den 'Insidern' selbst abhängt, ob die Entscheidungseliten jenen Ermessensspielraum bekommen, bei dessen Nutzung gewisse Chancen bestehen, den von uns gewünschten Zustand zu erhalten.
Die Arbeit von Field und Higley ist meiner Meinung nach ein bedeutender Schritt in der Entwicklung einer soziologischen Theorie der Eliten und von soziologischer Theorie überhaupt.

Die Verfasser verflechten in nüchterner und ernüchternder Art
die Entwicklung menschlicher feudal-aristokratischer Gesellschaften zu modernen, bürokratisch-manageriellen Gesellschaften mit der Elitentheorie. Nur diese bürokratisch-manageriellen
Gesellschaften (in denen nicht nur immer mehr Menschen an Schreib-
tischen oder schreibtischähnlichen Geräten arbeiten, sondern in
denen jeder seinen Schreibtisch zu Hause hat...) mit ihren
gewählten, von den modernen Nicht-Eliten abhängigen Entscheidungseliten interessieren die Verfasser: Gesellschaften, in denen
sich wirtschaftliche und insbesondere politische Stabilität
entfalten konnte.
Ihre Zentralfrage ist: Wie war diese Stabilität der politischen
Institutionen, der die wirtschaftliche Entwicklung und Stabilität auf dem uns bekannten Niveau folgten, möglich? Die Verfasser
verbinden zur Beantwortung dieser Frage die sozioökonomische
Entwicklung von agrarisch-feudalen Gesellschaften zu modernen
mit den ihnen zwangsläufig entsprechenden politischen Orientierungen der Nicht-Eliten. Dabei werden eine egalitäre, Gleichheit aller meinende und eine anti-egalitäre, die Unterschiede
zwischen den Menschen betonende Haltung unterschieden, zwei
diametral verschiedene Haltungen, deren Anteil und Bedeutung
oder Einfluß in den Gesellschaften sich mit deren sozio-ökono-
mischer Entwicklung verändert.
Da diese beiden Begriffe in der Studie häufig verwendet werden,
hier eine kurze nachdrückliche Definition: Mit 'egalitär' ist
nicht philosophische oder Stammtisch-Egalität gemeint, jene
Ansicht, alle Menschen seien gleich geboren oder sollten gleich
sein, also Meinungen, die eindringlicher Prüfung meist nicht
lange standhalten und oft schnell in handfeste Vorurteile um-
schlagen. 'Egalitär' soll vielmehr heißen, daß Menschen zu ge-
sellschaftspolitischen egalitären, d.h. gleichmachenden Maßnahmen oder Lösungen bereit sind, auch wenn diese sie selbst
entprivilegierend treffen würden! Antiegalitär bezeichnet eine
Haltung, die sich an Hierarchie, Aufstiegsmöglichkeit, Leistung
jedweder Art, Ungleichheit, unterschiedlichen Lebensstandards
orientiert und die sich gegen gesellschaftspolitische, d.h.
allgemeine strukturelle Maßnahmen wehrt oder wehren würde, die
reale Gleichheit schaffen und Hierarchie und Privilegien ab-
schaffen würden. Außerdem unterscheiden die Autoren vier Typen
möglicher Eliten-Konstellationen:
1. den häufigsten Typ der tödlich zerstrittenen Elite-Gruppen,
    die um die Macht und Herrschaft kämpfen;
2. den Typ der ideologisch geeinten Elite, der meist mit dem
    Begriff der 'herrschenden Partei' gekennzeichnet ist:
3. den Übergangstyp der unvollständig geeinigten Elite-Gruppen
    (z.B. die CDU-SPD-Konstellation in der Adenauer-Zeit), in
    dem ein schwächerer, meist mehr egalitär orientierter Flü-
    gel langsam zum weniger egalitären oder antiegalitären Flü-
    gel überschwenkt, d.h. koalitionsfähig wird; und
4. den zweiten geeinten Eliten-Typ der Konsensus-Elite - hier
    handelt es sich um Eliten-Gruppierungen mit teils erheblich
    voneinander abweichenden Ansichten, die sich aber in einem
    'historischen Kompromiß' geeinigt haben, sich nicht (mehr)
    gegenseitig bis aufs Messer zu bekämpfen.

Es wird belegt, wie es zu diesem Typ der Konsensus-Eliten kam, in dessen Regie sich jene Art stabiler politischer Institutionen entwickeln konnte, die einer optimalen Zahl von Menschen Sicherheit, materiellen Wohlstand und Freiheit der Äußerung sowie Bewegungsfreiheit verschaffte. In diesem 'liberalen' Gesellschaftstyp beginnt sich eine Spannung zu profilieren, mit der wir es heute besonders deutlich zu tun haben: Die Spannung zwischen den 'Insidern' mit sicheren Arbeitsstellen und den unfreiwillig arbeitslosen oder kurzarbeitenden 'Outsidern' und zugleich auch zwischen den Insidern und den Entscheidungseliten."

Bevor das historisch sich wandelnde Verhältnis von Eliten zu Nichteliten skizziert wird, muß zuerst noch geklärt werden, was Field und Higley unter "Eliten" verstehen. Sie äußern sich hierzu sehr klar: Mit Eliten sind nicht Personen mit höheren Persönlichkeitsmerkmalen gemeint oder Mitglieder der sogenannten "Geistesaristokratie", sondern Menschen in strategischen Positionen in öffentlichen und privaten bürokratischen Organisationen, zum Beispiel in Regierungen, Parteien, Hauptverwaltungen, Gewerkschaften, Massenmedien, Kirchen, im Erziehungswesen (Ministerien), von opponierenden Großorganisationen, Arbeitgeberverbänden usw.. Da sich bei Field und Higley das Interesse auf nationale Eliten konzentriert, sind mit solchen Organisationen diejenigen gemeint, die groß oder anderweitig mächtig genug sind, um die Eliten, die an ihrer Spitze stehen, mit der Macht auszustatten, die nationale Politik speziell, regelmäßig und nachdrücklich zu beeinflussen. (S.34)

Das Modell deckt einfache, unbürokratische Gesellschaften nicht ab. Die Autoren charakterisieren aber trotzdem Macht und Politik in solchen Gesellschaften.

Das Interesse der Autoren liegt bei der Verfolgung der Entwicklung von Nicht-Eliten-Haltungen und -Orientierungen im Verlauf der Geschichte auf uns zu, d.h. auf den Zustand zu, den die hochindustrialisierten Länder erreicht haben. Sie unterscheiden vier Grund-Konfigurationen, die praktisch zugleich vier Niveaus der Entwicklung sind, die sich aus der Art der Organisation der werktätigen Nichteliten ergeben.

Auf dem Niveau I wird die Arbeitskraft fast ausschließlich für Ackerbau und andere "autonome" Arbeiten eingesetzt, wie Jagen,

Brennstoffsammeln, Handwerksarbeiten. Selten geschehen diese Arbeiten allein, sondern meist in kleinen Gruppen, die in der Regel aus Familienangehörigen bestehen, verstärkt durch andere Dorfangehörige. Motivation zu der minimalen Kooperation, die dazu nötig ist, ist der ständige Druck von Hunger oder Mangel überhaupt. (35)

Die individuelle und Gruppenautonomie bedeutet hier aber nicht etwa Freiheit. Meist hat sich eine bewaffnete und von der Arbeit entlastete Aristokratie gebildet, die die arbeitende Bevölkerung dazu zwingt für sie zu arbeiten, d.h. sie - meist durch Abgaben in Naturalien - zu unterhalten. Wie dieser Unterhalt im einzelnen erbracht wird, ist der Aristokratie oder Elite auf dieser Stufe rückständiger ökonomischer Bedingungen meist gleichgültig. Daher gibt es auch keine bürokratische Organisation, z.B. zur "Eintreibung" - außer der eingeschliffenen Kontrolle, daß die Abgaben auch wirklich erbracht werden -, und daher gibt es auch keine Elite im oben gegebenen Sinn. Die Macht ist schlicht in den Händen der - erblichen - Aristokratie.

Interessant wird die Entwicklung auf dem Niveau II. Hier (S. 36) schildern die Autoren, wie sich mit der beginnenden Stadtbildung und der Entstehung von Manufakturen - wenn auch noch im kleinen Maßstab - eine Schicht von Arbeitenden bildet, die einen deutlich abgesetzten Ring um die eigentlichen Bürger bilden. Die Arbeit muß nun organisiert werden, die familiale oder dörfliche (Minimal-) Solidarität ist dahin, man arbeitet auf der Basis von Entlohnung und es gibt ein dauerhaftes "Management". Diese Aufsicht und Führung wird notwendig, weil die Arbeit in einer Manufaktur Entscheidungen über Zeitabläufe und Art der Arbeitsaufgaben erfordert, die der alten, bescheidenen Autonomie keinen oder nur noch wenig Raum lassen. Die Aufseher, meist Handwerksmeister, kommen häufig aus derselben Schicht wie die Arbeitenden; die Verhältnisse erinnern noch an einen Handwerksbetrieb mit über 3 Gesellen. Die Überwachung hat den eigenartigen Nebeneffekt, daß die Disziplinierung, die die Menschen sich vorher - auf dem Niveau I - selbst auferlegen mußten, nun

weitgehend wegfallen kann: Die Aussenaufsicht übernimmt diese
Kontrolle. Daher (36)

"waren 'protoindustrielle' und industrielle Arbeiter immer eher
als die Mitglieder der sich selbst erhaltenden Bauern- und
Handwerkerfamilien zur Auflehnung und zum Aufstand bereit. Das
Fehlen einer Bereitschaft unter Manufaktur- und Fabrikarbeitern
die Arbeit als sinnvoll zu akzeptieren, schafft politische Probleme. Bürokratische Organisation wird - im Verlauf der Entwicklung - notwendig, um für Ordnung zu sorgen und die Motivation zu unterstützen, die für die Erledigung der Aufgaben notwendig ist. Auf dem Niveau II hat sich eine derartige Organisation vorwiegend manifestiert in Form von ständig einsetzbarem
Militär und von Polizei, in Form von Behörden, die Steuern
eintrieben und für die Befriedigung militärischer Bedürfnisse
sorgten, in Rechts- und Straforganisationen und in dem übli-
cherweise privaten Management großer Handels- und kleinerer
industrieller Unternehmen. Mit anderen Worten: Das Wachstum der
manufakturellen/industriellen Arbeitskraft enthält notwendig ein
entsprechendes Wachstum einer nichtmanuellen bürokratischen
Komponente, die bedeutet, daß während der gesamten Arbeitszeit
geregelt und verwaltet wird ... Diejenigen Menschen, die in den
- vergleichsweise kleinen - Bürokratien dieser Gesellschaft des
Niveaus II strategisch verortet waren und die den größten Teil
ihrer Zeit und Energie auf das Management dieser Gesellschaften
verwandten (das heißt: Könige, Minister, militärische und Poli-
zeioffiziere, Schiffahrts- und industrielle Unternehmer),
wurden die Hauptstatthalter der Macht, d.h. Eliten."

Ihr Eliten-Status manifestiert sich deutlich in ihrer relativ
größeren Abhängigkeit von den Nichteliten als auf dem Niveau I.
(36)

Dies Bild darf nicht darüber hinwegtäuschen, daß die meisten
Menschen auf Niveau II noch weiter in der Landwirtschaft, im
Handwerk und in kleinen Ladengeschäften arbeiten.

Im Gegensatz dazu kennzeichnet die Gesellschaften des Niveaus
III eine produktivere Landwirtschaft (37), für die - einschließlich
anderer Tätigkeiten auf Familien-Basis - nur noch rund die
Hälfte der zur Verfügung stehenden Arbeitskräfte eingesetzt
sind:

"Geschichtlich gesehen war ein großer Teil der in der Großindu-
strie der Niveau-III-Gesellschaften Beschäftigten auf der vorhergehenden Stufe des Niveaus II noch Bauer gewesen. Die schmale
Arbeiterschaft des Niveaus II expandiert also zu einer breiten

Arbeiter-Klasse in den geschichtlichen Gesellschaften des Niveaus III." (37)

Auf dem Niveau II waren die Arbeiter heimatlose Bauern gewesen. Auf dem Niveau III ist die Arbeiterschaft so groß, daß sie sich in bestimmten Familienlinien selbst reproduziert; eine Art "Arbeiter-Kultur" entsteht.
Entsprechend dem Umfang der Arbeiterschaft wächst auf Niveau III auch der Anteil von Managern der verschiedensten Stufen im privaten und öffentlichen Bereich, in Verwaltungen und anderen öffentlichen Diensten. Damit werden die Gesellschaften als organisierte auf dem Niveau III "Industriegesellschaften" genannt.

"Gesellschaften des Niveaus IV entfalten die sogenannte 'postindustrielle' oder 'entwickelte' Zusammensetzung ihrer Arbeitskräfte. Während Gesellschaften des Niveaus III charakterisiert wurden durch die angewachsene Agrarproduktivität bei Verringerung der Zahl der in der Landwirtschaft Tätigen, zeigen Gesellschaften des Niveaus IV starke Anstiege sowohl der Agrar- als auch der Industrieproduktivität, verbunden mit einem deutlichen Schrumpfen der Anzahl der Land- und Industriearbeiter." (37)

Zuletzt sind nur noch unter 10% der Beschäftigten in der Landwirtschaft tätig. Und während die Industriegesellschaften des Niveaus III noch ursprünglich 40-30% an Industriearbeiterschaft aufwiesen, sinkt dieser Anteil durch Automatisierung auf dem Niveau IV dramatisch. Die Produktion vieler Güter ist hier nur noch durch die mangelnde Nachfrage begrenzt. Der Anteil der nichthandwerklich Arbeitenden steigt über 40%:

"In Gesellschaften des Niveaus IV ... liegt der Schwerpunkt der nichthandwerklichen Arbeit anderswo als in den Gesellschaften niedrigerer Niveaus. (37/38) Auf dem Niveau II und III waren Nicht-Handarbeiter in der Regel mit wichtigen Regierungs- oder anderen manageriellen autoritativen Aufgaben beschäftigt oder sie hatten persönliche Dienstleistungen unmittelbar für Regierende oder Manager zu leisten. Aber auf dem Niveau IV kommen solche Dienstleistungen als Erziehung, Gesundheitswesen und Altenpflege oder zur Freizeitgestaltung der gesamten Bevölkerung zugute. Dieser 'dritte' (tertiäre) Sektor produziert keine materiellen Güter, die leicht aufzuzählen wären. Daher kann seine Effektivität nur an den Erwartungen und Neigungen der

Empfänger und an ihrer Zufriedenheit mit den Dienstleistungen
gemessen werden." (38)

"Leistung" ist also hier schwer zu messen, ein Problem, das es
auf dem Niveau III praktisch nicht gab, wo sozusagen alles in
"ton's" (d.h. in Gewicht der Produktion!) gemessen werden konnte.
Die Autoren weisen aber daraufhin, daß die skizzierten Entwicklungsstufen oder -muster nicht in allen Teilen von den heute
erfolgreichen Gesellschaften durchlaufen worden sind. Eine sehr
schnelle Übernahme neuer Technologie kann z.B. das früher auf
dem Niveau III selbstverständliche Anwachsen der
Industriearbeiterschaft vermissen lassen: Im Übersprung werden
sofort nur relativ wenige gebraucht. Soweit hier - wie zu erwarten war und ist - Arbeitskräfte, besonders vom Lande, freige-
setzt wurden und werden, gehen sie also direkt in den Dienstlei-
stungssektor mit teils ungewissen Zukunftschancen, was auch
heißt, daß sie in den städtischen oder urbanen Randmilieus
auftauchen. Kuweit wird hier als besonders eindeutiges Beispiel
genannt.

"Die verschiedenen möglichen sozialen und politischen Orientierungen der Nichteliten variieren mit der Entwicklung ihrer Gesellschaften durch die vier Niveaus hindurch. Das Ausmaß, in dem
diese Orientierungen voll ausgebildet und zu Aktivitäten werden, hängt von der Bereitschaft der Eliten ab, sie deutlich zu
artikulieren und sozusagen um sie herum soziale Bewegungen zu
organisieren." (39)

Aber, und das ist entscheidend, die Nicht-Eliten-Orientierungen
bestimmen, was auf einem bestimmten Entwicklungsniveau nicht
geschehen kann, was die Eliten nicht tun können. Innerhalb der
so gezogenen Grenzen haben dann die Eliten die Wahl der Aktions-
formen. (39) Field und Higley treffen nun zwei für das weitere
Vorgehen - wie schon erwähnt - äußerst wichtige Unterscheidun-
gen: Die zwischen einer Orientierung der Nicht-Eliten, die man
sozial/politisch "egalitär" und antihierarchisch nennen kann,

die auch rebellisch-radikal-egalitär werden kann, und einer
anti-egalitären Orientierung. (40/41)
Gemäßigt egalitär ist die Orientierung dann, wenn die gesamten
Arbeitsbedingungen kooperative und fast gleiche Beziehungen unter
den Arbeitenden erfordern, wie in kleinen Handwerksbetrieben
und natürlich bäuerlich-familiären Verhältnissen. Überwachung
wird als unnötige Störung empfunden, ist auch nicht nötig, da
die Arbeiten relativ autonom ablaufen, allein schon durch den
jahreszeitlichen und Tagesablauf bedingt. Für eine Hierarchie
in der Organisation der Arbeit besteht kein Verständnis, außer
bei der Verteidigung nach außen.
Radikaler wird die egalitäre Orientierung dann, wenn unter den
Bedingungen beginnender Massenproduktion Arbeiter und nun auch
Angestellte keine Möglichkeit haben auf die Entscheidungen, die
nun "von oben" getroffen werden, Einfluß auszuüben. In den
Anfangszeiten hatten die Arbeitenden oft auch keine Möglichkeit, die vielfältig sich entwickelnden Arbeitsabläufe zu durch-
schauen oder zu übersehen. Industriearbeit wurde - im Marx'schen
Sinne - autoritär und entfremdend:

"Schärfer ausgeprägt als bei Bauern und Handwerkern entwickelt
sich eine rebellische und radikal egalitäre Orientierung gegenüber der sie umgebenden Gesellschaft und der sie bestimmenden
Politik". (40)

Bürokratische und andere Dienstleistungsarbeiten mit einem gewissen Ermessensspielraum erleichtern dagegen den mit ihnen
Betrauten das Verständnis für Organisation, Kontrolle und Hierarchie. Zugleich wird von solchen - besonders den bürokratischen - Positionen aus über andere entschieden, wenn auch nur
indirekt, z.B. auf Anweisung " von oben" oder, weil Regeln,
Normen, Gesetze, Verordnungen das vorsehen. Besteht also auch
keine wirkliche Über- und Unterordnung, so befinden sich Verwalter und Dienstleistende doch in grundsätzlich ganz anderen
Lagen, als Bauern und Arbeiter. Hinzu kommt, daß ihre Arbeit
zwar auch manuell in dem Sinne sein kann und meist ist, daß die
Hand, z.B. zum Schreiben, gebraucht wird, aber die Arbeit ist

nicht schwere Arbeit und sie ist nicht schmutzig. Unter diesen Umständen ist es nicht verwunderlich, daß derartige Nicht-Eliten eine positive Einstellung zum Leistungssystem und eine gewisse managerielle Orientierung haben, in welcher Hierarchie fast selbstverständlich ist. Die Orientierung hier ist daher eher anti-eaalitär. (41/42)

Geht man nun die vier skizzierten Entwicklungsniveaus nach dieser Unterscheidung durch, dann ergibt sich logisch (oder: soziologisch), daß die dominante Orientierung der Nicht-Eliten auf den Niveaus I und II eine egalitäre sein muß. Alle, die ihre Arbeit ohne nachdrückliche Lenkung von außen tun können, Bauern, Handwerker und auch die relativ wenigen Arbeiter in übersichtlichen Manufakturen, haben ja in der Tat eine - selbstverständlich in sich zu differenzierende - eaalitäre Einstellung gehabt, ohne daß diese zugleich auch eine kämpferische Note gohabt hätte, außer in besonderen Drangsituationen, die z.B. zu Gesellenaufständen führten, weil ein "Stau" entstanden war. Daß die Eliten der beiden ersten Niveaus - Aristokraten und "strategisch plaziertes Personal aus Regierung und Management" (41) - eine anti-eaalitäre Haltung hatten, bedarf kaum der Erwähnung. Für die Nicht-Eliten waren sie im großen und ganzen unnütz, was nicht bedeutete, daß sie sie bei Kriegen und kulturellen, religiösen und ethnischen Konflikten nicht unterstützt hätten.

In den Gesellschaften des Niveaus III entwickelt sich dann eine kompliziertere Mischung von Orientierungen der Nicht-Eliten. Auf der einen Seite entwickelt sich eine Industrie-Arbeiterschaft mit einer "Arbeiterklassen-Kultur", die fast normalerweise eaalitär eingestellt ist; vielfach werden sozialistische Bewegungen unterstützt. (41) Da aber auf dem Lande die Bevölkerung zurückging und die Produktivität höher wurde, wurde man dort zunehmend eigentumsorientiert: Das Einkommen lag über einem Minimum.

Da die egalitäre Orientierung besonders in diesen ländlichen Bereichen sich meist nur auf die engste, nämlich relevante, Umgebung bezog, kann hier eine gewisse Skepsis gegenüber denen

einziehen, die Gleichheit umfassender und radikaler anstreben.
Die Industrie-Arbeiter-Klasse (der "Hungerleider") wird zunehmend als Bedrohung empfunden, Bedrohung von Eigentum und bescheidenem Wohlstand. Ohne es zu wissen, gliedern sich damit
weite Kreise der bäuerlichen Bevölkerung in dieser Dimension
der Orientierung der wachsenden Angestelltenschaft (und den Beamten) an: Sie werden resp. sind anti-egalitär. (42)
Damit gibt es auf dem Niveau III zwei starke, einander entgegengesetzte politisch-soziale Strömungen mit politischen Auswirkungen: Die (radikal)egalitäre der Arbeiterschaft, und die in
Fraktionen zerstreute, aber im Grundkonsensus vereinte Masse
der Bauern, Angestellten und Beamten, der Geschäftsleute und
Angehörigen der traditionell anti-egalitären Schichten. "Dia-
lektisch" (42) nennen Field und Higley diese Bewegung, weil sich
im Verlauf der Entwicklung die Arbeiterklasse in zwei Strömungen spaltet, von denen die eine weniger radikal und eher lei-
stungsorientiert ist (wie die Facharbeiter, denen gegenüber
Marx schon früh skeptisch war: "Arbeiteraristokratie"). Zugleich dringen Gleichheitsideen vermehrt auch in die Angestelltenschaft ein. Die Eliten sehen sich damit in der Lage, sowohl mit
Teilen der Arbeiterschaft rechnen zu können als auch die unterschiedlichen Strömungen gegeneinander auszuspielen; das hatte
immer Probleme, da die Lage - die Konstellation der jeweiligen
Mischungen - häufig unübersichtlich war, wie dramatisch dauernd
in Frankreich, dann aber auch im Deutschland zu Ende des 19.
Jahrhunderts, wo die Regierung zwischen Verboten von soziali-
stischen Bewegungen und Schaffung fortschrittlicher Gesetzge-
bung hin- und herschwankte.
Ab etwa 1600 hatten alle nationalstaatlichen Gesellschaften in
Europa das Niveau II erreicht, wie die USA, Kanada und die
Lateinamerikanischen Staaten und andere verfestigte feudale
Einheiten Ende des 18. und zu Beginn des 19. Jahrhunderts:

"Solange sie auf diesem Niveau blieben, regierten dort die
Eliten mit relativ wenig Nicht-Eliten-Einmischung. In einigen
bemerkenswerten Ausnahmen aber führten Eliten-Konflikte (der
Eliten untereinander) und Inkompetenz unmittelbar zu Revolutionen, die durchgehend egalitäre Orientierung der Nicht-Eliten

demonstrierten. Die extremen Punkte dieser Revolutionen, die Brinton das 'Regime von Terror und Tugend' nannte, wurden während des Winters 1648/49 in England erreicht, zwischen 1792 und 1794 in Frankreich und zwischen 1917 und 1921 in Rußland, und zwar in der Form schneller Zusammenbrüche eindeutig konzentrierter bürokratischer Macht (C. Brinton, Die Revolution und ihre Gesetze, Nest-Verlag, Ffm., 1959; amerik. 1938). Als es zu diesen egalitären Revolutionen kam, war die große Masse der Nicht-Eliten in den drei genannten Gesellschaften in der Landwirtschaft und in handwerklichen Unternehmen von Familiengröße beschäftigt, wenn es auch überall bescheidene Vorläufer der Industriearbeiter-Klasse gab." (42/43)

Großbritannien erreichte das Niveau III schon gegen 1780/90, während die USA, die Niederlande und Belgien dies Niveau erst in der Mitte des 19. Jhdts. erreichten, wie auch Westdeutschland und Nordfrankreich es erreicht hätten, wenn sie selbständige Staaten gewesen wären. Deutschland und Italien erreichten es erst nach der nationalen Selbständigkeit, also nach 1870 resp. 1850, und bis 1900 hatten es alle am Industrialisierungsprozeß beteiligten Staaten erreicht, einschließlich Japans. Und damit war auch die zahlenmäßige und strategische Vorherrschaft anti-egalitärer Berufsgruppen verbunden, so daß gleichmachende Revolutionen sozusagen berufsstatistisch nicht mehr möglich waren: Die egalitär eingestellten Gruppen waren in die Minderheit geraten. Das war z.B. in Deutschland etwa 1890 der Fall. Ab hier konnte es keine demokratisch zustandekommende Mehrheit für radikal-sozialistische Lösungen mehr geben!
Aber der Umfang der Industriearbeiterschicht und ihr Gegensatz zu der auch politisch bunt gemischten Mehrheit an anti-egalitär eingestellten Menschen - vom Adel und "Bourgeois", Großgrundbesitzer, Geschäftsmann, Landwirt, Beamten, Angestellten einschließlich Meistern, Facharbeitern, Kleinladenbesitzern bis zur kleinbürgerlichen Witwe - schuf ständig Spannungen und Probleme, die "durch das Niveau III hindurchgingen" (43). Da diese sozialen Gruppen und potentiellen politischen Kräfte diese historisch neue Situation nicht erkannten - nämlich ihr zahlenmäßiges Übergewicht - entwickelten sich die Konflikte schärfer, als notwendig gewesen wäre. Bei großen inneren Spannungen innerhalb der

Eliten zeigten sie sich unfähig die Nicht-Eliten-Oppositionen
zu steuern:

"Das Ergebnis in Italien, Deutschland, Österreich, Spanien,
Japan und anderen Ländern war ein die Substanz angreifender
Wechsel der Inhaber von Elite-Positionen und eine durchgehende
Unterdrückung der egalitären Minderheit durch faschistische Regime
oder hart durchgreifende aber weniger ideologische populistische Diktaturen, die - mindestens zu Anfang - durch die anti-
egalitären Mehrheiten der Nicht-Eliten unterstützt wurden." (43)

Field und Higley meinen weiter, daß in den erst seit jüngerer
Zeit auf dem Niveau III befindlichen Gesellschaften ähnliche
Erscheinungen deshalb nicht auftreten werden, weil eine schnel-
lere Industrialisierung auf höherem technischen Niveau (als in
der ersten Hälfte dieses Jahrhunderts) die Anzahl der Industriearbeiter schon gedrückt hat und sich Konflikte nun überhaupt auf einem höheren materiellen Niveau abspielen, während
diese Gesellschaften bereits das Niveau IV erreichen.
Erreicht haben das Niveau IV - nach Ansicht der Autoren (44/45)
- Großbritannien und die USA zwischen den beiden Weltkriegen,
also zwischen 1914/18 und 1939/45, wobei sich die unterschied-
lichsten Probleme durch die Kriege verschoben, während andere
Länder zwischen 1950 und 1970 (z.B. die [damalige] Bundesrepublik) dies Niveau realisierten.
Eine Übersicht zeigt Niveaus und vorwiegende Nicht-Eliten-Orientierungen und ihre Veränderung (45):

Niveau I   = vorwiegend egalitär
Niveau II   = vorwiegend egalitär
Niveau III   = egalitär 1/4; manageriell 1/4; unbestimmt 1/2
Niveau IV   = vorwiegend manageriell

Dazu die Autoren (45):

"Die Bedeutung dieser Veränderung liegt darin, daß sie die
wichtigsten politischen Maßnahmen während des Durchgangs durch
diese vier Niveaus begrenzen. Wirklich egalitäre Regierungen
sind möglich - obwohl selten - nur auf den Niveaus I und II. Die
Revolutionen, durch die sie gelegentlich zur Macht gelangen,

sei's auch nur für kurze Zeit, sind auf den Niveaus III und IV
unmöglich, wenn auch, wie in Kuba, egalitäre Fraktionen unter
der Maske von Reformern die Macht in einem organisierten Krieg
erringen können. Populistische konservative und faschistische
Regime mit breiter Unterstützung in der Bevölkerung kann es auf
den Niveaus I und II nicht geben, doch haben sie reale Chancen
auf dem Niveau III. Wenn regionale oder kulturelle intranationale
Konflikte das Bild verwischen, sind politische Konflikte auf
den Niveaus I, II und III harte Klassenkonflikte. Das ist jedoch
nicht mehr der Fall in den Niveau-IV-Gesellschaften wegen ihrer
alles durchdringenden bürokratischen Kultur, die die sozialen
Klassen einebnet und eher einen konfliktreichen Druck quer durch
die alten Klassengrenzen, zwischen Eliten, Insidern und Outsidern schafft."

Unterschiedliche Eliten auf gleichem Niveau

Bevor nun die möglichen Eliten-Typen mit den vier sozioökonomischen Niveaus und den Nicht-Eliten-Orientierungen konfrontiert
werden - immer mit dem Blick auf reale Geschichte -, sollen noch
zwei Fragen geklärt werden.
Zuerst: Oben wurde davon gesprochen, daß ein schneller Eliten-
wechsel "an die Substanz" gehen könne. Dazu ist zu sagen, daß
vielleicht sehr viele Menschen die intellektuellen und andere
Fähigkeiten hätten, politische Führungspositionen einzunehmen.
Aber in einer konkreten Gesellschaft gibt es "Eliten-Anwärter"
nur soviel, wie das Bildungs- und Qualifikationssystem zuläßt!
Wo wir auch hinsehen: auch und gerade Revolutionen "von unten"
her wurden angeführt von Gebildeteren, nicht selten Studenten
und/oder Juristen usw.; auch Spartakus, der den Aufstand leite-
te war das, was wir auch heute noch "Prinz" nennen würden - nur
eben ein gefangener. Und unter normalen Umständen erschöpft
sich die Anzahl derer unter Umständen schnell, die in der Lage
sind oder wären eine Führungsrolle einzunehmen. Daher konnten
und können auch faschistische oder überhaupt diktatorielle Regime die Anzahl derer dezimieren, die in der Lage wären eine
Opposition zu führen: Irgendwann kommt sozusagen der Eliten-
Nachschub "nicht nach", die Elitenreserve der tatsächlich vorhandenen Qualifizierten erschöpft sich. So hatte der National-

sozialismus die oppositionellen und teiloppositionellen Eliten durch Mord, Einkerkerung und Vertreibung so geschwächt, daß nach 1945 notgedrungen auch auf sehr alte Qualifizierte zurückgegriffen werden mußte oder auch auf alte managerielle NS-Elite.

Weiter ist der Begriff "manageriell" zu klären. Hierzu befindet sich auf S. 48 der hier besprochenen Arbeit eine klärende Fußnote:

"Wenn hier und im weiteren von 'bürokratisch-manageriell' gesprochen wird, und z.B. die Gesellschaften des Niveaus IV insgesamt so bezeichnet werden, dann ist der die gesamte Gesellschaft durchziehende Zug gemeint, nicht nur die bürokratische und/oder managerielle Entwicklung in der Wirtschaft. Um dem zustimmen zu können, muß man sich vergegenwärtigen, daß unendlich viele uns heute relativ harmlos (oder lästig) erscheinende Tätigkeiten des Ordnens, Übersicht-Schaffens, der 'Ausfertigung' von Formularen, des Informiertseins (was uns abverlangt wird), noch vor kurzer Zeit nur von Spezialisten, 'Bürokraten' hätte getan werden können, und daß viele unserer Tätigkeiten Fertigkeiten erfordern (wie das Lenken eines Autos, aber auch die Anforderung von Kundendienst für defekte Geräte, verbunden mit Telefonieren (!), Verhandlungen mit Behörden, Arzt, Reisebüro o.ä.), die früher teils nur Ingenieuren, teils 'Managern' zugesprochen worden wären. Schreibtisch, Ordner, Formularhefter, Telefon, Telefax sind nur Ausdruck dieser 'bürokratisch-manageriellen' Note unseres Alltagslebens, ganz zu schweigen von beruflichen Tätigkeiten auch in Klein- und besonders in Großbetrieben."

Zur Elitenfrage:

Field und Higley unterscheiden - wie zu Anfang angedeutet - vier Typen von Eliten, nachdem sie kleine egalitäre Gesellschaftsgruppen, meist religiöser Art und in Kolonien, ohne hierarchische Struktur ausgeschlossen haben, ebenso wie kleine Aristokratien auf Burgen, in Palästen, Scheichszelten o.ä., mit kleinen Stadtansammlungen darum herum und Dörfern, die ausgebeutet wurden oder tributpflichtigen Nomadenstämmen, was auf dasselbe hinauskommt, d.h. Aristokratien ohne größeren "Stab".

Die vier hier relevanten Elitentypen sind:

1. Die entzweiten Eliten
2. Die ideologisch geeinten Eliten
3. Die unvollständig vereinigten Eliten und
4. Die "Konsensus"-Eliten.

Da - wie schon zu Anfang gesagt - die Aristokratien auf dem Niveau I ausgeschlossen werden, betreffen die Überlegungen über Eliten, ihr Verhältnis untereinander und zu den Nicht-Eliten nur die Niveaus II, III und IV.

Entzweite Eliten kann es grundsätzlich auf allen Niveaus geben; ob ein solcher labiler Zustand sich auf dem Niveau IV halten kann, ist mangels Erfahrung noch nicht klar.

Ideologisch geeinte Eliten können sich auf den Niveaus II und III bilden; ihre Fortsetzung im Niveau IV steht nach den Ereignissen in den bereits hochindustrialisierten ehemals sozialistischen Staaten in Frage. Vermutlich verträgt sich der managerielle Gesamtzustand einer Gesellschaft nicht mit ideologischer Einheit (Field und Higley stellen diese Frage mit dem Blick auf die sozialistischen Staaten schon 1980!). Die religiöse ideologische Einheit bildet hier ein Sonderproblem. Sie bestand jeweils bei den streitenden Parteien - auch noch mit großen Problemen - z.B. im Dreißigjährigen Krieg (1618-1648) und im christlichen Europa gegen den Einbruchsversuch des Islam. Es ist nicht abzustreiten, daß eine ähnlich erscheinende Problemlage sich nochmals entwickelt oder bereits hinter den "Kulissen" entwickelt hat. Darauf nehmen aber die Autoren keinen Bezug.

Der nächst interessierende Typ ist der der unvollständig vereinigten Eliten. Hier handelt es sich in der Regel um Elitengruppen des Niveaus II, dann III, innerhalb derer die konservativere "Altelite" noch das Sagen hat, und eine neue, oppositionelle Elite ihrer Größe und Machtmöglichkeiten wegen zwar nicht übersehen werden kann, sie wird aber von der Altelite nach Möglichkeit vorerst noch von direkten Machtbeteiligungen ferngehalten, z.B. durch "Abspeisung" mit zweitrangigen Positionen resp. bei bereits direkter Machtbeteiligung, mit Ministerien der zweiten Ordnung.

Der uns - s. das folgende Kapitel - am meisten interessierende Typ ist der der "Konsensus-Eliten". Während die unvollständig geeinten Eliten-Konfigurationen meist durch die Wahlmehrheit einer anti-egalitären Elite-Fraktion zustandekommen, wie in Italien und Japan in den 50er Jahren, in Frankreich in den 60er Jahren, in der Bundesrepublik in den 50er Jahren mit der absoluten Mehrheit der CDU "unter" Adenauer, werden Konsensus-Eliten geschaffen durch vermittelnde Verhandlungen, wie in England bereits 1688/89, in Schweden 1809, in Mexiko 1933. Dieser Prozeß vollzog sich in der Bundesrepublik in derjenigen Zeit - also den 60er Jahren - als die SPD ihrerseits "etwas nach rechts" rückte und zur "Volkspartei" wurde, während die CDU ihre absolute Mehrheit verlor, zugleich aber auch wieder (wie direkt nach 1945!) sich mehr zur Mitte, d.h. "nach links" öffnete.

Nach der - auch grafischen (S. 56) - Darstellung dieser vier Eliten-Typen in unterschiedlichen Konstellationen und Niveaus, wenden sich die Autoren von da ab ausschließlich der Frage zu, wie der Friedenszustand zwischen den Eliten, d.h. Konsensus-Eliten, auf dem Niveau IV aufrechtzuerhalten ist. Daher behandeln sie zuerst die Nicht-Eliten-Orientierungen auf dem Niveau IV, mit dem Problem, das durch Arbeitslosigkeit sich stellt: Dem Verhältnis zwischen "Insidern" und "Outsidern" sowie zwischen "Eliten" und "Insidern" (57):

"Nach einer kurzen Anfangsperiode der Selbstzufriedenheit der Eliten und der Beschäftigung der Nichteliten mit dem sich ausbreitenden Reichtum an materiellen Gütern beginnen sich Konflikte bemerkbar zu machen, die sowohl warnende Vorzeichen sind, als sich auch sofort als schwer steuerbar erweisen. Zuerst ist das der 'Insider-Outsider'-Konflikt. Er entsteht, weil fortgeschrittene Technologie die Notwendigkeit aufhebt, durch Einsatz menschlicher Arbeit ständig den größten Teil der Nicht-Eliten beschäftigt zu halten. Zunehmend wird die Produktion materieller Güter durch menschliche Arbeitskraft statt durch Maschinen behindert: Der Mensch hemmt den Einsatz von Automaten. Lebensmittel, Kleidung und die meisten materiellen Güter werden im Überfluß, d.h. in größeren Mengen produziert als es die Bedürfnisse und Wünsche eines Großteils der Bevölkerung erfordern, während Minderheiten Arbeitsloser oder Unterbeschäftigter (z.B.

Kurzarbeiter) mit geringem verfügbaren Einkommen weiterhin in
relativer Armut leben. Und insgesamt wird die Nachfrage nach
materiellen Gütern eher schwach und nur künstlich angeregt."
(58/59)

Dienstleistungen absorbieren einen Teil der freigesetzten Arbeitskräfte, dieser Prozeß hält aber nicht mit dem der Freisetzung Schritt.
Leidtragende sind insbesondere Frauen, Kinder und andere be-
nachteiligte Gruppen der Gesellschaft, d.h. Nichtelitenteile,
die keine "Lobby" haben.
Die daraus entstehenden materiellen, aber auch ideellen Konflikte könnten durch ein deutliches Entgegenkommen der - beschäftigten - Insider ermöglicht werden: Abgabe von bezahlter
Arbeitszeit (Jobsharing zu Gunsten Anderer) oder Verzicht auf
Teile des Einkommens. Hierzu sind Insider der bisherigen Erfahrung nach aber nicht zu bewegen, unterstützt von Gewerkschaften, die in der Regel mit solchen Vorschlägen weder Mitglieder
werben noch halten können.
Daher ist die Lage der noch immer im Grundkonsensus geeinten
Eliten extrem schwierig: Arbeit schaffen können sie gerade aus
denjenigen Gründen nicht, die zum Wohlstand der Gesellschaft
führten. Umverteilung mit negativen Folgen für die - nunmehr
äußerst sensiblen - Insider zugunsten der Outsider ist denkbar
unbeliebt. Zugleich - was ein an sich erwünschtes Resultat von
Demokratie ist - werden die Wünsche Aller auf politische Parti-
zipation außerhalb des Parteienapparates immer dringlicher, wobei
allerdings Jeder zuerst an sein eigenes Interesse denkt und das
"Gemeinwohl" (zu dem ja auch die Regelung der Outsider-Frage
gehören würde) übersieht oder - teils schon wieder ideologisch
- verdrängt.
Die Autoren beenden diesen für uns hier wichtigen Abschnitt
ihrer Arbeit mit Ausführungen über den Nutzen ihres Modells (60/
61):

"Einmal gibt unser Modell eine in sich stimmige Erklärung zumindest eines Schlüsselaspektes moderner Gesellschaften, der bisher keine allgemeine akzeptierbare oder schlüssige Erklärung
gefunden hat. Es ist die Stabilität von politischen Institutio-

nen, die einige moderne Gesellschaften eindeutig von allen anderen unterschieden hat. Gewalt, widerrechtliche Aneignung, Mord und in Endphasen auch Staatsstreiche waren in der großen Politik der meisten Gesellschaften der Vergangenheit, über die wir etwas wissen, üblich. Aber es hat dann einige wenige "republikanische" Regimes gegeben, wie Groß-Britannien nach 1689, die Vereinigten Staaten von ihrer Gründung an, und noch eine Handvoll anderer, in denen die Macht über lange Perioden auf friedliche Weise durch Wahlen oder andere institutionelle Mittel übertragen wurde und in denen die historisch bekannten Unwägbarkeiten keine ernsthaften Bedrohungen darstellten. Das oben ausgeführte Modell erklärt das durch die Betonung der Bedeutung insich-einiger oder zerstrittener Eliten und dadurch, daß gezeigt wird, inwiefern diese Erscheinungen nicht aus Veränderungen bei den Nicht-Eliten erklärbar sind.
Auf dieser Basis erklärt das Modell - weniger bestimmt, aber doch wie wir meinen überzeugend - verschiedene andere Züge von Politik in Nationalstaaten. Dies geschieht durch die Entwicklung der Nicht-Eliten-Orientierungen auf unterschiedlichen Entwicklungsniveaus - als Aktionsfelder für Eliten. Die Nicht-Eliten-Orientierungen, die diese Aktionsräume darstellen, müssen von den wenigen Inhabern strategischer Positionen, von denen aus wichtige politische Entscheidungen gefällt und durchgesetzt werden können, berücksichtigt werden, - teils durch Zustimmung, teils durch Ignorieren oder durch Kompromisse. Das Modell verweist darauf, daß die wichtigste Wahl in der Politik der modernen Gesellschaften die Wahl der Eliten ist, da die Nicht-Eliten-Orientierung beinahe fest gebunden ist an Grundbedingungen, d.h. die Arbeitsverhältnisse auf den vier Niveaus der Entwicklung.
In dieser Hinsicht und auch unter anderen Aspekten steht das von uns angenommene Modell grundsätzlich im Widerspruch zu utopischen Perspektiven, in denen behauptet wird, daß grundsätzlicher Wandel der menschlichen Natur sowie von Orientierungen und Werten durch rationalen Diskurs, Bildung oder entscheidend veränderte Sozialisationsprozesse übergreifender Art bewirkt werden könnte. In Begriffen einer Werttheorie erlaubt das Modell nur größere oder geringere Grade der Humanität und Großzügigkeit, in stärkerem oder geringerem Ausmaß verteilt auf die Bevölkerung. Und es sieht die größere Humanität und Großzügigkeit in der Hauptsache abhängig von dem erfolgreichen Management möglicher Konflikte unter Nicht-Eliten durch Eliten.
Wenn man akzeptiert, daß diese Begrenzungen durch die Realität bedingt sind, und nicht nur perverse Voreingenommenheiten der Autoren, dann vermag man mit dem differenzierter entwickelten Modell zu einem gesteigerten Verständnis der Politik vorzudringen, als es mit einem einseitig marxistischen Modell oder mit klassischen Elitenmodellen, mit unbestimmten demokratischen Modellen oder dem trivialen Wohlfahrtsstaats-Modell möglich wäre."

2.6.1   Anmerkungen

"Eliten und Liberalismus" hatte so gut wie keine Resonanz. Für
mich als Übersetzer und Herausgeber war das - ebenso wie für den
Verlag - ein nur schwer erklärliches Phänomen, da ich noch nie
in der sozialwissenschaftlichen Literatur auf so wenig Raum
derartig viel aufschlußreiche Informationen gelesen hatte, allerdings darunter auch harte Wahrheiten (über die hier - sie
bilden die zweite Hälfte des Buches - nicht berichtet wurde, die
man aber aus den Schlußworten ahnen kann).
Field und Higley - das wäre allerdings kritisch zu sagen -
erwähnen zwar das Aufkommen liberaler Ideen, sie vernachlässigen aber Ideengeschichte überhaupt, von der "protestantischen
oder calvinistischen Ethik" angefangen bis zum Wandel des Rechts-
denkens. Die auf Rechtsstaatlichkeit und die entsprechenden
Denk-Wandlungen sich berufende Demokratie tritt damit überhaupt
hinter den Gedanken daran zurück, wie Freiheit der Meinungsäu-
ßerung, der Bewegung und des Sich-Verhaltens auf höherem materiellen Niveau gesichert werden können. Diese Elemente einer
"freiheitlichen Demokratie" hängen aber eben mit dem Demokratie-
gedanken zusammen.
Es ist allerdings zu vermuten, daß das Elite-Thema soweit unter
Tabu ist, daß auch (oder gerade?) Soziologen sich nur ungern mit
ihm befassen. Angesichts des Gewichts dieses Problems ist dem
Interessierten nur schwer verständlich zu machen, daß die Elitenfrage nicht eine der Hauptfragen ist, denen sich das Interesse
der Fachleute zuwendet.

2.7   Dieter Claessens - Zusammenhang von kapitalistischer Ent-
wicklung, Stellenelastizität der Gesellschaft und demokratischer Kultur

"Kapitalismus und demokratische Kultur" (Suhrkamp, Ffm., 1992):
Diese Arbeit setzt bei den Fragen an: Wie kam es konkret zu
"Konsensus-Eliten", das heißt zum Konsensus zwischen ursprüng-

lich sich befehdenden Eliten? Was waren das für "Vereinbarungen", von denen Field und Higley in ihrer Übersicht über die Entwicklung von Niveaus, Nichteliten und Eliten sprechen? Was geschah wirklich im England des ausgehenden 17. Jahrhunderts? Was waren die Gründe?

Es wird versucht, diese Fragen durch Rückgriffe auf die Geschichtsschreibung, aber unter Einsatz mehrerer in der Soziologie nicht oder nur selten gebrauchten Theoreme zu beantworten. Die wichtigsten sind das Theorem vom "Elitenstau und Elitenvakuum" und eine ungewöhnliche Auslegung des Elitenbegriffes sowie die Betonung der Wichtigkeit einer "Stellenelastizität" der Gesellschaft für den Demokratisierungsprozeß.

Elitenstau meint einen gesellschaftlichen Zustand, in dem mehr Qualifizierte vorhanden sind als Positionen, deren Einnahme sie befriedigen würde. Entsprechend entwickelt sich ein Elitenvakuum, wenn weniger Qualifizierte als Stellenangebote vorhanden sind: Es gibt keinen "Stau", jeder findet seinen Platz oder hat sogar die Auswahl.

Unter "Elite" wird weiter - im Gegensatz zum üblichen Sprachgebrauch - der gesamte Personenkreis in einer Gesellschaft verstanden, der dazu tendiert Initiativen zu ergreifen - sei es auf politischem, auf geschäftlichem oder organisatorischem Gebiet - und der nach entsprechenden Positionen strebt, gleich, auf welchem Niveau der Gesellschaft sie angesiedelt sind: Dem Niveau des Kontors oder Büros, des kleinen Geschäfts oder Unternehmens, als Werkmeister "ohne den nichts läuft", als - auch niederer - Regierungs- (oder Kommunal-)Beamter mit Initiative und einer sie erlaubenden Position (z.B. Amtsrat als Amtsdirektor), Intendanten, Kapitäne, Redakteure und Herausgeber, Theaterleute, Finanziers, Ministeriale mit Einfluß und ähnliche, selbstverständlich auch Ärzte oder sonstige Wissenschaftler, die nicht nur vor sich hin werkeln, sondern etwas bewirken, in Bewegung setzen oder mindestens besonders tüchtig sind.

Und mit "Stellenelastizität einer Gesellschaft" ist der Anteil an attraktiven Positionen aller Ebenen und für alle Ansprüche

gemeint, den eine Gesellschaft anzubieten hat, und zwar als
System, in dem man wechseln kann.

Die Studie, die zu Anfang, entsprechend ihrer Vorgängerin, der
mit Karin Claessens verfaßten Arbeit: "Kapitalismus als Kultur"
(1973), didaktisch angelegt ist und zuerst den Begriff "Kultur"
zu erklären und zu klären versucht, führt mit dem Abschnitt:
"Das Erbe, das die bürgerliche Gesellschaft antrat" (34) zu
Verhältnissen zurück, die in den bisher behandelten Entwürfen
als "traditionale Gesellschaft" charakterisiert worden sind.
Das Schwergewicht liegt dabei darauf, klarzumachen, daß einerseits die damalige Wirklichkeit nicht Walt-Disney-Filmen ent-
sprungen war, sondern sehr harte Realität, und daß - hier liegt
das Hauptanliegen - dem mittelalterlichen Menschen Verhältnisse
und Umstände als "abstrakt" anmuten mußten, d.h. unbegreiflich
vielfältig und außerhalb seiner normalen Erlebniswelt, die uns
heute eher "kleinkariert" vorkommen würden, wie z.B. die mit
telalterliche Stadt, die meist Kleinstadt war, aber in ihrer
Ansammlung von Gebäuden bereits verwirrend.

Nach Abschnitten über "Macht" (orientiert an Elias' Begriff von
"gesellschaftlicher Stärke", s.o.) und über die geringe Konfliktfähigkeit von Bauern (43 ff.) werden die zwei unterstützenden
Faktoren genannt, die Macht als Verfügung über Arbeitskraft
stabilisieren: Rechtsvorteil und Chance der Berufung auf Gott,
mit Unterstützung der Geistlichkeit. Mit dem Abschnitt
"Organisationsprinzipien" nähert sich dieser erste, ältere Teil
der Arbeit der Kapitalismusfrage. Als erstes Organisationsprinzip wird Konsensus genannt, als zweites Arbeitsteilung,
dann hierarchische Herrschaft und Markt. Bevor aber die Stadt
mit dem sich vorschiebenden Organisationsfaktor "Geld" näher
analysiert wird, folgt eine Abhandlung über den Feudalismus als
"System der Vergangenheit" (51), in der die unterschiedlichen
Arten der Belehnung von Lehnsleuten beschrieben und der Mechanismus aufgezeigt wird, der den Feudalismus sich ausbreiten
läßt und ihn zugleich gefährdet, bis er sich selbst auflöst. Da
hierüber länger im Abschnitt "Feudalismus" (s. unten) berichtet
wird, soll hier darauf nicht näher eingegangen werden. Aller-

dings muß erwähnt werden, daß sich nun die ersten Ausführungen über "Kapitalismus" einschieben. (56) Das geschieht nicht nur zur Erklärung der sprachlichen Herkunft des Begriffes, sondern auch um den Abstand des adelig/fürstlichen Wirtschaftsdenkens vom Handels- und Gelddenken deutlich zu machen (mit direktem Bezug zu Norbert Elias' "Die höfische Gesellschaft"). Im Zusammenhang mit der Darstellung des sich einnistenden Gelddenkens wird die Verbindung von Monotheismus, Individualismus und Privateigentum in ihrer Entwicklung skizziert (61ff.) Dabei wird die Aufmerksamkeit des Lesers auf die Abspaltung des Protestantismus von der katholischen Kirche gelenkt. Die Ermöglichung des direkten Gespräches des einzelnen Menschen mit Gott, das heißt: das Zulassen ganz persönlicher Verantwortung, ohne Vermittler (Priester), und zugleich die Isolierung von der Gemeinde.

Mit den Themen: "Der Stadtbürger und die kapitalistischen Prinzipien" und "Die Rolle des Bürgers bei der Disziplinierung des Königs" (wobei der letztere Abschnitt sich besonders auf England und Frankreich bezieht) kommen nun die zentralen Themen ins Blickfeld: Machtverteilung, Machtbalance und das Geld. Zugleich wird verdeutlicht, wie für den sich informierenden und dann "aufgeklärten" König "Rationalität" ebenso notwendig wird - nämlich zur Planung, zusammen mit seinen "Ministerialen", den ersten Bürokraten -, wie für den sich am Geld orientierenden Bürger, der auch über "lange Handlungsketten" verfügen können muß (s. hierzu bei Elias). Insgesamt wird verdeutlicht, wie der König, der sich traditionell eigentlich auf den Adel zu stützen hat, im Bürgertum langsam einen Partner findet, der ein Gegengewicht gegen zu hohe Ansprüche des Adels bilden kann. Das leitet über zur Entstehungsgeschichte einer "bürgerlichen Gesellschaft" (74) mit den Unterabschnitten "Der Bürger vor dem Angriff auf den Adel" und "Bürgerlicher Ehrgeiz: Erschütterungen und Eruptionen - Worte und Taten" sowie den weiteren Unterabschnitten zu Ehrgeiz und Empathie, zu "Egalität" und "Gleichheit" und zu den möglichen Zielen eines jungen Bürgers im ausgehenden Mittelalter resp. der beginnenden Neuzeit, Ende des

17./Anfang des 18. Jahrhunderts (83ff.). Mit diesen Betrachtungen zweigt die Arbeit sozusagen von ihrer Vorgängerin von 1973
ab: Hier gerät nämlich das Ineinandergreifen von Erregung neuer
Berufswünsche durch eine prosperierende Wirtschaft, damit ent-
wickelter Ehrgeiz und das Angebot neuer interessanter Positionen (resp. Freiräume zur Entwicklung solcher Positionen und
zwar auf allen Ebenen) ins Blickfeld.

Nachdem zuerst noch einmal Bürger und sich entwickelnde Stadt
zur Analyse der zu dieser "Entwicklung" führenden Dynamik: Han-
del-Geld-Geldhandel vorgeführt werden, richtet sich der Blick
nun auf den jungen, ehrgeizigen Bürger (meist: Bürgersohn), der
als Zweit- oder noch später Geborener im väterlichen Geschäft
nicht mehr ohne weiteres Platz findet oder nicht den seinen
Ansprüchen genügenden: Was konnte ein junger Mann in dieser Zeit
"werden", wenn er nicht in die Fußstapfen des Vaters (und oft
auch noch des Großvaters) trat oder treten konnte?

Diese Frage hat einen doppelten Sinn. Zuerst ist sie ja in sich
interessant, denn selten wird oder wurde die Frage generell
gestellt, was junge Leute in einer bestimmten Periode machen
konnten, in der für sie kein traditioneller Platz (später:
Arbeitsplatz) sozusagen "vorrätig" war. Oft wurde von "Origina-
len" usw. gesprochen, aber ihr Lebensweg selten erforscht, eher
poetisch/prosaisch abgehandelt. Und noch Georg Simmel wundert
sich (in seiner "Allgemeinen Soziologie" und in der "Philosophie des Geldes", 1908 und 1900), daß erfahrungsgemäß jeder
Mensch letztendlich seine "Rolle" findet, in seiner, einer kapitalistischen Gesellschaft natürlich, was er aber nicht re-
flektiert.

Die Frage ist also interessant und ruft nach befriedigenden
Antworten besonders deshalb, weil nicht von vornherein selbstverständlich ist, daß Gesellschaften für ein derartiges Problem
Lösungen parat halten: Riesman weist z.B. daraufhin, daß in den
traditionalen Gesellschaften dies Problem teils durch die hohe
Sterberate von Kindern "gelöst" wurde, teils durch durchaus
rabiate Eingriffe, wie z.B. in China traditionsgemäß die Tötung
weiblicher Babies, die "zuviel geboren" waren. Und Elias ver-

weist darauf, daß die Kreuzzüge auch etwas damit zu tun hatten, daß "überschüssige" Söhne, denen kein Land mehr zustand oder für die effektiv nichts mehr da war, durch Beteiligung an derartigen Unternehmungen entweder erst einmal "außer Konkurrenz" waren oder - durch ihren Tod - die Lösung selbst erbrachten...
Eine für unsere Begriffe reguläre Lösung dieses "Überschuß-Problems" war also nicht ohne weiteres vorauszusetzen, außer daß "überschüssige" Frauen, aber auch Männer eventuell - das war eine Frage von Adel oder Geld - ins Kloster gehen konnten.
Warum wurden solche Auswege gesucht und gefunden? Für kleinere traditional lebende Bevölkerungen ist die Antwort einfach. Weil ein ungesteuertes Anwachsen der Bevölkerung das Rollengefüge der Gesellschaft gesprengt und damit ihre Kompensations-möglichkeiten überfordert hätte! Die "Stellenelastizität" kleiner Populationen ist gering; der Satz: "Für zwei ist kein Platz!" gilt hier in besonderem Maße.
Aber für größere traditionale Einheiten war - anscheinend über-all - das Problem doch auch soweit vorhanden, daß Behelfs-maßnahmen gefunden wurden, mit denen eine "Überflutung" der Gesellschaft mit sozial Heimatlosen verhindert wurde, d.h. auch diese Gesellschaften wehrten sich gegen zu starkes Anwachsen; und die Gründe für diese Abwehr müssen letztendlich dieselben gewesen sein, wie für kleinere Einheiten: Die Gesellschaften fürchteten alle einen Anspruchsstau, dem sie nicht gewachsen waren oder wären, und oft fürchteten sie direkt einen Eliten-stau, das heißt: Zuviel Anwärter auf begehrte Positionen.
Die Frage, was macht ein Ehrgeiziger, wenn er in seiner Gesell-schaft nicht den Platz findet, den er beansprucht, hat aber noch einen mindestens ebenso gewichtigen Sinn. Richtet sie nämlich das Augenmerk auf die höheren, einflußreicheren, mächtigeren und im Zweifelsfall auch besser mit materiellen Gütern ausge-statteten Schichten, dann ergibt sich - ohne daß die Dramatik der oben erwähnten "Lösungen" verkleinert werden soll - ein Bild, das uns aus Geschichte, Romanen, Theater und Massenmedien bekannt, das aber deshalb nicht falsch ist: Der Elitenstau vor dem Thron.

Die Arbeit beschäftigt sich - wie gesagt - zuerst mit den Möglichkeiten eines jungen Bürgerlichen der Vergangenheit, ein - wie wir heute sagen würden - "angemessenes Wirkungsfeld" zu finden, wenn zu Hause sich keine Möglichkeit bot oder aber eine solche abgelehnt wurde. (83) "Bürgerlich" heißt in unserem Sinne nichtadelig.
Nach Überlegungen zum Begriff "Ehrgeiz", der für Initiative, Unternehmenslust und -drang usw. eingesetzt wird, und Gedanken zum Begriff "Empathie" (84 f.), das heißt der historisch überhaupt nicht selbstverständlichen Fähigkeit eines Menschen, sich in einen anderen oder dessen Rolle, d.h. gesellschaftliche Position und Funktion, hineinzudenken folgt die Frage, wieviel Ehrgeizige und zur praktischen Entwicklung solchen Leistungsdranges Fähige es in einer Gesellschaft überhaupt geben mag. Die Antwort fällt kurz aus. Nach allen Erfahrungen kann der Anteil von nicht nur formal Qualitizierten sondern auch "gesellschaftlich Fähigen" zum "Ergreifen von Initiative" nicht sehr hoch angesetzt werden; es sieht so aus, als ob er eher unter als über 20% liegt, vermutlich sogar eher bei 5 bis 10 Prozent.
Dieser Anteil hängt selbstverständlich auch davon ab, wieviel Menschen in einer Gesellschaft die formale Qualifikation, d.h. die Chance zu besserer Ausbildung überhaupt bekommen. Der Anteil von 20% ist aber offenbar auch bei guten gesellschaftlichen Voraussetzungen nicht zu vergrößern. (85/86) Und damit solcher Ehrgeiz auch zugelassen werden kann, müssen in der betreffenden Gesellschaft nicht nur die Realisierungsmöglichkeiten vorhanden sein, sondern erst einmal das Problem der Empathie: Man muß überhaupt in der Lage sein, sich andere als traditionale Möglichkeiten vorstellen zu können. Daß das eher möglich ist, wenn die Gesellschaft sich nach außen öffnet, Kenntnisse von fremden Völkern und Kulturen sich ausbreiten, fremde Sitten und Bräuche wenn auch nicht vertrauter, so doch bekannter werden, versteht sich eigentlich von selbst. Zugleich muß aber damit auch ein gesellschaftliches Klima sich entwickelt haben, das nicht nur das Denken und Träumen, sondern auch das Reden, den Meinungsaus-

tausch über solche neue - wenn auch oft indirekte - Erfahrungen
zuläßt, d.h. nicht bestraft.

Insgesamt ist zu bedenken, daß in größeren Gesellschaften der
Anteil der "Vorwärtsstrebenden", sind sie nur erst einmal frei-
gesetzt, trotz relativ bescheidenem Ausmaß absolut einen erheblichen Umfang annehmen kann (86). Dabei sind Frauen noch nicht
mitgerechnet:

"Dem Ehrgeiz der Frauen waren noch viel engere Schranken gesetzt. Es durfte praktisch nur eine Frau von 'hohem Geblüt' oder
die eines sehr Reichen ehrgeizig sein. Der Ehrgeiz von starken
Frauen insgesamt wurde in der Regel unterdrückt; sie hatten
nicht ehrgeizig zu sein, ungeachtet aller denkbarer neuer Chancen, die sich den Männern eröffnen mochten." (85)

Nachdem dann die zu Anfang erwähnte Unterscheidung von "egalitär" und aufklärerischem Gleichheitsanspruch unterstrichen wird,
folgen Überlegungen über mögliche Ziele eines jüngeren Nicht-
adeligen in der Zeit des ausgehenden 17. Jahrhunderts und in der
Folgezeit, d.h. das Thema "Chancen überschüssiger Intelligenz"
wird konkretisiert. Das führt zu dem Ergebnis, daß die wirtschaftliche Expansion das nächstliegende Ziel sein mußte. Da
sie in England mit der gebietsmäßigen kolonialen Expansion vor-
bereitet war, wechselt die Darstellung und Analyse an dieser
Stelle - S. 97 - von allgemeinen Betrachtungen zur geschichtlichen Wirklichkeit: Der "englischen Variante".

Ein Licht darauf, wieweit sich in England die Vorläufer eines
modernen Parlamentes abzeichneten, als in Kontinental-Europa
noch nicht einmal die zum 30-jährigen Krieg (1618-48) führende
Abspaltung des Protestantismus vom Katholizismus territorial
vollendet war, gibt folgende illustrierende Fußnote (98):

"Die Geschichte des Unterhauses ist - nach der British Encyclopedia
- nicht ganz einfach zu rekonstruieren: Aus vorher bestehenden
Ratsversammlungen ergab sich unter Edward I. (1272-1307) eine
Fusion des 'Colloquiums', einem 'Meeting' des 'großen Rates'
aus geistlichen und nichtgeistlichen 'Magnaten' (zuständig für
allgemeine Angelegenheiten, besonders Steuern), und der 'Curia
Regis', dem königlichen Rat (King's Court), der kleiner war, aus
'Semiprofessional advisers', also wohl ehrenamtlichen Ratge-

bern, bestand und besonders rechtliche Probleme zu behandeln
hatte.
Im 14. Jahrhundert gab es dann Debatten zwischen weltlichen und
geistlichen Lords/Bischöfen in einer 'Kammer' (= House) und von
Rittern (niederem Adel) und Bürgern in einem anderen, so daß mit
dem 'Haus' des Königs (bestehend aus König und oben erwähntem
Rat) praktisch drei Kammern oder Häuser existierten. Diese Einrichtungen wurden dann zum 'Parlament', wobei der Königsrat
zurücktrat, d.h. allmählich nicht mehr ständig dabei war. Ebenfalls in der zweiten Hälfte des 13. Jahrhunderts sandten Städte
und Gemeinden Abgeordnete ins Parlament, die dort über Steuern
verhandelten und Petitionen resp. Klagen vorbrachten. Daraus
entwickelte sich das 'House of Commons' und spaltete sich im 14.
Jahrhundert (vermutlich 1327) vom 'House of Lords' (Oberhaus)
ab. Die 'Magna Charta' (1215) wurde von einem 'Reichsrat' aus
Bischöfen, Adel, überhaupt 'Großen'/Baronen (mit Gerichtsbarkeit), gegen mögliche Willkür des Königs, aber auch zum Schutz
der Mächtigen voreinander beschlossen".

Gerichts-"Parlamente" gab es wenig später auch in Frankreich,
doch in der Mitte des 17. Jahrhunderts, während einerseits noch
der 30jährige Krieg seinem Höhepunkt entgegentrieb und sich
dann Erschöpfung ausbreitete, entstand in Frankreich ein mächtiger Zentralstaat (unter Ludwig dem Vierzehnten), der zwar
"befriedete Räume" schaffte, aber in dem die an sich vorhandenen
Ansätze einer parlamentarischen Entwicklung nicht genutzt wurden: Die "Generalstände" wurden ja erst in der Vorstunde der
Revolution - nach 200 Jahren Pause - wieder einberufen: 1788.
In England tobten zwar in der Mitte des 17. Jahrhunderts ebenfalls heftige Kämpfe und es gibt Stimmen, die von einem wirtschaftlichen Niedergang sprechen - wie Toulmin z.B. (s. den
nächsten Abschnitt) behauptet. Ein Auf und Ab in jeder denkbaren
Dimension, die religiösen Streitigkeiten an erster Stelle, ist
auch nicht zu bestreiten. Aber die Enthauptung Karl's des Ersten
(1649) nach seiner Verurteilung durch das "Rumpfparlament" geschieht 144 Jahre vor der Enthauptung Ludwig des Sechzehnten in
Frankreich - eine vielsagende Distanz, die man sich später
eigentlich nie richtig bewußt gemacht hat.

"Es folgte die Zeit des sogenannten 'langen Parlamentes' mit
Kämpfen des Heeres gegen die Macht des Parlamentes, dem Wieder-
aufleben des Königtums (Karl II., 1160-85); aber nach der Durchsetzung der 'Habeas corpus-Akte' 1679 zum Schutze der persönlichen Freiheit englischer Staatsbürger gegen jede Willkür bei

der Verhaftung, setzte sich mit der 'Glorious revolution' 1689 die Linie der Emanzipation, des Fortschrittes, des Freisinns und des Widerstandes gegen jede Verletzung der Gesetze durch. Das Parlament konstituierte sich endgültig als nicht mehr wegzudenkende Realität im politischen (und wirtschaftlichen) Leben Englands mit den beiden großen Parteiungen der Tories und Whigs. Die Tories hatten ursprünglich den katholischen Widerstand, die Partei des Hofes und des passiven Gehorsams vertreten; die Whigs (ursprünglich von schottischen 'covenants', Bünden von Gemeindeältesten gegen den liturgischen Katholizismus, stammend) waren die Partei des Widerstandes. Später entstand aus ihnen die konservative und die liberale Partei. Die ursprünglich monarchische Gesinnung beider verblaßte im Laufe der Zeit zu einer Haltung der Duldung des immer mehr nur noch repräsentativen Königtums. Damit gab es ein 'parlamentarisches Königtum'; bürgerlicher Ehrgeiz hatte die Gleichstellung gegenüber dem Adel erreicht, und mit der expandierenden Wirtschaft wuchs die Gestalt des 'Bourgeois', des erfolgreichen Bürgers, dessen Einstellung egalitär war innerhalb seines Standes und im Hinblick auf den Adel, antiegalitär in seiner Leistungsbezogenheit und nach unten.
Der Entwicklung auf dem Kontinent vorgreifend, hatten sich in England die Eliten im Hinblick auf bestimmte Ziele geeinigt; sie waren Vorläufer der späteren 'Konsensus-Eliten', über die noch zu reden sein wird. Das heißt, die englische Verfassung näherte sich einem Zustand, in dem - nach immer noch blutigem Auf und Ab und heftigsten, auch gewalttätigen Auseinandersetzungen - die bürgerlich-adeligen, dann im Grund nur noch bürgerlichen Eliten imstande sein sollten, die Macht zu übernehmen und einen Macht- und Regierungswechsel unter sich ohne Blutvergießen, nach festgelegten Regeln durchzuführen. Das aber ist das grundlegende Kennzeichen von Demokratie!" (100)

Während in England die Kämpfe zur religiösen Beruhigung des Landes fortgehen und um die Form und Zusammensetzung des Parlamentes sowie das Verhältnis zu "Oberhaus" und König gerungen wird, entwickelt in Frankreich Jean-Jacques R o u s s e a u (1712-1778) erst 100 Jahre später seine Ideen zur "Volonté de tous" (dem "Willen aller") und zur "Volonté générale" (dem Allgemeinwillen oder höheren Willen), die dem Parlamentarismus nicht helfen werden, aber später jede Minderheitendiktatur rechtfertigen können.

Die hier behandelte Arbeit verliert sich nicht an diesen Fragen, sondern sucht die Durchsetzung der kapitalistischen Prinzipien abzuleiten.

Hier geraten zuerst (105) die "Leveller" und der "Besitzindividualismus" ins Blickfeld, wobei auf M a c P h e r s o n ,

"Die politische Theorie des Besitzindividualismus" (Ffm., 1973)
Bezug genommen wird. Der "Kernsatz" dieser oft als kommuni-
stisch oder sozialistisch abgestempelten "Gleichmacher" lautet:

"Das eigentlich Menschliche eines Individuums ist seine Unabhängigkeit vom Willen anderer Personen, seine Freiheit, sich an
der eigenen Person zu erfreuen und seine eigenen Fähigkeiten zu
entfalten. Die eigene Person ist Eigentum nicht im übertragenen
Sinn, sondern wesenhaft (d.h. von Gott gewollt); das Eigentum,
das man an ihr hat, besteht in dem Recht, andere von ihrem
Gebrauch und Genuß auszuschließen. Das Eigentum an der eigenen
Arbeitskraft ... ist Eigentum im materiellen Sinne, denn es ist
die Erhaltung des Eigentums an der Arbeitskraft, und die Bedingung seiner Erhaltung ist der Besitz materiellen Eigentums" -
nämlich mindestens Werkstatt und Werkzeuge. (108)

Aus diesen Fundamentalsätzen - die in der Arbeit - nach MacPherson -
in sieben Grundsätzen entfaltet werden (109/110) - kann man
leicht ableiten, daß sich die Leveller zwar einerseits gegen die
"Habenichtse" absetzen, daß sie aber ihren Hauptfeind dort sehen, wo Arbeitskraft, und das heißt auch "Persönlichkeit", gekauft werden, wo der Mensch seines Eigentums an sich selbst
beraubt wird. Das heißt: Sie wendeten sich zugleich gegen die zu
ihrer Zeit schon sehr Reichen; damit waren sie die ersten Vertreter eines selbstbewußten bürgerlichen Mittelstandes mit seiner ihm spezifischen Ideologie als "Zweifrontenschicht". Zugleich bildet ihre Auffassung die Grundlage des neuen
Organisationsprinzips, des Marktes, denn die Beziehungen zwischen freien Individuen (d.h. ohne traditionelle Bindungen)
können nur Marktbeziehungen sein (110). Der "Markt" als Befreiung von Zwang und Bevormundung (wobei Frauen selbstverständlich
weitgehend ausgeschlossen sind) wird Mittel zur Realisierung
der neuen Freiheiten größerer Menschengruppen, vom freien Hei-
ratsmarkt bis zur freien politischen Betätigung der "freien"
Bürger, d.h. derjenigen Bürger, die wenigstens über einen Minimal-
besitz verfügen und insofern unabhängig sind und nicht etwa
einen Teil ihrer Persönlichkeit als Arbeitskraft "veräußert"
haben. (Daß die rigorose Fortführung dieser Freiheitsidee schließlich auch die vorerst ausgeschlossenen Menschen erreichen muß,
wird angemerkt (111).)

Nach längeren Ausführungen über Markt, technische Entwicklungen und Machtverschiebungen zwischen Adel und Bürgertum (wobei behilflich ist, daß in England nur der älteste Sohn den Adelstitel übernahm, während eventuelle andere Kinder in eine Art Pseudo-Bürgerlichkeit zurücktraten!) wird dann im Kapitel "Konsensus-Eliten: Chance zu unblutigem Machtwechsel und Demokratie" (143) das Grundthema angegangen: Die Frage, wie es zu "Konsensus" zwischen vorher befeindeten Parteien kommen konnte. Der entscheidende Absatz ist der folgende (148 f.):

"In früheren, ärmeren Gesellschaften waren Macht, Einfluß, Ansehen und Reichtum bei den Eliten versammelt, dem Adel, Hochadel, den Fürsten (genauso den Scheichen und Sultanen), den Königen und Kaisern, also dort, wo 'regiert' wurde. Wollte man etwas von dieser Macht, vom vorhandenen Reichtum, dann mußte man nicht nur kriegerisch angreifen, sondern auch die Regierenden 'stürzen', d.h. real: töten, vertreiben, einkerkern. Anders war Machtwechsel nicht möglich - und so wird noch heute in ärmeren Gesellschaften verfahren...
Steigender Wohlstand bedeutet nicht nur ein allgemeines Anheben des materiellen Niveaus einer Gesellschaft, sondern auch eine breitere Verteilung von Reichtum, Einfluß, Ansehen und letztendlich Macht. Man kann auch sagen, daß in einer sich wirtschaftlich schnell entwickelnden Gesellschaft die Anzahl der Positionen wächst, auf denen Ehrgeizige, Initiative Entwickelnde, zufrieden werden können. Damit verteilt sich aber auch die vorher bei den 'Regierungsstellen' konzentrierte Macht. Im Hinblick auf das Funktionieren des 'Marktes' als neuem Organisationsmechanismus hatte Adam Smith (1723-1790) von der 'unsichtbaren Hand' ('invisible hand') gesprochen, die das Marktgeschehen über Angebot und Nachfrage, d.h. also auch im Hinblick auf optimale, motivierende erträgliche Preise leite. Man könnte sagen, daß die 'invisible hand' auch zu einer neuen Machtverteilung mit einem völlig neuen sozialen Klima führte: Die neuen interessanten, gewinnbringenden, ansehenfördernden und einflußreichen Stellungen im wachsenden Kapitalismus ließen die Bedeutung der zentralen Gewalt zurücktreten; um zu Reichtum und Einfluß zu kommen, brauchte man nicht mehr in der Regierung zu sein. Man brauchte die Regierung und ihre 'Organe' noch, um eigene (Gruppen-)Interessen zu verteidigen oder durchzusetzen, aber der Kampf um diese Positionen war entschärft. Vorher verfeindete Eliten, jetzt: Initiativgruppen, konnten sich über Regeln verständigen, nach denen Regierungspositionen zu besetzen waren. Der Boden für Konsensus-Eliten wurde geschaffen. Das war der erste, in der englischen Entwicklung vorbereitete 'historische Kompromiß' auf der Basis des sich entwickelnden Kapitalismus, und damit war die Möglichkeit zur Entwicklung von Demokratie gegeben. (Schon vorher war auf P o p p e r verwiesen worden, der unblutigen Machtwechsel als Hauptcharakteristikum

von "Demokratie" bezeichnet hatte). Unblutiger Machtwechsel auf
parlamentarischer Basis, Meinungsfreiheit, Bewegungsfreiheit und
eine neue Rechtlichkeit waren die Bestandteile der sich dann
mehr und mehr durchsetzenden Einigung auf ein "unparteiisches
Konfliktlösungsverfahren" (s. Weyma L ü b b e , Legitimität
kraft Legalität, 1991)."

Das Fazit dieses Abschnittes (149/150):

"Nicht nur Menschen mit politischem Ehrgeiz, die im Machtkampf
gescheitert waren, konnten sich in ihren sie auffangenden, bürgerlichen Positionen überlegen, ob sie erneut 'antreten' wollten oder nicht; alle Menschen aus den verschiedensten Schichten
konnten versuchen, in einem durchlässiger gewordenen gesellschaftlichen System zur Geltung zu kommen, ohne befürchten zu
müssen, andere Nachteile zu erleiden als rein wirtschaftliche."

Nach Betrachtungen über "Kapitalistische Dynamik" (151), die
Ingredienzien "demokratischer Kultur" und "flankierende Kräfte
der Verflechtung von Kapitalismus und Demokratie" im 19. Jahrhundert, mit phänomenologischen Analysen von Familie, Freund-
schaft, Wissenschaft, Staat, Presse und Literatur, der Hausfrauen-
tätigkeit, der Beamten und Akademiker und weiterer Gruppen von
Profitierenden (die vom Bauernhof kommenden, traditionell kon-
servativ-antiegalitär eingestellten "Dienstmädchen" nicht zu
vergessen) und nach teils ironischen Abschnitten über den "ge-
mütlichen deutschen Kapitalismus und die unterentwickelte Demokratie" in Deutschland, folgt dann eines der Abschlußkapitel
zum "Wachsen der Demokratie durch Kriege und Katastrophen hindurch" (245), in dem nun noch einmal - in einem sehr kurzen
Streifzug - die die Arbeit leitende Perspektive zur Geltung
kommt: Die durch "Elitenstau" hervorgerufene Problematik in
unterschiedlichen historischen Situationen unterschiedlicher
Länder, die durch Entwicklung des Bildungssystems in reicher
werdenden Gesellschaften sich verbreiternden Ansprüche von immer mehr Menschen "ans System", die Gefährdung von Demokratie in
einem Kapitalismus, der sie zwar ermöglicht und zugelassen hatte, aber nicht unbedingt braucht.
Hier, z.B. im Abschnitt über "Strömungen - Die Arbeiterbewe-
gung" (245) wird unter anderem auch der Hinweis von Field und

Higley einbezogen, daß etwa um 1890 für eine radikal-egalitär eingestellte Gruppe, Schicht oder Klasse in der Gesellschaft keine Chance mehr bestand, legal zur Macht zu kommen (248). Zu derartigen Bemühungen heißt es abschließend:

"Wir erleben also Richtungskämpfe unter intellektuellen Arbeiterführern (und zunehmend dann auch Arbeiterinnenführerinnen), in denen neben einem meist glaubhaften Gerechtigkeitsstreben zweierlei deutlich wird: der Ehrgeiz, in die Positionskämpfe der sich entwickelnden kapitalistisch-industriellen Gesellschaft (in Deutschland) einzutreten, und die Nutzung ihrer demokratischen Entwicklung, zu der man teils beitrug, die aber zunächst einmal im eigenen Interesse beansprucht wurde." (248)

Eine Mehrheit für eine egalitär eingestellte Arbeiterpartei war in dieser Zeit - vor dem Ersten Weltkrieg 1914-1918 - von der Sozialstruktur der Bevölkerung her nicht mehr möglich.
Unter "Strömungen" wird weiter die Geschichte der sogenannten westlichen Gesellschaften abgehandelt, in großer Kürze, weil es hier nur darauf ankommt, darauf hinzuweisen wie Umstände, die den Leistungswilligen Chancen öffneten - das Paradebeispiel sind die Vereinigten Staaten von Amerika - nicht nur dem Kapitalismus neue Impulse gaben, sondern auch Demokratie ermöglichten und förderten.
Nach einem Abschnitt zur Entwicklung der Technik und ihrer Beziehung zu Kapitalismus und - indirekt - Demokratie - werden die erste Großkrise (256) des gesamten neuen Systems behandelt, und damit auch die in den westlichen Ländern sich nun voll auswirkenden Ungleichzeitigkeiten. Entsprechend wird - nach Abhaken der ersten Nachkriegszeit, einschließlich des Nationalsozialismus - auf die Geschichte des Sowjetsystems eingegangen.
Dabei wird nochmals deutlich, wo das Schwergewicht der Studie liegt: Bei der Frage nach dem Zusammenhang zwischen kapitalistischer Entwicklung, entstehender "Stellenelastizität des gesellschaftlichen Systems" und Chance zur Demokratisierung.
Nach zusammenfassender Darstellung der Probleme und Schwierigkeiten des neuen Sowjetstaates, der die alten (und unterdessen im Westen irrealen) egalitären Hoffnungen verwirklichbar machen

sollte, das aber von Anfang an wegen bestimmter Mängel (s.S. 265 ff.) nicht konnte, wird zuletzt auf den Auflösungsprozeß ab Mitte der 80er Jahre dieses Jahrhunderts eingegangen. (267):

"Das Zusammenwirken der erwähnten Faktoren, Mißstände und Prozesse war sicher geeignet, die Sowjetunion im Inneren ständig wieder zurückzuwerfen, mögliche Entwicklungen zu verlangsamen und hätte vielleicht nach längerer Zeit ebenfalls zu ihrem Zusammenbruch geführt.
Hier soll aber mehr auf die uns unterdessen bekannte 'Mechanik' verwiesen werden, die vermutlich für den schnellen und in dieser Form unerwarteten Auflösungsprozeß der UdSSR verantwortlich war.
Die Sowjetunion und die ihr nachfolgenden 'Satellitenstaaten' hatten in ihrem unbeweglichen bürokratischen (Mißtrauens-)System sowieso nur sehr begrenzte Aufstiegsmöglichkeiten für Ehrgeizige und/oder 'nach Taten dürstende' junge Menschen. Diese führten praktisch ausschließlich durch das Nadelöhr der Parteizugehörigkeit. Durch 'Zurückstellung' (Gulag) oder Vernichtung aller Oppositioneller (d.h. Veränderungswilliger) konnte ein Eliten-Stau auf allen Ebenen verhindert werden, und dadurch herrschte überall ein niedriges Mittelmaß: Parteitreue war unschwer vorzutäuschen.
Aber mit dem langsamen wirtschaftlichen Aufstieg und unter dem ideologischen Druck, allen Menschen eine gute Bildung und Ausbildung verschaffen zu müssen, verbesserte sich das Bildungssystem. Damit ergab sich das folgende - sehr schematisierte - Bild: In der ersten Generation stammte praktisch jeder - einige Intellektuelle ausgenommen - vom Bauernhof, war im besten Fall tüchtig und ungebildet. In der nächsten Generation schoben sich bereits Kinder von Funktionären vor, die nicht eben auch automatisch herausragend intelligent waren. Aber zu Hause standen nun die Nachschlagewerke; Rundfunk und dann Fernsehen erweiterten den Horizont; Ehrgeiz konnte man auch hier unterstellen, allerdings noch häufig mit Inkompetenz gepaart. In der dritten Generation - und mit der Öffnung der Sowjetunion nach Westen (sowie, was meist vergessen wird, auch nach Osten in Richtung Chinas, aber auch Japans!) - entwickelte sich nun endlich eine hohe Qualifikation; diese Generation war voller Wißbegier, mit viel mehr Kenntnissen über Zustände außerhalb der SU und viel tiefergehendem Wissen über die Mängel des Systems.
Diese Generation war es wohl, aus der Gestalten wie Gorbatschow hervorgegangen sind.
Wenn man nun nach den Gründen für die Auflösung der SU fragt, muß das Vorhandensein dieser neuen, kompetenten und ehrgeizigen Generation konfrontiert werden mit dem (bis in die untersten Ränge!) starren Gefüge der sowjetischen Führungsschicht, mit der Unelastizität der sowjetischen 'Nomenklatura'! Hier saß auf jedem auch nur halbwegs interessanten einträglichen Posten ein 'bewährter Genosse' oder eine 'bewährte Genossin'. Hätte man einen 'Außenseiter' ins System einlassen wollen, hätte man diese von ihren Posten entfernen müssen; aber wohin mit ihnen? Und mit welcher Begründung?

Hier waren die Bedingungen für einen gewaltigen Eliten-Stau
'ideal' gegeben; und daher kam es, als die Situation reif war,
zu einer Art Explosion, symbolisiert durch die Worte 'Glasnost'
und 'Perestroika'. Wir gehen noch weiter: Da insbesondere die
Perestroika, der Umbau der Gesellschaft, auf sich warten ließ,
drängten die lokalen Eliten weiter nach vorn; und das ist der
Anfang jener Prozesse, die wir unterdessen unter dem Begriff
'Regionalisierung' registrieren: Das Selbständigwerden von Re-
gionen, in denen nun die lokalen Eliten völlig neue Positionen
ansteuern können und sie meist - in der Vorbereitung der Ablösung - schon besetzen." (267/268)

Und zu Polen heißt es (268):
"Hätte die Nomenklatura des kommunistischen Polens die Möglichkeit gehabt, hundert ehrgeizige Arbeiterführer in wichtigen
Positionen unterzubringen, wäre die Entwicklung völlig anders
verlaufen. Aber diese Überlegung ist müßig: Kommunistische Systeme, die 'nach oben' konzentriert sind, haben eine solche
Stellenelastizität nicht!".

Entsprechend wird die Nachkriegssituation (nach 1945) in dem

westlichen Restdeutschland charakterisiert (270):

"Die industriellen Strukturen des sich nun zusammenfindenden
Westdeutschlands waren weit besser erhalten, als selbst die
Alliierten gedacht hatten; es war doch einiges mehr gerettet
worden, als die Deutschen selbst glauben wollten. Ein viel
ärgeres Handicap als die Zerstörung von Industrieanlagen (die
modernisiert aufgebaut viel leistungsfähiger wurden als die der
ehemaligen Feinde...) war das Mißverhältnis zwischen dem mit
der raschen Rekonstruktion der alten Verhältnisse ebenso schnell
wieder vorhandene Bedarf an qualifizierten Kräften und dem ge-
lichteten Angebot an qualifizierter Elite. Das Stellenangebot
war auf allen Ebenen größer als das Angebot an Fachkräften.Mit
anderen Worten: Es war ein Eliten-Vakuum vorhanden. Folge davon
war die unvermeidliche Mischung von übriggebliebenem Mittelmaß
(von Männern!) und aus ehemaligen Nazis, die nun als Fachleute
gebraucht wurden. Das damit entstandene Klima verhinderte sowohl eine kritische Auseinandersetzung mit der Vergangenheit
als auch die Entwicklung kühner Zukunftskonzeptionen. Aber dieses Eliten-Vakuum, in dem jeder Gewitzte ohne große Kämpfe einen
guten Platz finden konnte, erbrachte innenpolitische Ruhe. Ehrgeizige und Qualifizierte brauchten nicht um Posten zu konkurrieren, die Stellen waren da. Das erleichterte den deutschen
'historischen Kompromiß' zwischen den politischen Parteiungen
ungemein, das heißt, die Situation war der Installation parlamentarischer Verfassung und demokratischer Kultur an sich günstig."

Im Endabschnitt "Wiederdeutschland - Abschluß und Aussichten"
(275) wird dann nochmals betont, daß Demokratie - als eine
abhängige Größe - an strukturelle Vorbedingungen gebunden ist,
die nicht in jeder Entwicklungsphase des Kapitalismus vorhanden
sein müssen. Als wichtigste strukturelle Bedingung wird ein
Verhältnis zwischen dem gesellschaftlichen Gesamtangebot an
attraktiven "Stellen" (auf allen Ebenen) und dem nachdrängenden
Nachwuchs angesehen, das einen Eliten-Stau und damit soziale
Unruhe in großem Stil verhindert.

2.7.1   Anmerkungen

Das Anliegen dieser Arbeit ist es, in die phänomenologische
Darstellung kapitalistischer Subkulturen eine Darstellung der
sich entwickelnden "Stellenelastizität" der Gesellschaft einzu-
fügen, die letztendlich Demokratie ermöglicht. Diese Stellenelastizität der Gesellschaft bleibt Leitthema der Studie.
Das Buch kann leicht insofern als "reduktionistisch" bezeichnet
werden, da das treibende Element der kapitalistischen Entwicklung im "Ehrgeiz", einem neuen Leistungsstreben, gesehen wird
(ein Moment, das, wie wir gesehen haben, in "Demokratie" befriedigt werden kann), was aber für Soziologen ein fast ebenso
gravierender "Schritt vom Wege" ist, wie das Festmachen von
Sozialgeschichte an einzelnen "herausragenden" Persönlichkeiten. Daß ein durch historisch einmalige Situationen eingeleite-
ter Kapitalismus dann diese Leistungskomponente selbst stärkt,
die mit dem Begriff "Ehrgeiz angesprochen wird, ist von David C.
M c C l e l l a n d in: Die Leistungsgesellschaft", Kollhammer,
Stuttgart-Berlin-Köln-Mainz, 1966 schon ausgeführt worden (s.
dazu auch Günter H a r t f i e l , Das Leistungsprinzip, Leske,
Opladen, 1977). Ein Mangel ist, daß die kurze phänomenologische
Schilderung des Staates nur mit Blick auf das 18./19. Jahrhundert geschieht, aber die moderne Staatsproblematik nur indirekt

berührt wird, wie überhaupt die Abhandlungen gegen Ende zu kurz werden, von vielleicht unnötigen ironischen Formulierungen ganz zu schweigen. Und dann liegt nahe zu bemängeln, daß über eine kurze Anmerkung hinaus nicht der mit Jürgen H a b e r m a s gesetzte Impuls seiner Arbeit "Strukturwandel der Öffentlichkeit - Untersuchungen zu einer Kategorie der bürgerlichen Gesellschaft" (Hermann Luchterhand Verlag, Neuwied, 1962) aufgenommen und verarbeitet wurde. Daher hier ein gesonderter Abschnitt zu diesem vielbeachteten Buch.

2.7.2   Jürgen Habermas

In "Strukturwandel der Öffentlichkeit", Neuwied, 1962 finden sich eine Definition von "Öffentlichkeit" und zugleich Andeutungen zur Tendenz der Arbeit auf Seite 16. Nach einer Skizze zum Modell der hellenischen Öffentlichkeit heißt es:

"Nicht die gesellschaftliche Formation, die ihm zugrundeliegt, sondern das ideologische Muster selbst hat seine Kontinuität, eben eine geistesgeschichtliche, über die Jahrhunderte bewahrt. Zunächst sind, durch das Mittelalter hindurch, die Kategorien des Öffentlichen und des Privaten in den Definitionen des römischen Rechts, ist die Öffentlichkeit als res publica tradiert worden. Eine rechtstechnisch wirksame Anwendung finden sie freilich erst wieder mit der Entstehung des modernen Staates und jener, von ihm getrennten Sphäre der bürgerlichen Gesellschaft. Sie dienen dem politischen Selbstverständnis ebenso wie der rechtlichen Institutionalisierung einer im spezifischen Sinn bürgerlichen Öffentlichkeit. Inzwischen sind deren gesellschaftliche Grundlagen, seit etwa einem Jahrhundert, allerdings wieder in Auflösung begriffen; Tendenzen des Zerfalls der Öffentlichkeit sind unverkennbar: während sich ihre Sphäre immer großartiger erweitert, wird ihre Funktion immer kraftloser. Gleichwohl ist Öffentlichkeit nach wie vor ein Organisationsprinzip unserer politischen Ordnung. Sie ist offenbar mehr und anderes als ein Fetzen liberaler Ideologie, den die soziale Demokratie unbeschadet abstreifen könnte. Wenn es gelingt, den Komplex, den wir heute, konfus genug, unter dem Titel 'Öffentlichkeit' subsummieren, in seinen Strukturen historisch zu verstehen, dürfen wir deshalb hoffen, über eine soziologische Klärung des Begriffs hinaus, unsere eigene Gesellschaft von einer ihrer zentralen Kategorien her systematisch in den Griff zu bekommen."

Nach Abschnitten zur "repräsentativen" (d.h. Herrschafts-) Öffentlichkeit geht H. zur "Genese der bürgerlichen Öffentlichkeit" (26) über, die er - zuerst noch von den alten Ordnungen absorbiert - mit dem von Oberitalien aus schon früh ausstrahlenden Finanz- und Handelskapitalismus ansetzt, der dann in den Niederlanden und den größeren Messestädten "Elemente der neuen Gesellschaftsordnung" (26) entstehen läßt. 1531 wird Antwerpen zur ständigen Messe. Aber erst mit der Institutionalisierung entwickelterer Kommunikationssysteme wie der Post, beginnt die Ära einer "publizistisch bestimmten Öffentlichkeit" (28). Sie kontrastiert zur "öffentlichen Gewalt", d.h. ständiger Verwaltung und stehendem Heer. (30) Damit konstituiert sich die bürgerliche Gesellschaft als Pendant zur Obrigkeit. Diese - neue - Öffentlichkeit der bürgerlichen Gesellschaft hat auf der anderen Seite ihr Pendant in der "Privatsphäre" (32). Ab Anfang des 17. Jahrhunderts beginnen dann "Staatszeitungen" (34) mit einer reaktiv auftretenden bürgerlichen Presse zu konkurrieren, die seit dem letzten Drittel des 17. Jahrhunderts (37) eine Art Inflation erlebte.

Habermas fügt hier, zu Beginn des Kapitels "Soziale Strukturen der Öffentlichkeit" (40), eine präzisierte Definition von "Öffentlichkeit" ein:

"Bürgerliche Öffentlichkeit läßt sich vorerst als die Sphäre der zum Publikum versammelten Privatleute begreifen; diese beanspruchen die obrigkeitlich reglementierte Öffentlichkeit alsbald gegen die öffentliche Gewalt selbst, um sich mit dieser über die allgemeinen Regeln des Verkehrs in der grundsätzlich privatisierten, aber öffentlich relevanten Sphäre des Warenverkehrs und der gesellschaftlichen Arbeit auseinanderzusetzen. Eigentümlich und geschichtlich ohne Vorbild ist das Medium dieser politischen Auseinandersetzung: Das öffentliche Räsonnement."

Zur Veranschaulichung schaltet Habermas (43) eine grafische Übersicht als "Grundriß der bürgerlichen Öffentlichkeit im 18. Jahrhundert" ein, und zwar als Schema sozialer Bereiche:

Privatbereich		Sphäre d.öff.Gewalt
Bürgerl. Ges. (Be- reich d. Warenver- kehrs u. d. ges. Arbeit)	politische Öffentlich- keit	Staat (Bereich d. "Polizei")
	literarische Öffentlichkeit	
Kleinfamilialer Binnenraum	(Kulturgüter- markt)	Hof (adelig-höfische Gesellschaft)
	Stadt	

Anfang des 18. Jahrhunderts gibt es in London schon über 3.000
Kaffeehäuser: Symbole des bürgerlich-geselligen Nachrichten-
austausches (45/46). Und: "Die Diskussion in einem solchen Publikum setzt ... die Problematisierung von Bereichen voraus,
die bislang nicht als fragwürdig galten" (50). Dies Publikum ist
"unabgeschlossen"; seine öffentlichen Veranstaltungen, bald an
der Spitze das Theater, sind offen und für Geld so zugelassen
wie Konzertveranstaltungen, Ausstellungen usw.. Der "Geschmack"
der Öffentlichkeit bildet sich heraus: Im Publikum darf jedermann Zuständigkeit beanspruchen (53). Wochenschriften verbrei-
ten sich und werden zum Gesprächsthema. Im kleinfamilialen Raum
(58) entwickelt sich "Subjektivität" (63), und "...diese, als
der innerste Hof des Privaten, ist stets schon auf das Publikum
bezogen." (63) Diese ganze Bewegung zur Öffentlichkeit hin ist
- fast selbstverständlich - auch politisch bezogen, schon von
der Diskussion über "Moral" angefangen. Die Tendenz läuft daraufhin, die öffentliche Meinung als die einzige legitime Quelle
der Gesetze zu behaupten (68). Dabei sind die Sphäre der Familie, das Private und das Intime mit den Bedürfnissen des Marktes
verstrickt, auch und gerade, wenn sie sich unabhängig glauben.
(69)

Als Modellfall für die politischen Funktionen der Öffentlichkeit nimmt sich Habermas die englische Entwicklung vor (71). Als "Beginn der Entwicklung" nennt Habermas drei Ereignisse der Jahre 1694 und 95: Die Gründung der Bank von England, die Aufhebung der Vorzensur, und die erste Kabinettsregierung.
Ab nun erringen Zeitungen/Journale eine immer steigende Bedeutung. Auseinandersetzungen zwischen Zeitungswesen und Parlament entstehen (74 f.). Entsprechend entwickeln sich Varianten auf dem Kontinent (81), in denen der Kampf um Zensur - entsprechend dem Zustand der kontinentalen Gesellschaften - ausgeprägter ist.
Im Rahmen der Emanzipation des Warenverkehrs und der gesellschaftlichen Arbeit von staatlichen Direktiven "nimmt die Öffentlichkeit nicht zufällig eine zentrale Stellung ein: sie wird geradezu das Organisationsprinzip der bürgerlichen Rechtsstaaten mit parlamentarischer Regierungsform..." (88).
Damit gerät die Sphäre der Öffentlichkeit in eine widerspruchsvolle Situation zur Frage von "Gesetzen" und Normen, die Habermas ausführlich schildert (94 ff.).
Der Grundwiderspruch ist offenbar aber der: "Die bürgerliche Öffentlichkeit steht und fällt mit dem Prinzip des allgemeinen Zugangs" (100). Die "Öffentlichkeit" im bürgerlichen Staat ist aber praktisch nur das bürgerliche Lesepublikum. Der deckende Hintergrund ist die von Habermas breit ausgeführte Marktideologie des freien Zuganges Aller. Diese Konstruktion hält aber nur über einen - der Marktideologie nicht gerade voll entsprechenden - bürgerlichen Rechtsstaat, d.h. als Herrschaft (103). Streitpunkt bleibt also der Stellenwert der "öffentlichen Meinung" (104 ff.), der "im Feuer der Aufklärung" (121) ausgetragen wird, bis hin zu der Frage, wie ohne vollkommen gerechte Ordnung" die "Einhelligkeit der Politik mit der Moral gewahrt" sein kann (124).
Hinter diesen Auseinandersetzungen stehen - für uns selbstverständlich - die Fragen, ob bisher nicht zum Bürger- (und das heißt auch: Wähler-) Status Zugelassene doch als Bürger anzusehen sind, - was im Hinblick auf bürgerliche Öffentlichkeit nur

als bedrohlich angesehen werden kann, oft philosophisch ver-
kleidet wird. Entsprechend wird die Problematisierung bei Kant,
bei Hegel und Marx (133) behandelt: Im Grunde geht es jetzt nur
um die Mehrheitsbedrohung, was am deutlichsten beim Streit um
Wahlreformen herauskommt.

Unter der Hand verbreitert sich aber die "Öffentlichkeit" im
Prozeß der Anhebung des materiellen Standards in der Klassengesellschaft selbst (145); die liberale Auffassung, daß eine streng
am Allgemeininteresse orientierte Organisation der Gesellschaft,
Interessenkonflikte und bürokratische Dezisionen auf ein Minimum herabzusetzen und ... zuverlässigen Kriterien der Beurteilung zu unterwerfen seien (146) setzt sich teilweise durch. Real
wird aber "Öffentlichkeit" jetzt zum Forum von Gruppeninteres-
sen (147) bei Interessenkonkurrenz, was einen rationalen Kon-
sens öffentlich diskutierender Privatleute kaum noch ermöglicht. Damit beginnt der Vorwurf der Unduldsamkeit die öffentliche Meinung selbst zu treffen, wie schon früh erkannt wird
(149 f.).

Der sich andeutende Verfall der alten bürgerlichen Öffentlichkeit ist dann Thema der abschließenden Kapitel zum sozialen und
politischen Strukturwandel der Öffentlichkeit, nach dem Ende
der liberalen Ära - nach 1870 -, mit Beginn neuen Protektionis-
mus bis in die Kriege des 20. Jahrhunderts hinein und zu Themen
wie: "Vom kulturräsonnierenden zum kulturkonsummierenden Publikum" bis hin zu "Die politische Öffentlichkeit im Prozeß der
sozialstaatlichen Transformation des liberalen Rechtsstaates"
(243). Den Abschluß bilden Reflexionen über die Funktionsfähig-
keit bürgerlicher Öffentlichkeit heute (d.h. hier: Anfang der
60er Jahre), wobei die Hoffnung durchscheint, daß sich eine
offenere Öffentlichkeit noch durchsetzen, d.h. entwickeln könnte.

2.8 Hoffnung - Resignation - Skepsis oder Aufnahme der Vergangenheit? Fourastié - Adorno/Horkheimer - Gehlen - Bell - Toulmin

Bisher sind soziologische, sozialhistorische und mehr ökonomisch orientierte Ansätze vorgeführt worden, die zwar die Jetztzeit erreichen, sich aber nicht unmittelbar mit der Zukunft beschäftigen. Mit den nun skizzierten Arbeiten, die die Zukunftsentwicklung im Visier hatten oder haben, kann man drei Strömungen unterscheiden:

- eine resignative, für die hier die "Dialektik der Aufklärung" von Adorno und Horkheimer stehen soll;

- eine hoffnungsvoll skeptische, hier durch Fourastié und Bell vertreten, und

- eine - in vielen ähnlichen Arbeiten angelegte - kritisch-pragmatische, die eine Idee einer möglichen "Umkehr" vertritt, in der vergangene Haltungen mit neuen verbunden werden sollen.

Da die ersten drei Arbeiten zwar teils tief in die Geschichte zurückgreifen, aber nicht in unserem Sinn "sozialhistorisch", werden sie nur kurz skizziert, während der Arbeit von Toulmin, die sehr konkret in das 16. und 17. Jahrhundert zurückgreift, ein etwas längerer Abschnitt gewidmet ist.

2.8.1 Jean Fourastié

Jean F o u r a s t i é , "Die große Hoffnung des 20. Jahrhunderts", (1949; deutsch 1954, Bund-Verlag, Köln-Deutz) und "Die 40.000 Stunden" (1965; deutsch 1966, Econ Verlag, Düsseldorf und Wien). Mit zahlreichen Statistiken und Berechnungen schildert Fourastié die Entwicklung der Industriegesellschaft zur Dienstleistungsgesellschaft, d.h. die Verlagerung des Schwergewichtes der Produktion vom Primär- und Sekundär-Sektor auf den "tertiären", d.h. den der Dienstleistungen. Der mehr historisch orientierte Teil seines zu seiner Zeit sehr beachteten Buches kann durch das folgende Zitat charakterisiert werden (S.29):

"Vor 1800 - und seit Jahrtausenden - wurde zur Erzeugung eines Zentners (100 Pfund = 50 Kilo) Getreide immer ungefähr die gleiche Zeit menschlicher Arbeit, nämlich drei Stunden, benötigt; in den letzten hundertundfünfzig Jahren sank die hierfür notwendige Arbeitszeit (einschließlich Bau und Transport des Mähdreschers) weit unter 10 Minuten. So wird verständlich, warum der Preis eines Zentners Weizen, der vor 1800 in den fruchtbarsten Ländern ungefähr 20 Tagelöhnen entsprach, in den USA auf den Wert eines Tageslohns herabgedrückt werden konnte, so daß sich die Kaufkraft des Hilfsarbeiterlohns, ausgedrückt in Getreide, verzwanzigfachte. Dies ist die Grundtendenz der modernen wirtschaftlichen Entwicklung."

F. entwickelt, wie die Schnelligkeit des menschlichen Handelns zum neuen Begriff der "Produktivität" führte, womit zuerst eine Steigerung der Sachproduktivität, als meßbare Tatsache, gemeint ist (43). Danach folgt die Frage nach der Produktivität der menschlichen Arbeit (44), d.h. danach, welche Menge von Gütern in einer Arbeitsstunde erzeugt wurde. Da ein hoher "Ausstoß" von Gütern auch mit großer Verschwendung von Grundstoffen erreicht werden kann, tritt Sachproduktivität bald in Konkurrenz zur Produktivität der menschlichen Arbeit, besonders, wenn Grundstoffe rar sind, und letztendlich setzt sich die Betonung der Produktivität der menschlichen Arbeit durch (44). Mit der Steigerung dieser Produktivität werden Bedürfnisse gesättigt, neue erzeugt, diese aber auch soweit befriedigt, daß sogar ein Überschuß über den Bedarf entsteht. Die so in Gang gesetzte Freisetzung von Arbeitskräften wird durch die Verschiebung zuerst vom primären Grundstoff-Sektor zum sekundären - der Verarbeitung - erreicht und dann durch weitere Verschiebung in den tertiären Sektor der Dienstleistungen aller nur denkbaren Art vorangetrieben, von der Verwaltung über den Friseur bis zur Wohlfahrtspflege, Gesundheitswesen, Reisebüro und Groß-Amüsierbetrieben. Diese Bewegung stößt an eine Grenze (126):

"Auch die optimistischste Voraussage kann nicht annehmen, daß der tertiäre Sektor mehr als 80% der aktiven Bevölkerung umfassen wird, was nur 10% für die Landwirtschaft und 10% für die

Industrie übrig ließe. Wenn die Zahl der tertiär Beschäftigten
sich in einer großen Nation diesem Wert von 80% nähert, ist die
Übergangsperiode beendet. In den Vereinigten Staaten stieg dieser Teil der Beschäftigten schon von 15 v.H. im Jahre 1820 auf
55 v.H. in unseren Tagen (1949!). Zwei Drittel des Weges wurden
also bereits zurückgelegt." Und:
"Die Übergangsperiode ist der Zeitabschnitt, in dem wir leben
und der ein traditionell wirtschaftliches Gleichgewicht von
einem zukünftigen notwendigen neuen wirtschaftlichen Gleichgewicht trennt." (127)

Fourastié's Analyse endet mit der im folgenden deutlich werden-

den Tendenz:

"Die allgemeine Richtung der augenblicklichen Entwicklung (1965,
d.V.) wird bald eindeutig sichtbar sein; in wenigen Jahren
werden die allgemeinen Kennzeichen der kommenden Zivilisation
in voller Klarheit erscheinen, die wir die tertiäre Zivilisation nennen, weil der tertiäre Sektor, der dem Fortschritt den
größten Widerstand entgegensetzt, die ganze Wirtschaft beherrschen wird. Die Wirtschaftsbereiche mit großem technischen Fortschritt, deren Grenze durch ihren eigenen Erfolg gesetzt ist,
werden nur mehr einen geringen Teil der aktiven Bevölkerung
beschäftigen. - Der Lebensstandard wird gegenüber heute sehr
stark angestiegen sein und der Menschheit weit mehr als die
Sättigung mit Nahrungsmitteln und fast die Sättigung mit Indu-
strieerzeugnissen erlauben; dagegen wird der Hunger nach individuellen und kollektiven Gütern und Diensten ohne Hoffnung auf
baldige Stillung bleiben." (310)

In der 16 Jahre später erschienenen Arbeit "Die 40.000 Stunden"

geht Fourastié bereits von der Möglichkeit einer 30-Stunden-

Woche aus, so daß von den 700.000 Stunden, die ein Mensch, der

80-jährig wird, zum aktiven Leben zur Verfügung hat nur noch 60%

der (Erwerbs-)Arbeit dienen werden oder würden:

"Die durch eine so außerordentliche Umwälzung notwendig gewordene technische Organisation und besonders die dadurch verursachte Wandlung der menschlichen Situation: das ist das Thema
dieses Buches." (10)

Die Arbeit versucht dann, die Folgen einer solchen Situation zu

beschreiben, was in einer gebremst fortschrittsoptimistischen

Haltung geschieht. Fourastié schließt diese Arbeit (die im Grunde

nicht erheblich über die erste hinausreicht) mit der Feststel-

lung:

"...wir sollten uns damit abfinden, ohne eine Ideologie zu
leben; sicher nicht für lange Zeit, das ist, glaube ich, ein
schwerer Mangel für die Gattung; aber vielleicht ein oder zwei
Jahrhunderte; - oder wenigstens ohne eine Ideologie, die eine
große Mehrheit anzuziehen imstande ist. Wir sind mithin, glaube
ich, Zeit unseres Lebens zum Unbehagen und zu tastenden Versuchen verurteilt; zum Debattieren, zum Experimentieren. Auch in
diesem Bereich sind wir nicht nur die Generationen der Entdek-
kung, sondern auch die Generationen der Versuche". (298)

2.8.2   Max Horkheimer und Theodor W. Adorno

Im selben Jahrzehnt, in dem Burnham (1940) sein "Regime der
Manager" schrieb und Fourastié "Die Hoffnung des 20. Jahrhunderts", gab es noch zwei herausragende Bilanzen: Die "Dialektik
der Aufklärung" von Max H o r k h e i m e r und Theodor W.
A d o r n o (1944/47) und Arnold G e h l e n s "Sozialpsychologische Probleme in der industriellen Gesellschaft" (1949).
Die "Dialektik der Aufklärung" - Philosophische Fragmente - ist
eine tief in die Vergangenheit - bis zur Odyssee - greifende
Abrechnung mit der "Aufklärung", die die Welt entzaubern wollte
(man rechnet sie gemeinhin von etwa 1750 ab). Dieser Rückgriff
in die Antike soll die tiefe Verstimmung des Verhältnisses von
Mensch und Welt durch das Infragestellen der alten Mythen an
ihren Anfängen aufgreifen, was eine Art von "Vergehen" gegen die
(um mit Karl Mannheim zu sprechen) "substantielle Vernunft"
darstellt, die geboten hätte, Mythen, die eine überzeugende
Verbindung von Mensch zu Natur darstellten, nicht in Frage zu
stellen, geschweige denn aufzulösen. Intention und Folge des
neuen kritischen Verhältnisses des Menschen zur Natur und Welt/
Umwelt ist: Von der Natur zu lernen um sie gegen sich, die
Natur, anzuwenden. Mit Bacon (1561-1626) wird dies Ziel dann
eindeutig an- und ausgesprochen: Wissen als Macht. Die Folge:
(21) "Auf dem Weg zur neuzeitlichen Wissenschaft leisten die
Menschen auf Sinn Verzicht".

Zugleich sind die Mythen der Ursprung der Aufklärung:

"In den Mythen muß alles Geschehene Buße dafür tun, daß es
geschah. Dabei bleibt es in der Aufklärung. Die Tatsache wird
nichtig, kaum daß sie geschah." (28)
Und: "Die Abstraktion, das Werkzeug der Aufklärung, verhält
sich zu ihren Objekten wie das Schicksal, dessen Begriff sie
ausmerzt: als Liquidation". (eod. loc.)

Mit einem derartigen Ansatz wird die Geschichte der abendländi-
schen ratio aufgerollt, als Verdrängung des Archaischen (131),
Erniedrigung des Möglichen, Flucht, nicht vor der schlechten
Realität, "sondern vor dem letzten Gedanken an Widerstand, den
jene noch übriggelassen hat". (167, Kap. z. Kulturindustrie).
Die Arbeit endet mit den Sätzen:

"Wenn in der Tat der Fortschritt der Technik das ökonomische
Schicksal der Gesellschaft weiter bestimmt, dann sind die tech-
nisierten Formen des Bewußtseins zugleich Vorzeichen jenes Schick-
sals. Sie machen die Kultur zur totalen Lüge, aber ihre Unwahr-
heit bekennt die Wahrheit über den Unterbau, dem sie gleicht.
Die Transparente, die über die Städte ziehen und mit ihrem Licht
das natürliche der Nacht überblenden, verkünden als Kometen die
Naturkatastrophe der Gesellschaft, den Kältetod. Jedoch sie
kommen nicht vom Himmel. Sie werden von der Erde dirigiert. Es
ist an den Menschen, ob sie sie auslöschen wollen und aus dem
Angsttraum erwachen, der solange nur sich zu verwirklichen droht,
wie die Menschen an ihn glauben." (335)

Mit ihrer hochstilisierten und teils manirierten Sprache läßt
die "Dialektik der Aufklärung" den Leser im Ungewissen zurück.
Sie ist teils attraktiv bis faszinierend für den intellektuellen Feinschmecker von Kulturkritik, teils beeindruckend durch
die entschlossene Larmoyanz der Darstellung und Argumentation.
Welchem Zustand nachgetrauert wird, welcher erwünscht ist, beides bleibt offen.
Zur Einordnung dieser Haltung s. G ü t h k e , Die Mythologie
der entgötterten Welt, op. cit.

2.8.3   Arnold Gehlen

Arnold G e h l e n , Sozialpsychologische Probleme in der industriellen Gesellschaft (Mohr [Paul Siebeck], Tübingen, 1949). Gehlens kleine Studie (38 Seiten Text) ist eine hochkarätige Bilanz der europäischen Entwicklung bis zu seiner Zeit. (Sie erschien als Buch wenig später unter dem Titel: Die Seele im industriellen Zeitalter). Gehlen war "Rechtshegelianer", d.h. seine Grundposition war die des eher auf Institutionen und persönliche "Selbstzucht" orientierten "Staatsbürgers". In der o.e. Studie skizziert er den Zustand der Gesellschaft und der Menschen in ihr, indem er teils einen institutionenkritischen, teils einen psychoanalyse-kritischen Standpunkt einnimmt. "Institutionen" sind für Gehlen - den wichtigsten Vertreter der "Philosophischen Anthropologie" der ersten Hälfte des 20. Jahrhunderts - Ur-Schöpfungen des Menschen mit "unbewußter objektiver Zweckmäßigkeit", vermittels derer er sich und die ihn umgebende Gruppe, Gemeinschaft oder Gesellschaft stabilisiert. G. stellt in der zitierten Schrift fest, daß die "zivilisatorischen Superstrukturen" der modernen Welt derart kompliziert geworden sind, und die Verhältnisse derart undurchsichtig, daß "die Erhaltung des sozialen Gleichgewichts im Einzelnen zu einer schwer lösbaren Aufgabe geworden ist". (7) Dieses Problem hängt damit zusammen, daß moderne Funktionsteilung keine "in sich selbst genußreiche Erfahrung" (Dewey) im Umgang mit den Dingen mehr erlaubt, wie das im Handwerk noch der Fall war. Vielmehr kommen "Spezialisten und Funktionäre aller Gebiete ... leicht in die Lage, daß der Mangel einer unmittelbaren und anschaulichen Sanktion ihres Denkens und Handelns ihnen die Möglichkeit nimmt, sich durch nachdrücklich erlebte Rückwirkungen ihrer Fehler zu disziplinieren". (8) Das ist die "Selbstauslieferung an die wechselnden Umstände". (9) Der damit einhergehende Verlust an Realitätssinn (G. zitiert Hegels Definition von "Entfremdung": "..in zweierlei Welten das Bewußtsein zu haben") enthemmt die Begehrlichkeit, "und zwar in der Form der Weltfremdheit" (9): In "ereignissverdünnten" Räumen ergeben sich

die "unterernährten sozialen Instinkte" Phantasmen, d.h. illusionären Vorstellungen, die dann auch noch zum Programm erhoben werden. Die Affektantworten darauf sind "primitiv" im Sinne der Realitätslosgelöstheit, werden "gesinnungshaft". (11) Damit will G. sagen, daß solchen realitätsabgelösten Haltungen (ohne echte Realitätsbewährung) der Rückhalt an stabilisierenden und damit auch einschränkenden Institutionen fehlt. Das resultierende unstabile Verhalten ergibt sich aus "Charakteren, die ihre Eigenschaften nur deshalb haben, weil sich kein Anlaß fand, sie aufzugeben". (15) Die für den Menschen notwendige Sozialbindung hat sich in der modernen Wirtschafts- und Lebensform (eine Kritik am Kapitalismus ist ziemlich deutlich enthalten) so ver dünnt, daß mit der durch die Verhältnisse aufgezwungenen "Selbstverarbeitung heimatloser Sozialinstinkte" das entsteht, was schon Nietzsche "moderne Seele" nannte. Resultierende "Minderwertigkeitsgefühle" (17) entspringen daher nicht der "Einsicht, daß man ein vollgültiges Wert-und Verhaltensniveau nicht erreichen kann, denn dieses besteht gar nicht, sondern sie entstehen dann, wenn jemand die soziale Rolle, die er spielt, nicht so spielt, daß sie den anderen selbstverständlich ist". Dies Auf-Sich-Zurückgeworfensein (in der "angepaßten" Verhaltensweise) bedeutet auch, daß sich der Einzelne - wenn die Institutionen um ihn herum zerfallen sind - nur dann "rational" verhält, wenn er egoistisch ist. Unter diesen Bedingungen ist "Aufklärung" (20 ff.) nicht mehr Aufforderung zur konkreten Beschäftigung mit z.B. politischen Fragen, sondern läuft auf "Veränderung der Gesellschaftsordnung" hinaus, das heißt Planung ohne Realitätsgrundlage. (21) Zugleich geschieht dies in einer Gesellschaftsverfassung, in der "das Recht auf den Verzicht auf Wohlleben unmöglich (gemacht wird) .., indem (das System) die Konsumbedürfnisse selbst produziert und automatisiert." (24)
Die Psychoanalyse - Gehlen schätzt die Arbeit von Freud sehr hoch ein! - verfällt dem Irrtum, die Symptome der Zeit der "Pleonexie" (= unbegrenzten Genußtendenz) im Einzelnen zu behandeln, und nicht zu erkennen, daß sie der Zeit, in der die damaligen Patienten schon lebten, zuzuschreiben waren: Daß also

die Gesellschaft hätte behandelt werden müssen. Das nun aber nicht im Sinne einer Eröffnung noch wieder neuer Freiräume, sondern im Sinne von Selbstzucht, Selbstkontrolle und Distanz zu sich selbst, verbunden "mit irgendeiner Vorstellung davon ..., wie man über sich hinauswächst". (25)

Gehlens Ansatz zeigt also ganz eigentümliche Parallelen zu Adorno/ Horkheimer und zugleich zu Riesman, verbunden mit einem "konservativen Appell"; "Sozialgeschichte" ist bei Gehlen die Entwicklung des "Institutionenmenschen" zum modernen, bindungslosen.

2.8.4   Daniel Bell

Konkreter greift Daniel B e l l mit "Die kulturellen Widersprüche des Kapitalismus (Campus Verlag, Ffm., N.Y., 1976, deutsch 1991) das Problem einer Gesellschaftskritik auf, die weniger anspruchsvoll ist. Bell, der mit seiner früheren Arbeit "Die nachindustrielle Gesellschaft" - wie bereits erwähnt - die Diskussion zum Begriff "postindustriell" einleitete, versteht in dem neueren Buch unter "Widersprüchen des Kapitalismus" die Unabgestimmtheit von drei zentral wichtigen gesellschaftlichen Bereichen in der heutigen (1976) Zeit:

- dem wirtschaftlichen, in dem das Prinzip der Effizienz herrscht;
- der politischen Ordnung, die vom Gleichheitsprinzip bestimmt ist, und
- der Kultur, in der die Idee der Selbstverwirklichung (oder, wie Bell anfügt: Selbstbefriedigung) vorherrscht. (10)

Diese drei, seit 150 Jahren in den sich industrialisierenden, modernisierenden und zu Meinungsfreiheit und Rechtsstaatlichkeit gelangenden Staaten zur Geltung gekommenen und untereinander widersprüchlichen Prinzipien, haben zu fortwährenden Spannungen und Verwerfungen im sozialen Gefüge geführt.

Vielleicht eingedenk der im Max-Weber-Abschnitt zitierten Worte von Max Weber, daß man nach Marx und Nietzsche nicht mehr ohne

sie auskäme, zitiert Bell gleich zu Anfang der Einleitung ("Das
Auseinanderfallen der Bereiche") Nietzsche, mit seiner Prophe-
zeiung der Heraufkunft des Nihilismus (1988):

"Für Nietzsche war die Ursache dieses Nihilismus der Rationalismus und die 'Perspektive der Nützlichkeit', ein Lebensgefühl, dessen Intention es war, 'unreflektierte Spontaneität' zu
zerstören. Wenn es ein einziges Symbol für ihn gab, das die
treibende Kraft des Nihilismus prägnant ausdrückte, dann war
dies die moderne Wissenschaft". (13)

Bells vorläufige Antwort heißt: "Soll das unser Schicksal sein
- ein Nihilismus als Logik, die der technologischen Rationalität innewohnt, oder ein Nihilismus als Endprodukt der kulturellen Impulse, der alle Konventionen zerschmettert? Mit solchen
Visionen sind wir konfrontiert, desgleichen mit vielen Anzeichen, die vorhergesagt worden sind. Trotzdem möchte ich diese
verführerischen - und simplen - Formulierungen zurückweisen und
statt dessen eine komplexere und empirisch nachprüfbare These
vorlegen.
Ich glaube, daß wir in der westlichen Gesellschaft an einem
Scheideweg angelangt sind: Wir sind Zeugen vom Ende des bürgerlichen Denkens - jener Auffassung von menschlicher Handlung und
sozialen Beziehungen, insbesondere vom Tauschverkehr -, das die
Moderne während der letzten 200 Jahre geformt hat." (16)

Bell zieht aus dieser Einsicht aber nicht einen kulturpessimi-
stischen Schluß, sondern empfindet sie als Herausforderung an
den modernen Menschen die Situation zu erkennen und demgemäß zu
handeln, und zwar auf der Basis der nächsten Einsicht, daß sich
"die Strukturen einer Gesellschaft - Lebensweisen, soziale Beziehungen, Normen und Werte - nicht über Nacht umkehren". (17)
Warnend heißt es dann nach diesen Passagen aus dem Vorwort zur
Neuausgabe 1991 und zu Beginn des Hauptteils:

"Für den Sozialwissenschaftler ist die Beziehung zwischen der
sozioökonomischen Struktur einer Zivilisation und ihrer Kultur
vielleicht das komplizierteste aller Probleme". (49)

"Kultur", als ein Bereich, in dem sich - z.B. als "Kunst" - Normen bestätigten, d.h. Tradition "im Grunde" fortgesetzt wurde, hat sich - so Bell - in völlig neuartiger Weise von den technologischen und ökonomischen Bedingungen der Gesellschaft gelöst und verselbständigt, wissenschaftlichen und technischen Fortschritt sozusagen überholend oder ihm weit voraneilend ("Avantgarde"), - bei wachsender Akzeptanz in immer breiter werdenden Schichten.

Diese Idee verfolgt Bell in sehr fesselnder Weise durch unser Jahrhundert, die 50er Jahre (mit der Verarbeitung der Schocks von Krieg und "Holocaust"), bis hin zum "Eintritt in den Modernismus" (62), womit Bell die schwer erklärbare Erscheinung zu umreißen sucht, die "noch vor dem Marxismus" gegen die bürgerliche Gesellschaft Sturm lief: Das formale künstlerische Mittel die psychische, soziale und ästhetische Distanz aufzuheben, verbunden mit dem Betonen absoluter Gegenwärtigkeit, Gleichzeitigkeit und Unmittelbarkeit der Erfahrung (63). Bell interpretiert den "Modernismus" als Antwort auf zwei soziale Wandlungen im 19. Jahrhundert: Auf der Ebene der Sinneswahrnehmungen und der der Bewußtwerdung des Selbst. Das erste ist Folge der Desorientierung von Raum- und Zeitgefühl durch die neuen Kenntnisse über Erde, Weltraum usw.; das zweite Folge des Verlustes der religiösen Gewißheit (63). Das ergibt einen Wandel "von der protestantischen Ethik zum psychedelischen Basar" (71), mit Zwischenstufen von Befreiungsbewegungen, die sich meist als Emanzipation verstanden und es in vielen Fällen auch waren. Das Leben wird "transparent" und zugleich deutungsbedürftig (83 ff.). Zugleich wandelt sich die Tugendmoral zur "duty of fun" (89, mit Bezug auf Martha Wolfenstein, 1958):

"Während früher die Befriedigung verbotener Triebe Schuldgefühle hervorrief, schmälert heute das Unvermögen, Spaß zu empfinden, das Selbstwertgefühl."

Mit beiden Linien, der "funorientierten" und der psychedelischen, sinnsuchenden, liegt die industrielle Linie im insofern unlösbaren Konflikt, als Massenkonsum ihre Grundlage ist, und längst schon alles vermarktet wird:

"Die eine Strömung hebt auf funktionale Rationalität, technokratische Entscheidungsfindung und meritokratische Entlohnungen ab, die andere auf apokalyptische Stimmungen und antirationale Verhaltensweisen. Dieses Auseinanderfallen macht das Wesen der historisch bedeutsamen Kulturkrise aller westlichen bürgerlichen Gesellschaften aus. Dieser kulturelle Widerspruch dürfte auf längere Sicht die verhängnisvollste Kluft der Gesellschaft bilden." (103)

Im 2. Abschnitt wendet sich Bell dem "Zerfall der kulturellen Gesprächswelt" zu. Mit Rückgriff auf Wordsworth, der 1800 schon den Verfall der maßvollen Literatur durch die Jagd "nach dem außerordentlichen Ereignis" beklagte, lenkt Bell den Blick der - solche Fragen oft vermeidenden - Sozialwissenschaftler auf die Verlaufsformen, in denen soziale Wahrnehmungsformen (Vorrang des Sehens vor dem Hören, von Raum und Zeit vor der Zahl usw.) zu einander widersprechenden Erfahrungsweisen umgearbeitet werden (111), darunter in erster Linie eine "Revolution der Sensibilität" (112), die in der Massengesellschaft dem Zerfall oder der Trennung von Rolle und Person entspricht, womit die Fähigkeit zum symbolischen Ausdruck der Stellung in der Gesellschaft schwindet; zugleich gibt es einen Verfall des Wortschatzes. (121)

Bell beklagt weiter - Arnold Gehlen (1949) ähnlich - den Schwund an psychischer, sozialer und ästhetischer Distanz als "Aufhebung der Zeit" (141) und gewollte Orientierungslosigkeit im zwischenmenschlichen, gemeinschaftlichen und künstlerischen Bereich. Er fragt (143), "ob es der Kultur gelingt, wieder Kohärenz zu gewinnen, Kohärenz sicherer Erfahrungen und nicht nur Form".

Von hier aus ist das Ende des in sich informativen und weiter geistreichen Abschlusses zu "Die Sensibilität der 60er Jahre" abzusehen (175):

"Die Sensibilität der sechziger Jahre ist deshalb relevant, weil sie Beweis dafür ist, daß die Ästhetik des Schocks und der Sensation trivial, ermüdend und öde geworden ist. In dem Maße,

wie sie Besitz der Kulturmasse wurde, ist sie ein weiterer
Hinweis auf die kulturellen Widersprüche des Kapitalismus".

Nach lesenswerten und verständlicherweise problematischen Abschnitten über Religion und Kultur im nachindustriellen Zeitalter und das "Dilemma der politischen Ordnung" schließt Bell sein
Nachwort zur deutschen Ausgabe von 1976 mit den Worten (346):

"Die Reaktion gegen die Moderne kann paradoxerweise nur in
Schach gehalten werden durch die Anerkennung des Autoritäts-
prinzips - der aufgrund fachlicher Leistung erworbenen Autorität oder der moralischen Autorität einer politischen Elite.
Denn in allen Gesellschaften werden Institutionen am Anfang
durch Macht, direkt oder indirekt, und mit Hilfe von Zwang,
offen oder verdeckt, geschaffen. Doch wird Macht gemildert,
wenn es eine Autoritat gibt, die von den Menschen respektiert
wird, eine Autorität, die auf freiwilliger Zustimmung gründet.
Das Scheitern von Eliten und Establishments - die es nun einmal
in allen Gesellschaften gibt - eine solchermaßen respektierte
Autorität zu erlangen, ist wohl das schwierigste Erbe der Ereignisse der späten sechziger Jahre in den Universitäten und im
politischen Bereich.
Die Reaktion gegen die Moderne versucht, wieder die traditionelle, auf Macht und unverhüllter Drohung mit Zwang und Gewalt
beruhenden Autorität zu etablieren. Es handelt sich um eine neue
Form des 'Totalitarismus', die Religion mit dem öffentlichen
Leben vermengt und Toleranz und Pluralismus unterdrückt. Der
Kapitalismus mag seine kulturellen Widersprüche besitzen und
das bürgerliche Leben philisterhaft sein, doch sind dies die
kleineren Übel angesichts der Notwendigkeit, die Autonomie der
Sphären (innerhalb moralischer Schranken) und die Offenheit
eines politischen Systems aufrechtzuerhalten, das Bürgerrechte
und die Herrschaft des Gesetzes respektiert". (346)

Die "lebhafte Entwicklung der Widersprüchlichkeit in den modernen Industriestaaten kapitalistischer Prägung" läuft hier also
- angesichts neuer Bedrohungen - leer, nachdem die "Gegenent-
würfe" (z.B.von Theodore R o s z a k : Gegenkultur, Econ 1971;
amerik. 1968/69) verworfen wurden (173 ff.).

2.8.5 Stephen Toulmin - Kosmopolis: Die unerkannten Aufgaben der Moderne (Suhrkamp, Ffm., 1991; amerik. 1990)

Während für Fourastié - wie Burnham - die Zukunft der industriellen Gesellschaft - in vielleicht gewandelter Form - nicht in Frage steht und Daniel Bell zwar analytisch die Widersprüche des - sozusagen übriggebliebenen - Kapitalismus für kaum auflösbar hält, aber mangels eines Besseren (und weil Schlechteres droht) letztendlich auszuharren empfiehlt, ist das Bild, das Adorno/Horkheimer von der modernen Gesellschaft entwickeln endgültig negativ. Sieht man darüber hinweg, daß sich in ihrer Verachtung des Amusements des "kleinen Mannes" ein wenig akzeptabler idealistisch-aristokratischer Anspruch zeigt, dann kann nicht übersehen werden, daß von ihnen das Unternehmen "bürgerliche Zivilisation" von Anfang an als gescheitert oder zum Scheitern verurteilt gesehen wird.

Bei Gehlen löst sich in der (kapitalistischen) Industriegesellschaft das institutionelle, die Menschen stabilisierende, Gerüst der Gesellschaft auf; das Individuum gerät unter einen unerträglichen Druck.

Stephen T o u l m i n greift in "Kosmopolis" nicht bis in die Antike oder bis zur Auflösung einer institutionengesicherten Gesellschaft zurück, um die moderne Entwicklung, deren Erben wir sind, zu disqualifizieren. Aber er macht die auch von ihm behauptete Fehlentwicklung auf uns zu doch immerhin fast 400 Jahre zurück fest, und zwar nicht an Galilei, der in diesem Zusammenhang mit Descartes häufig genannt wird, sondern an einer Königsgestalt; und was diesen Ansatz noch besonders interessant (und vermutlich auch angreifbar) macht: Toulmin setzt nicht nur in einem Jahrhundert oder Jahrzehnt an, sondern an einem Tag: Dem Todestag des französischen Königs Heinrichs IV., dem 14. Mai 1610.

Selbstverständlich wird dieser Tag nicht zufällig ausgewählt: Bevor man zu diesem Ereignis kommt - der König wurde in Paris ermordet - führt Toulmin durch Überlegungen über den Begriff

"der Moderne" zum Abschnitt: Wann hat die Moderne begonnen?
(21):

"Man braucht diese Frage nur auszusprechen, und schon wird alles
unklar. Manche setzen den Beginn der Neuzeit auf das Jahr 1436
an, als Gutenberg die beweglichen Lettern erfand; manche auf
1520, auf Luthers Aufstand gegen die Autorität der Kirche;
andere auf 1648, auf das Ende des Dreißigjährigen Krieges;
andere auf die amerikanische oder französische Revolution von
1776 oder 1789; und für einige beginnt die Moderne erst 1900 mit
Freuds Traumdeutung und dem Aufstieg des 'Modernismus' in den
Schönen Künsten und der Literatur. Wie wir selbst über die
Aussichten der Moderne denken - ob wir uns denen anschließen,
die ihr traurig Lebewohl sagen, oder denen, die sie mit Befriedigung abtreten sehen und sich auf die kommenden 'postmodernen'
Zeiten freuen -, das hängt davon ab, was für uns das Wesen der
'Moderne' ist und welche richtungsweisenden Ereignisse in unse-
ren Augen die 'moderne' Welt herbeigeführt haben." (21)

Dieses "richtungsweisende Ereignis" ist in den Augen von Toulmin
die Ermordung von Henri IV.
Zur Begründung führt Toulmin aus der jetzigen Zeit (1990) zurück
durch die Diskussion über die "Postmoderne" (schon bei Peter
Drucker, in den "Landmarks for Tomorrow", 1965) und über die
"Moderne" (z.B. Jürgen Habermas' Ansicht, daß sie mit den Äußerungen von Immanuel Kant nach der Französischen Revolution begonnen habe) zu derjenigen Zeit, die am häufigsten genannt wird,
die Zeit etwa um 1650 herum, als ein "theoriezentrierter" Stil
der Philosophie aufkam - mit Descartes (1596-1650) - der Probleme und Lösungen auf zeitloser, allgemeingültiger Ebene sucht,
mit dem "Streben nach Gewißheit". (30) Warum wählt nun Toulmin
nicht Descartes oder einen anderen Vordenker des aus grundsätzlichen Zweifeln sich entwickelnden "modernen" Denkens und Welt-
gefühls, wenn ihm Kant zu spät gewählt ist?
Die Antwort liegt nicht unbedingt nahe. Toulmin gibt sie, indem
er weiter ausholt, und zwar zur Mentalität der die Zeiten vor
Descartes beherrschenden Denker, wie Montaigne (1533-1592), d.
h. noch in die Renaissance.
Hierbei liegt ihm daran aufzuzeigen, daß die "anerkannte Auffassung", daß Westeuropa ab 1600 politisch, wirtschaftlich und
geistig die größten Fortschritte gemacht habe (S. 38) korri-

giert wird, und zwar um zu belegen, daß eine entscheidende Weichenstellung schon vorher stattfand, deren Ausführende zwar Galilei und - vor allen Dingen - Descartes waren, deren Hintergründe aber zu wenig ausgeleuchtet seien. Dazu führt er in das 16. Jahrhundert zurück, als die theologische Situation weniger belastend war als 100 Jahre später (also zwischen 1620 und 1660); sie reifte erst zur Krise heran. Diese größere Ruhe und Gelassenheit der Zeit vor 1600 - so Toulmin unter Berufung auf neuere historische Forschungen - basierte auf einer "im wesentlichen ungebrochenen wirtschaftlichen Expansion" (39), während im 17. Jahrhundert die Prosperitätsentwicklung völlig zum Stillstand kam (39):

"Es folgten Jahre abwechselnder Depression und Ungewißheit. Im frühen 17. Jahrhundert war das Leben so wenig geruhsam, daß in einem großen Teil des Kontinents die Menschen zwischen 1615 und 1650 damit rechnen mußten, daß ihnen von Fremden, denen bloß ihre Religion nicht gefiel, die Kehle durchgeschnitten oder das Haus niedergebrannt wurde."

Ein Zustand allgemeiner Krise, Toulmin malt sie weiter aus. Damit korrigiert er - seiner Ansicht nach - eine erste falsche, von früherer Geschichtsschreibung genährte Ansicht, in der das 17. Jhdt. wesentlich besser, d.h. prosperierender, dargestellt wird.
Als zweite falsche Vorstellung bezeichnet er die Auffassung, daß "die kirchlichen Einschränkungen und Kontrollen ... im 17. Jahrhundert gelockert worden (seien)". (41) Mit der Verwerfung jeden Kompromisses zwischen Katholizismus und Protestantismus durch das Papsttum kam es aber zur blutigen Konfrontation größten Ausmasses, dem Dreißigjährigen Krieg (1618-1648):

"Von da ab gab es keine Gnade für Rückfällige mehr. Die theologischen Bindungen waren nicht lockerer, sondern strenger und einschneidender ... Der theologische Druck auf Wissenschaftler und andere geistige Neuerer ... verstärkte sich." (42)
"Die dritte Vorstellung ist bestenfalls eine Halbwahrheit. Im 17. Jahrhundert soll die Ausbreitung der Bildung und Belesenheit den Laien zunehmenden Einfluß auf die europäische Kultur verschafft und damit zum Abbau des kirchlichen Monopols in Wissenschaft und Gelehrsamkeit beigetragen haben ... Aber die-

ser Wandel war nichts Neues. Um 1600 hatte es gedruckte Bücher schon über ein Jahrhundert lang gegeben. Jeder Gedanke, die moderne Literatur - im Gegensatz zur modernen Wissenschaft oder Philosophie - sei erst nach 1600 zu nennenswertem Einfluß gelangt, ist unhaltbar. In dieser Beziehung waren Galilei und Descartes späte Produkte von Wandlungen, die in Westeuropa um 1520 und in Italien noch erheblich früher schon voll im Gange waren ... man (kann) kaum ... behaupten, die Laienkultur des 17. Jahrhunderts sei ausschließlich ein Produkt der Moderne gewesen." (42/43)

Das 17. Jahrhundert ist also für Toulmin keine Zeit gewaltiger Verbesserungen. (44) Besonders falsch ist für ihn die Annahme, Wissenschaft und Philosophie des 17. Jahrhunderts hätten sich "aus einer ursprünglichen Hinwendung zur Rationalität und aus den Forderungen der Vernunft entwickelt." (44) Und die falsche Weichenstellung (T. gebraucht diesen Begriff nicht) resultiert für ihn in einer Hinwendung des Denkens im 17. Jahrhundert zu einem verhängnisvollen "kontextunabhängigen Denken" (45), das nicht aus einer harmonischen Entwicklung herzuleiten sei, sondern aus bitterem, historisch begründbarem Zwang, durch den existentiell wichtigere Sichtweisen verdrängt worden seien.
Um das zu belegen, wendet sich Toulmin zuerst der "Renaissance" zu, d.h. der zeitlich nicht leicht zu bestimmenden Übergangsphase zwischen dem "späten Mittelalter" und der "Neuzeit" oder "Moderne". Das Wichtigste dabei ist ihm aufzuzeigen, daß "noch" mittelalterlich geprägte Denker, wie Leonardo da Vinci (1452-1519) oder Shakespeare (1564-1616) uns bereits voll verständlich waren, ja soweit "modern", daß ihr Einfluß bis heute ungebrochen ist. Das führt zu der Frage, "ob die moderne Welt und Kultur nicht zwei wohlbestimmbare Ursprünge statt eines einzigen habe, deren erster (die literarische oder humanistische Phase) dem zweiten um ein Jahrhundert vorausging (49), wobei festzustellen ist, daß sich in der zweiten wissenschaftlichen und philosophischen Phase von 1630 an, viele Europäer von den wichtigsten Themen der ersten, literarischen oder humanistischen Phase abwandten."

Was waren diese "wichtigsten" Themen des 16. Jahrhunderts, das
heißt vor der "wissenschaftlichen Revolution" des 17. Jahrhunderts der Galilei und Descartes?
Die Antwort fällt bündig aus:

"Vor 1600 waren theoretische Untersuchungen und konkrete, praktische Fragen - etwa, unter welchen speziellen Bedingungen es
moralisch annehmbar ist, daß ein Souverän einen Krieg führt,
oder daß ein Untertan einen Tyrannen ermordet - gegeneinander
ausgewogen. Ab 1600 dagegen widmeten sich die meisten Philosophen Fragen der abstrakten, allgemeingültigen Theorie und klam-
merten solche konkreten Fragen völlig aus. Ein philosophischer
Stil, der Fragen der lokalen, zeitgebundenen Praxis und der
allgemeingültigen, zeitlosen Theorie gleichermaßen im Auge be-
hielt, ging in einen Stil über, der nur noch Fragen der allgemeingültigen, zeitlosen Theorie als Aufgaben der 'Philosophie'
gelten ließ." (50)

Toulmin illustriert diese Aussage mit längeren Ausführungen
über einen durchaus religiös gläubigen, aber zugleich weltoffe-
nen, liberalen Stil von Umgang und Auffassungen über Religion,
Welt, praktische Dinge und besonders Sexualität. Der Bogen spannt
sich vom Priester de las Casas, der für die Rechte der südame-
rikanischen Indios eintrat (allerdings dafür "Neger aus Afrika"
importieren wollte..., d.V.) bis zu Montaigne, der völkerkund-
liche Berichte sammelte, um seinen Welt-Horizont zu erweitern,
und der imstande war zu sagen, daß auch eine Mehrzahl von Welten
denkbar sei. Im Versuch, "theoretische Einhelligkeit über die
Natur zu erzielen, (wurde) ein Ergebnis menschlicher Anmaßung
und Selbsttäuschung" gesehen. (58) Für philosophisch weitreichende Fragen sah man keine ausreichende Grundlage, weder für
ihre Behauptung noch ihre Leugnung. (eod.loc.). Dagegen wurde
über eigene Erfahrungen und religiöse Probleme und damit auch
Probleme der Sexualität offener berichtet und offener gesprochen, als das danach für mehrere Jahrhunderte möglich war. Das
Interesse galt - ganz anders als in der Folgezeit - im 16.
Jahrhundert noch dem Mündlichen, dem Besonderen, dem Lokalen
und dem Zeitgebundenen. (60) Die damit gesetzten Grenzen wurden
im 17. Jahrhundert in Richtung auf das Schriftliche, Allgemei-

ne, Übergreifende und Zeitlose überschritten, ein Weg ohne Umkehr bis ins 20. Jahrhundert.

Die mit diesen Feststellungen zwangsläufig verbundene Frage
lautet: Warum haben sich diese - nicht unbedingt voneinander
abhängigen - Wandlungen gerade von etwa 1630 an vollzogen?

Ein Teil der Antwort liegt auch hier nahe: mit einer nicht ganz
einfach zu begründenden Verzögerung steigerten sich die schon
im 16. Jahrhundert andauernden religiösen Streitigkeiten (durch
die Spaltung der Kirche) im 17. Jahrhundert nicht nur zu kriegerischen Groß-Auseinandersetzungen, wie dem Dreißigjährigen
Krieg, sondern führten auch zu äußerst quälenden Überlegungen
der Philosophen zu allen nur denkbaren grundsätzlichen Fragen.

Montaigne konnte noch - 1570 - sagen:

"Übrigens habe ich mir selbst das Gesetz gemacht, alles ohne
Furcht und Scheu zu sagen, was ich ohne Furcht und Scheu tue,
und selbst solche Gedanken sind mir verwerflich, die ich nicht
vor aller Welt ans Licht stellen dürfte." (73)

Was er damit meinte, illustriert Toulmin kurz vorher mit der
Aussage Montesquieu's:

"Was hat das arme Zeugungsgeschäft, das so natürlich, so notwendig, so gerecht ist, den Menschen zuleide getan, daß sie, ohne
schamrot zu werden, davon zu sprechen sich nicht erlauben, und
es aus ernsthaften, ehrbaren Gesprächen verbannen? Wir sagen
ohne alles Bedenken: töten, stehlen, verraten; und jenes würden
wir nicht ohne entsetzliches Maulspitzen nennen. Soll das etwa
so viel heißen, daß, je weniger wir uns darüber in Worten
auslassen, je mehr sei es uns erlaubt, unsere Gedanken damit
auszufüllen...?" (eod.loc.)

Die Zeit solcher Offenheit und Entspanntheit ist mit dem 17.
Jahrhundert auf dem Kontinent vorbei, und zwar insbesondere,
weil mit ihr eine sehr welterfahrene Skepsis gegenüber allen
"grundsätzlichen" Aussagen und Theorien enthalten war. Jetzt
aber - im 17. Jahrhundert bis zu uns hin - geht es um das
Grundsätzliche!

Damit kommen wir zum zweiten Teil der Beantwortung der Frage, warum eine "Wende" gerade 1630 oder etwas später geschah. Zugleich kann nun gesagt werden, warum diese Wende so schnell kam:

"Warum betrachteten die Menschen in den Jahren nach 1640 Montaignes Toleranz nicht mehr als vereinbar mit aufrichtigem religiösen Glauben?" (81)

Toulmin kehrt an dieser Stelle - S. 85 - zum gewaltsamen Tod von Heinrich dem Vierten in Paris zurück. Und er beschreibt sehr plastisch, wie dieser König in einer Zeit immer mehr aufgeheizter religiöser Spannungen - die häufig zugleich auch bestimmte Bevölkerungsgruppen gegeneinander trieben, also weit über das Lokale hinausgingen - die Hoffnung Aller auf Ausgleich und Beruhigung geworden war. Mit seinem plötzlichen Tod breitete sich ein allgemeines Entsetzen aus, so als sei er das Zeichen für eine nun nicht mehr aufzuhaltende schlimme Entwicklung, - eine Befürchtung, die dann sehr bald von der Wirklichkeit überholt werden sollte.
Denn jetzt trafen dynastische (Erbfolge)-Streitigkeiten, alte Feindseligkeiten und religiöse Spannungen derart aufeinander, daß bald Unversöhnlichkeit überall herrschte. Das von Heinrich IV. noch aufrechterhaltene Gleichgewicht zwischen Katholiken und Protestanten war endgültig dahin.
Toulmin setzt zur Antwort auf die in dieser Situation aufgeworfenen Fragen an, indem er selbst fragt: "Was konnte ein Intellektueller in dieser bluttriefenden Situation tun?" (97). Die Antwort folgt auf derselben Seite:

"Die Bereitschaft der Humanisten, mit Ungewißheit, Vieldeutigkeit und Meinungsverschiedenheiten zu leben, hatte in ihren Augen (den Augen der jungen Intellektuellen in der Mitte des 17. Jahrhunderts) nicht verhindern können, daß der religiöse Konflikt außer Kontrolle geriet; daher, so schlossen sie, hatte diese Bereitschaft zur Verschlimmerung der Situation beigetragen. Wenn man mit der Skepsis auf keinen grünen Zweig gekommen war, dann war Gewißheit (U.v.V.) um so dringender vonnöten. Vielleicht war gar nicht ganz klar, wessen man eigentlich gewiß sein sollte, aber Ungewißheit war auf jeden Fall unannnehmbar." (98)

Toulmin schildert im weiteren, wie die Jugend des Descartes vom Tode Heinrich IV. berührt wurde, geht dann aber weit ausholend darauf ein, wie in und nach der totalen Verwirrung der Geister die Suche nach Gewißheit auf unterschiedlichen Ebenen auftritt und sich das neue Europa unter dem Dach allgemeinster Ideen entwickelt, in denen immer mehr vom Speziellen und vom Zeitgebundenen abgesehen wird.

Er unterscheidet dabei mehrere Stufen der Entfernung von "Rationalität" in dem eben diesem Begriff angeblich so verbundenen Denken.

Der erste Schritt (138 ff.) geschieht mit der Absicht von Descartes, ein sicheres System der menschlichen Erkenntnis aufzubauen, indem er die ererbten Begriffssysteme "über Bord" (139) warf und wieder am Nullpunkt - einer "tabula rasa" - anfing. Aber, sagt Toulmin (140), das ist in sich bereits ein irrationaler Ansatz:

"...das beste Kriterium dafür, daß wir unsere Probleme 'rational' oder 'vernünftig' angehen, liegt nicht darin, alle ererbten Begriffe abzulehnen, sondern darin, wie weit wir sie auf Grund unserer Erfahrung verfeinern".

Der zweite Schritt (211 ff.) war nicht nur die Kolonialisierung der Welt in einem neuen Über-Unterordnungssystem im Rahmen des Plans eines allwissenden Gottes, sondern die Trennung von Vernunft und Gefühl, ja ihre scharfe Entgegensetzung. (219) Die Verabschiedung von einer der Welt zugewandten Rationalität führte insgesamt zu einem Weltbild, von dem wir uns unterdessen beginnen zu verabschieden:

"Zwischen 1690 und 1914 erlebte Europa die hohe Zeit des souveränen Nationalstaats. Gut zwei Jahrhunderte lang stellten nur wenige ernsthaft in Frage, daß der Nationalstaat theoretisch und praktisch das politische Gebilde war. In diese Jahre fällt auch die hohe Zeit des Naturbildes, das wir als das Gerüst der Moderne bezeichnet haben. Vor allem in England und in Frankreich stellten nur dickfellige Gemüter, denen geistiges und gesellschaftliches Außenseitertum nichts ausmachte, die Cartesische

Trennung der menschlichen Vernunft von der natürlichen Maschine
(= Gefühl, d.V.) oder die stabile, hierarchische Kosmopolis in
Frage, die die Newtonianer darauf aufbauten. Doch nach 1914
gerieten diese wissenschaftlichen Ideen und sozialen Praktiken
weithin wieder in Zweifel. Zum erstenmal erwies sich die absolute Souveränität der einzelnen Nation als schädlich und un-
zeitgemäß; und gleichzeitig gingen in der Wissenschaft die letzten
Balken des Gerüsts der Moderne zu Bruch." (225)

Da uns auch hier in erster Linie der sozialhistorische Ansatz
Toulmins interessiert, bringen wir die Ausführungen Toulmins
zum "weiteren Weg" nur ganz andeutungsweise. Nach Behandlung
des "Mythos von der tabula rasa" plädiert er für eine Wiederherstellung der praktischen Philosophie, mit einer Rückkehr zum
Mündlichen, zum Besonderen, zum Lokalen und zum Zeitgebundenen,
insgesamt vom "Leviathan zu Liliput" (307). Und entsprechend
dem ganzen Kontext plädiert er für eine Kontrolle des "Rationalen" durch das Vernünftige, - hierbei besonders stark an Karl
Mannheims "substantielle Rationalität" erinnernd.
Im "Epilog: Wir stehen wieder vor der Zukunft" (322) heißt es
dann:

"An der Schwelle des dritten Jahrtausends stehen wir am Übergang
von der zweiten zur dritten Phase der Moderne - oder, wenn man
lieber will, von der Moderne zur Postmoderne. Dieser Übergang
kommt durch Veränderungen zustande, auf die wir keinen Einfluß
haben; wir haben aber die Wahl zwischen zwei Einstellungen
gegenüber der Zukunft, jede mit ihrem 'Erwartungshorizont'. Wir
können eine Perspektive begrüßen, die neue Möglichkeiten eröffnet, aber neue Ideen und anpassungsfähigere Institutionen ver-
langt; und wir können in diesem Übergang einen Anlaß zur Hoffnung sehen und nur nach mehr Klarheit über die neuen Möglichkeiten und Anforderungen streben, die sich in einer Welt der praktischen Philosophie, der multidisziplinären Wissenschaften und
der trans- oder subnationalen Institutionen ergeben. Oder wir
können uns von den Möglichkeiten der neuen Periode ängstlich
abwenden und hoffen, daß die Lebens- und Denkformen, die für das
Zeitalter der Stabilität und Nationalität typisch waren, wenigstens noch während unseres eigenen Lebens vorhalten."

2.8.5.1 Anmerkungen

Daß Toulmin sich am Tode Heinrich's des IV. - 1610 - festmacht, soll hier nicht weiter kritisiert werden, obwohl die folgenden schweren Auseinandersetzungen sich auch ohne den Tod des Monarchen - vielleicht etwas verzögert - ereignet hätten. Was Toulmin aber als unverzeihliche Naivität angekreidet werden muß ist der Umstand, daß er sich nicht deutlicher auf die tiefliegenden Wurzeln des "abendländischen Schismas" bezieht, von denen her die Abspaltung des Protestantismus von der alleinseeligmachenden katholischen Kirche nur verständlich wird. Und zu diesen Wurzeln gehört mit Sicherheit der sogenannte "Universalien-Streit" des frühen Mittelalters, d.h. der Streit um die "Würde" allgemeiner Begriffe im Sinne des Glaubens an Gott und seine Schöpfung.

Der Universalien-Streit (Universalia = allgemeine Begriffe oder Begriffe überhaupt, insofern sie mehr als ein Ding umfassen) begann im Kreis der sogenannten "Scholastiker", d.h. von Philosophen aus Klöstern, Klosterschulen (scola, lat. = die Schule) und - später - den Universitäten. Diese Denker versuchten, die christlichen Glaubenssätze auf der Basis des -damals - aus der Antike überlieferten (kärglichen) Wissens zu systematisieren und zu begründen.

Ein Hauptinteresse war lange Zeit der Frage gewidmet, ob die allgemeinen Begriffe wirkliche Dinge bezeichneten oder nur Ergebnis des (Nach-)Denkens seien. Der sich an dieser explosiven Frage entzündende Streit ebbte nach dem 11. Jahrhundert ab; die Glaubensmächte waren stärker und die "Realisten", d.h. diejenigen, die die Dinge und Begriffe untrennbar gekoppelt sahen, siegten.

Im 14. Jahrhundert flammte der Streit wieder auf und offenbarte seine Sprengkraft deutlicher. Seine Bedeutung für uns liegt darin, daß den Menschen der tieferen Vergangenheit und offenbar aller Kulturen der Gedanke (mehr wohl das Gefühl) nahelag, daß die Sache ihr Namen selbst sei, und zusammenfassende Begriffe in den Dingen sozusagen verwurzelt seien, die sie gemeinsam bezeichneten. Oder: Daß der Name von - gleichen oder ähnlichen - Dingen sie selbst sozusagen von innen heraus offenbare. D.h.: Dinge/Umstände und Bezeichnung schienen untrennbar miteinander verbunden. Wie schon gesagt, wurden diejenigen, die diese Ansicht als Philosophen/Theologen vertraten "Realisten" genannt. Die Nominalisten dagegen vertraten die schon aus der Antike her bekannte Ansicht (z.B. der "Kyniker"), daß die Begriffe bloß aus dem Denken stammen und den Dingen nachträglich angeheftet worden seien, d.h. relativ willkürlich. Also kamen die Begriffe nach der Sache, steckten nicht <u>in</u> den Sachen. Das bedeutete in der Folge, daß Begriffe subjektiv oder kollektiv variierbar seien, und es bedeutete für die damalige glaubenserfüllte oder doch glaubenssehnsüchtige Welt nichts anderes, als daß die von Gott gegebene Welt nicht unveränderlich sei, sondern vom Menschen verändert werden könne.

Welche soziale Sprengkraft solche Gedanken dann haben konnten, wenn die Zeit "reif" war, braucht hier wohl nicht ausgeführt zu werden.

Und in der Zeit, bei der Toulmin ansetzt, war die Zeit reif für endgültig nominalistisches Denken, daß sich in der täglichen Praxis längst durchgesetzt hatte. Im Zusammenhang mit Toulmin's Denken sei auf Peter W e h l i n g , Die Moderne als Sozialmythos - zur Kritik sozialwissenschaftlicher Modernisierungstheorien, Campus, Ffm., 1992 verwiesen.

2.9 Überblick

Versucht man - nach Kommentierung und Kritik in den "Anmerkungen" - die einzelnen sozialhistorisch orientierten Arbeiten unter dem Aspekt zusammenzufassen, was sie uns heute noch bedeuten können, dann ergibt sich das folgende Bild:

Die M a r x 'sche Herleitung des Kapitalismus ist schwach. Aber die Charakterisierung dieses uns noch heute beschäftigenden Wirtschaftssystems enthält Züge, die auch heute noch erkennbar sind. Insbesondere ergibt sich die Frage, wieweit nicht bereits de facto die Völker der Armutswelt in den Status des Proletariats gerückt sind, eines "Weltproletariats", das zwar "Arbeiter-Reserve-Armee" ist, aber nicht der Träger einer besseren Zukunft. Marx konnte das nicht in den Vordergrund seines Denkens stellen; es muß aber erwähnt werden. Zudem ist die Warnung, ein ungehemmter Kapitalismus würde nicht nur Alles zur Ware machen sondern darüber hinaus die Natur und damit die Grundlage des Lebens auf der Erde zerstören, nicht zu vergessen.

Max W e b e r hat vielleicht - trotz seiner "salvatorischen" Äußerungen - dem Calvinismus bei der Entstehung des Kapitalismus ein zu großes Gewicht beigemessen. Aber viele Züge eines Lebens unter dem Motto "Arbeiten und nicht verzweifeln" müssen wohl doch auf die protestantische Ethik bezogen werden. Beruf hier und Erstarrung des Lebens dort in Bürokratisierung sind Teile eines uns noch immer und teils eher mehr vertrauten Profils einer Gesellschaft, die sich dieser Zwänge auch deshalb nicht entledigen kann, weil unterdessen der ausschließliche Weg zu mehr Wohlstand über eine Marktwirtschaft zu gehen scheint, in der die alten Industriegesellschaften in denjenigen Konkurrenzfeldern in die Defensive geraten, auf denen sie noch gestern die Herren waren.

Norbert E l i a s' Analyse der Entstehung von mehr Rationalität durch Monopolisierung von Macht und Herrschaft, und damit befriedeten Räumen, ist insofern noch anregend, als sie einerseits eine Ergänzung zu Max Webers Thesen liefert, andererseits ambivalent stimmt, da der Begriff der Rationalität unterdessen ins Zwielicht geraten ist (und Elias den Karl-Mannheim'schen Begriff der "substantiellen Rationalität" nicht in sein Gedankengebäude eingebaut hat. Immerhin äußerte er sich an verschiedenen Stellen in diesem Sinn). Soweit aber mit Rationalität "verlängerte Handlungsketten" gemeint sind, trifft die These durchaus: Was "eigentlich" notwendig wäre, liegt heute viel klarer vor uns als je zuvor. Solches Denken ist aber nur in Form der langen Probe-Handlungs-Ketten, nämlich vorausschauenden Denkens aufgrund klarer Gegenwartsanalyse möglich. Und dieses Denken wäre nicht in Kriegswirren und unter dauernden existentiellen Belastungen entstanden. Es braucht "befriedete Räume", und die entstehen offenbar nur im Bereich großflächig konzentrierter Macht.

David R i e s m a n n schließt in gewisser Weise an Norbert Elias an, daher auch sein Beitrag hinter dem von Elias. Das genauere Wesen des "traditionalen" Menschen - unter geschichtlichem Aspekt - bleibt zwar etwas unklar, aber der "innengeleitete" Mensch ist bereits eine Figur, die nur in gesellschaftlichen Räumen denkbar ist, in denen umfassende Ordnungen erst (wieder-)gewonnen werden müssen. Er ist sozusagen der Mensch zwischen kurzen und langen "Handlungsketten", dem die internalisierten, verinnerlichten Grundwerte es erlauben, relativ unbeirrt zu handeln, was dann auf ein Leben entlang einer langen Handlungskette hinausläuft. Mit dem "außengeleiteten" Menschen entwickelt sich dann ein Typ, für den eine relativ befriedete Gesellschaft bereits vorausgesetzt werden muß wobei schwer zu entscheiden ist, ob das "befriedet" mehr die Entbindung von Sorgen wegen möglicher Angriffe ist oder ein erheblich angehobenes materielles Niveau.

Riesman setzt dafür einen Stillstand der Bevölkerungsbewegung voraus, der zu einer gesellschaftlichen Beruhigung führt. Aber es ist sicher nicht zufällig, daß dieser Menschentyp gerade in Gesellschaften auftritt, die - historisch verglichen - eine erhebliche Sicherheit verbürgen, und das auf der Basis einer Monopolisierung von Macht und Herrschaft über große Räume. Das Rationalitäts-Theorem tritt hier allerdings scheinbar zurück. Aber unter den Bedingungen nicht nur eines materiell sehr angehobenen Milieus, sondern auch der staatlichen Verfügung über riesige Mittel, verändert sich "Rationalität" unter der Hand in Beliebigkeit. Das bedeutet, daß einerseits beliebig, z.B. "außengesteuert", gehandelt werden kann, andererseits mobilisiert diese Situation aber eine neue Rationalität auf höherer Ebene, im Sinne der "substantiellen Rationalität" von Mannheim, - wie zitiert.

Walt R o s t o w s Thesen von den Stufen des wirtschaftlichen Aufstieges scheinen gegen die bisherigen Theoreme abzufallen.

Solange es aber nicht allgemeine Vorstellungen von einem "Zurück!" gibt, wird man allerorts den "Aufstieg" suchen, und andere Vorstellungen werden als zynisch betrachtet werden. Und Rostow gibt dazu eine Reihe interessanter Beobachtungen, die auch heute - man mag seine Stadieneinteilung im einzelnen kritisieren - ohne weiteres auf die Staaten oder Staatengruppen übertragbar sind, die unterdessen den wirtschaftlichen Anschluß an die "westlichen" Nationen, einschließlich Japans gesucht und teils gefunden haben.

Riesman und Rostow lassen eine eigentlich soziologische Betrachtung zurücktreten, sie haben entweder mehr sozial-psychologische oder wirtschaftliche Gesichtspunkte im Auge.

Mit G. Lowell F i e l d und John H i g l e y schiebt sich die soziologische Betrachtungsweise wieder in den Vordergrund, aber mit der - von Soziologen ungeliebten - Betonung der Elitenfrage und dem seit Pareto bündig nicht behandelten Thema des Verhältnisses zwischen Eliten und Nicht-Eliten sowie der Beschränkung der Handlungsfreiheit der Eliten durch dies Verhältnis, und zwar innerhalb der historischen Entwicklung.

Dabei liegt das Hauptinteresse der Autoren bei der Frage nach dem Zeitpunkt der Entstehung von "Konsensus"-Eliten und der Feststellung, daß solche Eliten, die sich unter sich geeinigt haben, nur in Verbindung mit bestimmten, "modern" eingestellten Nicht-Eliten möglich sind. Hier entwickelt sich steigende Rationalität also wechselseitig im Gegeneinander- und dann Zusammenspiel der gesellschaftlichen Kräfte, bis zur Jetztzeit, in der die Frage nach der Verfügung über befriedigende Arbeit oder Arbeit überhaupt zu schwer löslichen Spannungen zwischen den - vom Elitenkonsens begünstigten - "Insidern" und den benachteiligten "Outsidern" führt.

Dieter C l a e s s e n s nimmt die Ideen von Field und Higley auf, modifiziert aber den Eliten-Begriff, und zwar in Form einer erheblichen Verbreiterung auf alle aktiven Menschen, die "etwas bewegen". Darüber hinaus entwickelt er die an den verschiedensten Stellen schon vorhandene Idee, daß "Demokratie" nicht möglich sei, wenn sie nicht attraktiv ist, zu der Vorstellung der

"Stellenelastizität" einer Gesellschaft, d.h. ihren Möglichkei-
ten (und ihrer Bereitschaft), allen "Ehrgeizigen" auch einen
entsprechenden Platz, eine "Stelle" in der Gesellschaft anzubieten resp. anbieten zu können, so daß die - neu definierte -
Elite befriedet werden kann und sich kein "Elitenstau" bildet.
Von dieser Position aus erklärt er auch, wie es zum Eliten-
Konsensus im England des ausgehenden 17. Jahrhundert gekommen
ist, und damit zu Demokratie, d.h. einer gesellschaftlichen
Verfassung, in der Machtwechsel ohne Blutvergießen möglich ist
(Popper), eine Frage, die in den vorhergehenden Ansätzen entweder überhaupt nicht aufgenommen oder wenig beachtet wurde. Dieser Ansatz besagt logisch auch, daß bei Überbevölkerung und/
oder Verringerung des "Stellenangebots" (= Entfall von Arbeits-
plätzen) keine Demokratie (mehr) zu erwarten ist.
Hier endet dann also die historisch erworbene "Rationalität".
Übergehen wir hier die Äußerungen völliger Resignation, von
illusorischer Hoffnung oder Skepsis ohne Ausweg, dann treffen
wir bei Stephen T o u l m i n auf die - an vielen anderen
Stellen schon früher geäußerte - Idee einer falschen "Weichenstellung" in der europäischen Geschichte. An dieser Idee ist
zweierlei interessant: Einmal, daß in gewisser Weise die Idee
der "Entfremdung" wieder aufscheint, und zweitens, daß die nun
schon hundert Jahre alten Warnungen vor einer "Selbstmächtigkeit"
der Technik überhaupt nicht auftreten, es sei dann in der Form
einer Kritik am "descartschen" Denken. Aber "Technik" im neueren Sinn gab es schon sehr früh, und sie kam nur deshalb nicht
zu weiterer Entwicklung (oder die Entwicklung schleppte sich
unendlich langsam voran; endete an tabuierten Stellen) weil - s.
"tabuiert" - die gesellschaftliche Ordnung das nicht zuließ.
Erst der sich entwickelnde Kapitalismus gab der schnelleren
Entwicklung der Technik Raum und stellte sie zunehmend in seinen
Dienst, wobei sich sehr bald herausstellte, daß sie Tendenzen zu
einer Eigenmächtigkeit entwickelte, von der jeweils die nach-
rückenden Kapitalisten- oder Unternehmergenerationen entzückt
waren, während die durch diese Entwicklung negativ Betroffenen
zurückblieben. Unter diesem Aspekt ist es außerordentlich ver-

wunderlich, daß sich die Soziologen nicht näher mit Lewis M u m f o r d ' s "Mythos der Maschine - Kultur, Technik und Macht" (Europa-Verlag, Wien, 1974/ 1967) beschäftigt haben, einer Arbeit (von leider 850 Seiten), in der eben diese Verflechtung sorgfältig beschrieben und analysiert wurde.

3. Anhang: Sozialgeschichte in spezieller Persepktive

Die Absicht der bisher vorgeführten Autoren bestand im Nachweis
bestimmter Gründe für die Entwicklung "auf uns zu". Dazu setzten
sie in der Regel im Mittelalter oder auch frühem Mittelalter des
"Abendlandes" an, das heißt meist nach dem 10. oder 11. Jahrhun-
dert unserer Zeitrechnung in Europa. Gleichzeitig betonte jeder
Autor - Autorinnen wurden bisher nicht zitiert - diejenigen
Umstände, sozialen, politischen oder religiösen Strukturen und
Bewegungen, die im Rahmen seiner "Beweisführung" wichtig erschienen, das heißt: Es wurde selektiv betont.
So fallen bei Elias (in der behandelten Arbeit) Universitäten,
Klöster, auch Städte weitgehend aus der Betrachtung heraus; bei
Max Weber finden das wirtschaftliche Umfeld der gesamten euro-
päischen Entwicklung seit Anfang des Jahrtausend's und die
protokapitalistischen Vorgänge in England wenig Beachtung; die
Genese eines selbständigen Bürgertums, besonders in seinen Mit-
telschichten, kommt bei Marx zu kurz; Rostow interessiert sich
- seinem Programm entsprechend - für die Zusammenhänge zwischen
Bevölkerungsbewegungen, Zerfall alter Strukturen und wirtschaftlichem Wachstum; Riesman schließlich für eben dies Problem, den
Zerfall stabilisierender Institutionen, aber im Zusammenhang
mit der sich verändernden Psyche oder Mentalität der Menschen.
Die Vernetzung aller dieser und der hier nicht genannten Ansätze
führt zwar "auf uns zu", aber im Bild der Vergangenheit, das von
den Autoren insgesamt gezeichnet wird, bleiben doch erhebliche
Lücken.
Wenn versucht wird, einige wichtige dieser Lücken im Folgenden
- andeutungsweise - zu füllen, bedeutet dies nicht, daß die
dabei berührten Fakten auch in die im Teil 2. vorgeführten
theoretischen Ansätze integriert werden. Das würde an verschiedenen Stellen zu Veränderungen der theoretischen Annahmen führen, eine Arbeit, die hier nicht beabsichtigt und auch nicht zu
leisten ist.
Die folgenden Skizzen zu Einzelthemen sollen daher eine - teils
unkonventionelle - Anregung zur "Auffüllung" der im Hauptteil

gebotenen Studien sein; vielleicht enthalten sie auch Anregungen zum Weiterstudium.

Die Kürze der Texte bedeutet zwangsläufig Vereinfachung; deren Korrektur ist durch die angegebene Literatur leicht möglich, und in den angeführten Werken sind dann jeweils wieder ausführliche Literaturlisten zum Thema.

Zur detaillierteren Orientierung ist zu verweisen auf Reinhart K o s e l l e k u.a., Geschichtliche Grundbegriffe, Stuttgart, 1972-1984 und Hans-Ulrich W e h l e r , Bibliographie zur neueren deutschen Sozialgeschichte, C.H. Beck, München, 1993.

3.1 Der Feudalismus - Das Lehnswesen

Normalerweise kann man ein größeres historisches Gebiet nicht allein aus der Perspektive nur eines Buches beschreiben; im Falle "Feudalwesen" fühle ich mich berechtigt, nur auf ein einziges Buch zurückzugreifen, das bei großer Handlichkeit - mit 206 Seiten - den Vorzug hat, zugleich beschreibend, analytisch und ein Handbuch zum Nachschlagen zu sein. Francois Louis G a n s h o f ' s "Was ist das Lehnswesen?" (1961 b.d. Wissenschaftlichen Buchgesellschaft Darmstadt; franz.: "Qu'est-ce que la féodalité?", 1944).

Ganshof, damals Professor an der Juristischen Fakultät der Universität Paris, schildert in dieser Arbeit die Anfänge des sogenannten "Lehnswesens", seine verschiedenen Verzweigungen und die in ihm angelegten Gründe für seine ständige Riskiertheit.

Auf das Feudalwesen - ein anderer Begriff für Lehnswesen - wurde bereits im Abschnitt 2.4 zu Norbert Elias etwas ausführlicher eingegangen. Daß das Thema hier nochmals aufgenommen wird, hängt nicht nur damit zusammen, daß man sich vor, mit und nach Karl Marx ständig auf "den Feudalismus" oder das Feudalwesen bezogen hat, sondern auch mit der interessanten Tatsache, daß sich im Lehnswesen, für den Soziologen faszinierend, eine Mechanik zeigt, die mit einiger Sicherheit von den Anfängen menschlicher Gesellschaft an wirksam gewesen oder genutzt worden ist, und die bis zu unseren Begriffen von "Seilschaft", "Don-Corleone-Prinzip" und so weiter reicht. (Das "Don-Corleone-Prinzip", aus dem Roman und dann Film "Der Pate" bekannt, besagt, daß ein Mächtigerer, gleich, worauf seine Macht beruht, einem Hilfesuchenden unter der Bedingung hilft, daß der ihm zu einer beliebigen Zeit zu Diensten stehen wird, wobei die Art des Dienstes, je nachdem, festgelegt wird oder unbestimmt bleibt).

Das Lehnswesen ist aber noch in anderer Weise interessant: Die im einzelnen noch darzustellenden Abhängigkeitsverhältnisse, die zu einer Hierarchie von Abhängigkeiten führen oder führen können, gehen jeweils von einem Zentrum, dem Lehnsherren aus und legen sich sozusagen ringförmig um dies Zentrum. Denn der lokal Mächtige, der Lehnsverhältnisse "errichtet", ist naturgemäß daran interessiert, daß Lehnsleute sich an den schwächsten Stellen seiner Grenzen ansiedeln, was nicht verhindern muß, daß er an anderer Stelle, wo er glaubt leicht bei einem Nachbarn eindringen zu können, ebenfalls seine Anstrengungen vermehrt, Lehnsverhältnisse zu schaffen, die für ihn günstig sind. Dadurch können die "Ringe" um ihn unregelmäßig werden. Wichtig ist hier, daß der Soziologe oder der, der soziologisch denken will, daran denkt, daß mit dieser Praxis ein "befriedeter Innenraum" - nach Elias - entsteht, oder ein "Insulationsprozeß" eingeleitet wird, der bestimmte, angebbare Folgen hat; das wird im Verlauf der Bestimmung des Lehnswesen deutlich werden.

Zur näheren Definition ist zuerst zu sagen, daß die Begriffe "Feudalwesen" und "Lehnswesen" in ziemlich schwierig zu klärender Weise miteinander konkurrieren. Das hängt damit zusammen, daß "Vasallen"-Verhältnisse sehr früh und an vielen Stellen der Welt auftraten, und "in Abhängigkeit befindliche Freie" bedeutet (S. 3 bei Gansfeld) und daß diese Abhängigkeit später durch ein "Lehen" oder "Feudum" hergestellt wurde, die "vergeben" wurden.

Die Vorstufe wird in der folgenden Textpassage deutlich (S. 5; aus einer Sammlung von Mustern zur Abfassung von Urkunden, etwa um 740):

"An den großmütigen Herren ..., ich ... Da es allen wohl bekannt
ist, daß es mir an Nahrung und Kleidung fehlt, habe ich mich
bittend an Euer Erbarmen gewandt und habe frei beschlossen, mich
in Eure Munt (hier: gleich "Hoheit") zu begeben oder zu
kommendieren. Und das habe ich getan; es soll so sein, daß Ihr
mir mit Speise und Kleidung helft und mich unterhaltet, und zwar
in dem Maße, wie ich Euch dienen und mir damit Eure Hilfe
verdienen kann. Bis zu meinem Tode muß ich Euch dienen und
gehorchen, so wie ich es als freier Mann vermag, und zeit meines
Lebens werde ich mich Eurer Gewalt oder Munt nicht entziehen
können, sondern ich werde, solange ich lebe, unter Eurer Gewalt
und Eurem Schutz bleiben. Und so kamen wir überein, daß der von
uns beiden, der sich diesen Abmachungen entziehen wollte, seinem Vertragspartner soundsoviel Solidi zahlen muß und daß die
Vereinbarung selber in Kraft bleibt.
Daher schien es angebracht, daß die Parteien zwei Urkunden
gleichen Inhalts verfaßten und bestätigten. Und so taten sie."

Diese Urkunden-Vorlage - der viele folgende tatsächliche Urkunden entsprechen - läßt nun offen, in welcher Weise der angespro-
chene "Herr" - nach Abschluß des Vertrages - der eingegangenen
Verpflichtung gegenüber seinem neuen "Kommendierten" oder Vasallen entspricht oder entsprach. Die wirklich nächstliegende
Form ist, daß der Vasall Mitglied der Burg- oder Hofgemeinschaft
wird, d.h. unmittelbar dem "Zentrum" angegliedert wird. Theoretisch ergibt sich auch der Weg, daß ihm, der weiter entfernt
lebt, Lebensmittel oder gewisse Anrechte darauf zur Verfügung
gestellt werden. Der dann aber näherliegende Weg ist der, dem
neuen Vasallen ein Stück Land zur Bewirtschaftung zu überlassen, groß genug, damit er sich und die Seinen ernähren kann,
wogegen er "in der Pflicht" gegenüber dem dies "Lehen" Vergebenden
bleibt. Diese Verpflichtung konnte - ganz nach Gegebenheiten -
sehr unterschiedlich ausfallen (S. 9). Häufig mußte - neben der
Verpflichtung, im Notfall Waffenhilfe zu leisten - ein Zins
gezahlt werden oder Abgaben in Naturalien; soweit aber dem
Lehnsherren besonders am Vasallen lag - sei es aus welchen
Gründen - konnte der Zinssatz auch sehr niedrig sein oder ganz
entfallen; das war wohl der Fall, wenn - wie bereits oben
erwähnt - der Vasall an einer anfälligen Grenze "saß" und man
sich seiner Zuverlässigkeit (= Treue) in besonderem Maße verge-
wissern wollte.

In der Regel floß also - neben den Verpflichtungen zur Waffenhilfe - von den Vasallen her, also unter Umständen von allen Seiten, ein ständiger Strom von Abgaben sei es welcher Art ins Zentrum.

(Hier kann nun an die Bemerkung angeknüpft werden, daß sich mit dieser "Lehensvergabe" ein "Insulationsprozeß" verbindet. "Insulation" meint, daß Außenstehende in einer Art Kreis oder Ring den Außendruck der Realität [ob sie das wollen oder nicht] von dem von ihnen umschlossenen Gebiet abhalten. Daher kann es "innen" "wärmer" werden; das innere Klima ist gegenüber dem Außenklima "luxurierend", wie die Innentemperatur sogar in einem unbeheizten Haus höher liegt, als die Außentemperatur.)

In unserem Fall kommt - durch Vergabe von Lehen in Form von Grundstücken zum Waffenschutz "ringsherum" - noch der Zufluß an materiellen Gütern hinzu, ein Zufluß, der den im Zentrum Befindlichen erlaubt, dies Zentrum (im Zweifelsfall eine Burg) auszubauen und weder dazu noch zur täglichen Erhaltung die Hand zu rühren. Denn auch zu Funktionen wie der Organisation von Bauten oder zum "Ordnunghalten" können Vasallen geworben werden, die dann ebenfalls von den "Außenvasallen" unterhalten werden.

(Denkt man nun in dies System noch abhängige Kleinbauern hinein, die sowohl vom Zentrum als auch den grundstücksbesitzenden Vasallen ausgebeutet werden, dann kann nicht verwundern, daß die der kalten Realität am meisten Ausgesetzten, nämlich die Bauern, kleinwüchsig und grob sind, und letztendlich in der wärmeren Burg - später dem Schloß - hochgewachsene Menschen mit "veredelten" Gestalten und Gesichtszügen zu finden sind, besonders, was die in ihren "Kemenaten" noch zusätzlich "insulierten" Frauen anbetrifft.)

Ganshof stellt fest, daß nach allen Quellen bereits gegen Ende des 7. Jahrhunderts "Benefizien" (etwa wie: Wohltaten, Gaben), d.h. hier "Lehen" vergeben worden sind. Deutlich treten die an sich nicht unbedingt zusammengehörigen Handlungen "Vasallität" und "Lehnsvergabe" erst im 8. Jahrhundert auf, das heißt aber noch vor der Zeit Karls des Großen (742-814). Die Frage: "Woher die Lehen, d.h. meist Grund und Boden, nehmen?" wurde schon früh höchst praktisch gelöst, z.B. durch Beschlagnahme von kirchlichen Gütern, die z.B. in Franken überreich vorhanden waren ("Usurpation" durch Karl Martell [der Hammer], dem Vater Karls d. Großen); in diesem Fall wurden den Kirchen bis 744 die Güter durch drei Konzile wieder zugesprochen, da die Folge der Wegnahme der drohende Zerfall der Kirche war (15), aber de facto blieben viele Güter im Besitz der mit ihnen geworbenen Vasallen. Dies nur als Beispiel. An sich gab es zu dieser Zeit noch reichlich Land zu verteilen, nur nicht gerade an den erwünschten Stellen; Anfang des 12. Jahrhunderts war dann alles Land besetzt.

Bevor hier Folgen eintraten spielte sich ein anderer wichtiger Vorgang ab:

"Noch im 7. Jahrhundert war der sich kommendierende vassus im allgemeinen ein Mann, der wohl frei, aber von niederem sozialen Rang war. Nun haben die ersten Karolinger ansehnliche Kirchengüter, ganze Grundherrschaften und bald auch ausgedehnte Güter aus Eigenbesitz als Benefizium unter ihre Vasallen verteilt und auf diese Weise auch Männer aus anderen sozialen Schichten, eine stets wachsende Zahl von Angehörigen der oberen sozialen Ränge, der Aristokratie, in ihre Vasallität gezogen: unter anderem die Grafen, die die Vertreter der öffentlichen Gewalt waren. Der diesen Leuten zur Verfügung gestellte Grundbesitz versetzte sie übrigens in die Lage, nun ihrerseits nach demselben Verfahren Vasallen zu unterhalten. Auf diese Weise hob sich das soziale Niveau der Vasallenschaft." (17/18)

Daß sich in solcherart erweitertem Vasallenkreis mit ihrerseits Mächtigen neue, nicht in jeder Situation willkommene Zentren bilden konnten, ist leicht einzusehen. Zuerst war es dem (Zentral-)Herren sehr erwünscht, wenn ein Vasall, der selbst einen hohen Rang einnahm, durch ein großes Aufgebot von eigenen Vasallen im Kriegsfall energisch Hilfe leisten konnte. Solche ("Unter"-)Vasallen waren häufig Leute, die ihre Vasallenschaft nur mit ihrem Dienst auf der Burg (später: "bei Hofe") ableisteten und dafür den "standesgemäßen" Unterhalt, aber keinen Bodenbesitz erhielten; manchmal wurden sie "Reisige" genannt. Dieses quasi "stehende Heer" (von seiner Einführung im großen Maßstab sind wir noch weit entfernt!) mußte dann von weiteren Untervasallen mit Grund und Boden erhalten werden (was Spannungen

ergab); zugleich bildete eine solche parate Kampftruppe nicht
nur willkommene Hilfe für den Zentralherren, sondern stellte
auch ein Kräftereservoir dar, das mit Aufmerksamkeit betrachtet
werden mußte. Vorerst strebte jeder Mächtige danach, die Anzahl
seiner Vasallen fortlaufend zu erhöhen. (21/22) Für Ärmere war
die Vasallenschaft eine Rettung vor dem Absinken in die Masse
der Landbevölkerung (22), für Mächtige in strategisch guter
Position kam Vasallenschaft gar nicht in Frage, sie blieben
unmittelbar dem König "unterthan" und hatten als "Königsvasallen"
ein sehr hohes Ansehen.
Aber Vasallen wurden auch Bischöfe, Äbte, Äbtissinnen, und deren Vasallen konnten sehr unterschiedliche Stellungen einneh-
men. War ein Abt sehr angesehen und mächtig, konnte es sein, daß
auch ein Reicher bei ihm Vasall wurde, um so am Prestige und dem
Schutz teilzunehmen; umgekehrt sank mit dem Zustrom an ansehn-
licheren Vasallen das Ansehen der einfachen Vasallen, die oft
sogar Pferd und Waffen vom Herren erhielten und nur ihre Körper-
kraft und Geschicklichkeit zur Verfügung stellen konnten. Trotzdem
lebten sie "in einer völlig anderen Welt, die mit der des
Hausgesindes und der Feldarbeiter nicht das geringste gemein
hatte". (25) Der Vasall war frei und unterwarf sich erst mit
Treueeid - dem entsprechende Rituale auf der anderen Seite
gegenüberstanden (die "Kommendation") - den vertragsmäßigen
Verpflichtungen; er konnte "ausbrechen", wenn sich der Herr
ehrenrührig oder mit erhobener Waffe gegen ihn oder seine Angehörigen wandte. (29ff.) Dabei wurde in dieser Zeit "servitium"
- ein Begriff der früher eher an Knechtschaft und Ehrenrühriges
erinnerte - zum gängigen und angesehenen Begriff für Vasallen-
tum. (32)
Daß im 9. Jahrhundert der Begriff der "Treue" hervorgehoben
wird, hängt vermutlich (36) damit zusammen, daß "fortwährend
Vasallen ... ihren Herrn verlassen und verraten. In den meisten
Fällen war der Wunsch, sich zu bereichern und neue Benefizien zu
erhalten, das Motiv für ähnliche Vertragsbrüche". Der Herr mußte seinen Vasallen unterhalten. Das konnte - wie erwähnt - bei
Hofe oder durch Lehen, d.h. hier: Grundbesitz-"Verleihung" ge-

schehen; daher ergab sich die Unterscheidung zwischen "Vassi cassati" (= Vasallen mit Beneficium) und "Vassi non cassati" (= Vasallen ohne Benefizium). (Wurden Lehen an Höhergestellte oder besonders Verdiente gewährt, konnten sie auch als Eigentum vergeben werden und hießen dann, wie Bodeneigentum überhaupt, "Allod".) Es bürgerte sich aber auch ein, daß Beneficien oder Lehen nicht nur als kleine Vergünstigungen an Gesindemitglieder vergeben wurden, d.h. als Vorrecht oder Anspruch. (38)

Die Vergabe von Gütern der Kirche, durch die eine mittelbare Art von Vasallenschaft geschaffen wurde - die Vasallen mußten an die Kirche zahlen, und diese dann an den Lehnsherren - blieb üblich, da Land - wie gesagt - knapp wurde; am liebsten vergab man aber an zuverlässige und fleißige Leute ungerodetes Land - soweit noch vorhanden - da damit zwei Fliegen mit einer Klappe geschlagen wurden: Das Land wurde urbar gemacht und bald danach flossen Abgaben.

Die Verleihung des Beneficiums/Lehens endete mit dem Tode sowohl des Herren als auch des Vasallen. In der Praxis bedeutete das, daß nach dem Tode eines Herrschers sich seine Vasallen sofort seinem Nachfolger (oder aber einem Anderen) verpflichteten. Für Hinterbliebene von Vasallen blieb die Zukunft offen, vorerst waren sie auf "Gnade" angewiesen.

Die Rechtsfrage (45 ff.) schien anfangs geklärt: Dem Herren gehörte das Land auch weiterhin, es war nur als Lehen vergeben. Komplizierter wurde es, als das Land, über das ein "Herr" verfügte, nicht mehr sein "Allod" (d.h. Eigentum) war, sondern bereits als Lehen an ihn vergeben worden war. War bei einem Herren, der eigenes Land (Allod) als Lehen vergeben hatte, ein Lehen freigeworden, konnte nicht ein nächster darauf Anspruch erheben, sozusagen "weil ein Platz frei geworden war". Hatte aber ein Vasall auf Wunsch seines Lehnsherren weitere Vasallen beliehen, d.h. mit Land, das ihm eigentlich nicht gehörte, dann war die Frage offen, ob er nicht nach einem so oder so verursachten Freiwerden des Landes es wieder als Lehen vergeben müsse, und an wen. Noch komplizierter wurde die Sachlage, wenn Positionen mit Einkünften als Lehen vergeben wurden (s. das Abt-

Beispiel) und der Inhaber einer solchen Position eine Teilfunktion, z.B. das Eintreiben von Steuern oder sonstigen Abgaben, als (Unter-)Lehen vergeben hatte und dieser "Vasall" starb: Konnte der "Herr" über den Kopf des Vasallen (hier: Abt) hinweg einen (Unter-)Vasallen an Stelle des Verstorbenen, nach seinem eigenen Willen, einsetzen?

Diese Situation führte zu einem Anwachsen von Rechtsstreitigkeiten und einer Herausbildung von Lehnsrecht und lehnsrechtlichen Vorstellungen, was zugleich bedeutete, daß immer mehr Juristen zur Klärung derartiger Fragen gebraucht wurden. Zugleich verstärkten sich die sehr alten Bestrebungen der Lehnsleute, mittels irgendwelcher Kunstgriffe mehr Rechte über das ihnen verliehene Lehen zu erlangen, wobei das Eigentumsrecht selbstverständlich das Ziel war. Der Königsweg dahin war das Verlangen nach Erblichkeit der Lehen. (48 ff.) Hier drehten und wanden sich - ebenso verständlich - die Herren. Früh wurde aber schon der Weg gefunden, dem Vasallen zu bescheinigen, daß er, wenn ein Sohn "würdig" war, diesem das Lehen in der Form "vererben" konnte, daß seine Vasallenschaft beurkundet auf jenen überging. Wo mehrere "würdige" Söhne genannt wurden, wurde die Sache wieder komplizierter; aber es gab Zusagen, in denen die Mehrzahl erwähnt wurde. Da sich der Herr oft nur durch die Zusicherung der Erblichkeit der Treue seines Vasallen versichern konnte, erfolgte sie schon früh, d.h. mit Sicherheit im 9. Jahrhundert. Es traten aber - wie schon erwähnt - noch weitere Schwierigkeiten auf, nämlich mit dem Problem der doppelten oder mehrfachen Vasallenschaft. (851 ff.) Denn der Wunsch, das Lehen auf die Familie zu fixieren und es zu vergrößern, war stärker als der rechtliche Sinn der Vasallen, trotz aller Treueschwüre.

An sich hat die Vasallenschaft nur Sinn, wenn einem Herren treu gedient wird, da im Falle von Zwistigkeiten zwischen zwei Herren, denen man Dienste gelobt hat, eine Lösung nicht möglich ist. Aber schon 895 wird ein Fall berichtet, in dem jemand Doppelvasall - allerdings bei befreundeten Fürsten - war (51/52). Zugleich schärft sich offenbar der kaufmännische Sinn der Vasallen: Sie können sich darauf berufen, daß die zu leistenden

Dienste naturgemäß in Relation zur Größe des gewährten Lehens zu
stehen haben. Hatte nun ein Doppelvasall bei einem Herren ein
größeres Lehen erhalten als bei dem anderen, (womöglich dem
ersten, der ihn zum Vasall gemacht hatte), dann hatte jener ein
größeres Anrecht auf Hilfe als dieser; auf der Waage konnte das
den Ausschlag geben, wer von den beiden Herren im Krisenfall zu
unterstützen war...
Das Ziel der Vergabe von Lehen war es ursprünglich gewesen, das
Gebiet des Königs zu sichern und seine Herrschaft zu festigen.
(53) Das muß man durchaus unter dem Aspekt des sich entwickelnden Staates sehen. So war z.B. das fränkische Reich unter Karl
dem Großen bei starker Ausdehnung unzureichend organisiert. Die
Vergabe von Vasallenschaften mit bestimmten Rechten sollte hier
Abhilfe schaffen und den Mangel an staatstragenden Institutionen kompensieren. So konnte durch entsprechende Verpflichtung
hoher Vasallen die Gerichtsbarkeit lokalisiert werden (meist,
wie erwähnt, bei Grafen) und Vasallen konnten verpflichtet werden, den Gerichtsverhandlungen beizuwohnen. Die Annäherung an
spätere "öffentliche" Institutionen wird dadurch deutlich, daß
die Grafenämter "comitatu", Grafenamt genannt wurden, oder
"ministerium", d.h. "öffentliches Amt". Der Zweck der Stärkung
des Königs wurde aber nicht erreicht (58 f.). Dieser Mißerfolg
war in der doppelten Abhängigkeit der "Unter"-Vasallen angelegt: Sie schuldeten ihrem direkten Herren Treue, aber durch ihn
hindurch auch dem König, der dessen Herr war. Im Zweifelsfall
wurde dem lokal näheren und direkten Lehnsherrn gefolgt, was in
kriegerischen Wirren fatale Folgen für den König hatte, wenn der
Vasall aufständisch wurde: Er konnte in der Regel nun auf seine
ihm nahen (Unter-)Vasallen rechnen. Zudem winkten aufständische
Grafen und Herzöge den noch Unschlüssigen häufig mit der Verleihung günstig erscheinender Lehen, was oft den Zerfall des als
Netz gedachten Systems beschleunigte. (59 ff.) Da die dem König
nächsten sogenannten "Kronvasallen" (in England dann die "Ba-
rons") meist zum König standen, gab es zwei Bewegungen: eine,
die den Staat erhielt, und eine zweite der Abspaltung von Her-
zögen, die die Herrschaft in umgrenzten Gebieten an sich rissen

und zu "Territorialfürsten" wurden. So ergab sich das Bild, daß sich der Königs-Staat nicht ganz auflöste, die Territorial-fürsten aber den König praktisch nur formal noch anerkannten, obwohl sie weiter, als Inhaber eines ursprünglich vom König verliehenen Beneficium oder "honor", Vasallen des Königs blieben. (63)

Wenn auch derart das Vasallenwesen starke Risse aufzeigte, - am wenigsten in Deutschland - verbreitete es sich doch durch die Eroberung Englands (1066, durch die Normannen) und mit der "reconquista" in Spanien (der Wiedereroberung Spaniens durch die Nordspanier). Es erreichte in Deutschland im 13. und 14. Jahrhundert einen Höhepunkt. Lokale Eigentümlichkeiten ergaben sich besonders in Spanien, aber auch in England, wo es dem König gelang, jedes "Allod" zu vermeiden und alle Lehen eben als Lehen zu vergeben, nicht als Eigentum. Als Begriff tritt das alte "feodum", fevum, dann feudum auf, fieff im Französischen, leen im Niederländischen. (114)

Und mit dem Selbstverständlichwerden von Lehnsherrschaft wächst auch die Anzahl verliehener Ämter und zahlloser Rechte: Markt-gebühren, Zollrechte, Münzrechte, Gerichtsbarkeiten, die Ämter von Burggrafen (Verwaltern), Vögten, Meiern, Verwaltern von Gerichtsbarkeiten, Steuereinnehmer-Rechte, alles Denkbare wur-de als Lehen verliehen, allerdings insofern nicht willkürlich, als die Masse dieser Ämter Folge des Lehnssystems selbst war. (121) Frauen waren auch von solchen Belehnungen nicht völlig ausgeschlossen (155), wenn es zum Vorteil des Königs war.

In Deutschland verlief die Entwicklung über das königliche "Lehns-gericht" zur Entwicklung eines "Reichsfürstenstandes", dem nur Inhaber von Kronlehen angehörten (179), die selbst mindestens zwei Grafschaften - als eigene oder Lehen - hatten. An weltli-chen Fürsten gehörten dazu nur Herzöge und Markgrafen. Es ent-wickelte sich eine strenge Hierarchie ("Heerschild"), die bis zu den "Ministerialen" und den unfreien Rittern reichte. Da der König auch bei fehlenden Erben die Kronlehen nicht an sich (zurück-)ziehen durfte, wurde Deutschland vollständig feudalisiert. Daher waren es dann auch Territorialfürstentümer, aus denen die deutschen Länder der Neuzeit hervorgingen, wie Preußen, Bayern, Österreich. (S. 179) In dies Bild ist allerdings einzubeziehen, daß zunehmend Bürgerliche durch Kauf Lehen erwarben, und sich das gesamte Ritual der Lehnsvergabe, von Lehnspflicht und "Treue" verweltlichte, teils fast verschwand, da oft allein der Erwerb eines größeren Gutes zu "Lehnsrechten" führte. Andererseits bewahrte z.B. der Status der "Reichsunmittelbarkeit" viele kleine Fürsten und sogar Ritter ("Reichsritter") vor dem Aufgesogenwerden durch größere Territorialherren. Aber allgemein blieb "feudal-vasallitische" Tradition sozusagen unterhalb der modernen Entwicklung lebendig und bestimmte die Denkart in vielen Institutionen bis ins 19. Jahrhundert. Liberale kamen bis 1914 nicht in die staatliche Verwaltung.

3.2 Der Staat

Der Staat spielte fast traditionell in der soziologischen Theorie keine Rolle. Erst bei jüngeren Soziologen hat die Entwicklung vom Polizeistaat zum Dienstleistungs- und Wohlfahrtsstaat mehr Beachtung gefunden. Über den "Staat" als Idee und Forderung gibt es eine umfangreiche Literatur, die unterdessen eine über 2000jährige Tradition bei uns hat, d.h. im "Abendland"; chinesische Äußerungen dazu datieren wesentlich älter. In den meisten Darstellungen zum "Staat" dominieren Vorstellungen davon, wie er sein müßte. Nach meist kurzen Feststellungen über die Notwendigkeit der Ordnung eines größeren Gemeinwesens folgen Vorstellungen über Sicherheit, Aufrechterhaltung der (meist alten) Ordnung, Rechtssicherheit, später über Garantie von Meinungsfreiheit, Versammlungsfreiheit und - nach anderen, leicht verständlichen Themen - über "Gerechtigkeit", ein Thema, das unterdessen Bibliotheken füllt.
Ähnlich alt wie Äußerungen zum "Staat" sind Vermutungen über die ersten Staaten und deren Entstehung, das heißt über die Entstehung von Staat überhaupt. In der Regel wird dabei auf Kenntnisse

über alte "kephale" Gesellschaften (Kephalos = Kopf) zurückgegriffen, d.h. Gesellschaften mit einer Art Oberhäuptling der
häufig auch oberster Priester war, wenn nicht der Repräsentant
der verehrten Gottheit selbst. Ein Schema zur vermutlichen Entwicklung vor und nach solchen frühen Stadien gibt z.B. Klaus
E d e r in "Die Entstehung staatlich organisierter Gesellschaften - ein Beitrag zu einer Theorie sozialer Evolution" (Suhrkamp,
Ffm., 1976, S. 14), in dem familiale Systeme sich aufspalten in
matrilineale Verwandtschaftssysteme und patrilineare, von denen
aus sich primitive Königreiche (Häuptlingstümer) und frühe Hoch-
kulturen entwickeln. Die letzteren spalten sich in die asiati-
sche Form und die antiken Formen und entwickelten sich dann
weiter in hochfeudale (Byzantismus) und merkantil-feudale Systeme (Heiliges Römisches Reich Deutscher Nation) auf. Von ihnen aus leiten sich dann koloniale und kapitalistische Systeme
und dann Spätkapitalismus und Sozialismus ab.
Nicht ganz vergessen darf man neben derartigen analytischen
Arbeiten solche wie die von Pierre C l a s t r e s , "Staatsfeinde" (Suhrkamp 1976; französisch: La société contre l'Etat,
1974), in der der Autor versucht glaubhaft zu machen, daß es in
der vorspanischen Zeit in Südamerika über 40 Millionen Menschen
in Gesellschaften gab, die den Charakter von Staaten nicht
hatten. Irritiert wird der Leser hier nicht nur durch die unkon-
trollierbaren Zahlenangaben, sondern auch durch die zu Ende
auftretende Feststellung, daß diese nichtstaatlichen Gesellschaften gern gegeneinander Krieg führten...
Man greift dann lieber zu Max W e b e r ' s "Rechtsoziologie"
(Hier nach der Ausgabe 1960 bei Luchterhand, hrsg. v. Johannes
W i n c k e l m a n n) in der unter der Überschrift: "Die
Wirtschaft und die gesellschaftlichen Ordnungen" die Verbindung
von Rechts- und Wirtschaftsordnung vorbildlich verdeutlicht wurde.
Betrachtet man "Herrschaft" als einen Zustand, in dem Einer,
d.h. meist eine Familie, in Verbindung mit einer ihn stützenden
Gruppierung Macht über eine größere Gruppierung ausübt, die
vielleicht fragwürdig errungen, unterdessen aber anerkannt wurde, dann ergeben sich ganz praktische Fragen. Die bedeutendste

ist wohl, daß über das beherrschte Gebiet eine Übersicht erlangt werden muß; Übersicht kann nur erlangt werden, wenn sie auch begrifflich mitgeteilt werden kann (Größe des Landes/Gebietes, Anzahl der Bevölkerung oder Schätzung von Erträgen usw.); "Begriffe" sind nichts anderes als "Kategorien", haben ordnende Funktion; in - möglichst quantifizierten - Kategorien (Doppelzentner Weizen) Mitgeteiltes ermöglicht Entscheidung; das ist die eine Seite, zu der selbstverständlich Helfer eingesetzt werden müssen, die dann bald sachkundig und unentbehrlich werden. Die andere Seite ist die des Verhaltens der Menschen. Nach Sitte, Brauch, Konvention muß das Verhalten der Menschen in größeren Populationen durch allgemeiner handhabbares Recht abgesichert werden. Zur Entwicklung eines solchen Rechts sind umfassende und gründliche Überlegungen notwendig. Auch hierzu werden Spezialisten gebraucht, von denen einige dann "das Recht" überwachen, "Recht sprechen", Abweichungen verfolgen usw.. Derart entwickelt sich um jeden Kern von Herrschaft - also schon im Vorfeld von "Staat" - ein "staff", eine differenzierte Gruppierung von Sachverständigen, Helfern der Herrscher, "Ministerialen" oder Ministern.

Konkret wurde das überall in der Welt ein "Hofstaat (status = Stand), in Europa die "Residenz" (Aufenthaltsort) eines Fürsten. Zuerst war das analog zum bäuerlichen, von Gebäuden umfriedeten Hof ein "Hoflager", wo im Hof die verfügbaren Menschen versammelt werden konnten. Dieser von Gebäuden umschlossene Platz wurde dann der "Hof" (lat. curia, franz. court, engl. court), das Zentrum eines Machtgebildes, später des Staates. Der Begriff "Staat" tritt erst nach dem Mittelalter mit der Überwindung des Feudalsystems in seiner früheren Form auf.

Die oben genannten Helfer des Herschers - selbstverständlich aus herausgehobenen, "angesehenen" Familien - waren also in dieser Vorform des Staates die ersten "Staatsdiener". Zuerst rangierten - wie schon in Rom - die hohen Militärbefehlshaber als "Hofstaat" (hier tritt der Begriff mit anderer Bedeutung auf). Auch die Kurfürsten, die ja immerhin den König gewählt hatten, waren in dem damaligen Deutschland zuerst - dem Namen nach - "Hofbeamte". Der Hofstaat gliederte sich in die obere Gruppe der Hofbeamten und die untere der Hofdiener; hierbei muß daran erinnert werden, daß "Minister" im Lateinischen zu Deutsch "Diener" hieß. Wir haben es also auch bei den Hofdienern mit einer sehr gehobenen Art von "Dienern" zu tun.

Die Hofbeamten rekrutierten sich aus (meist hohen, d.h. in früher Zeit auch mächtigen) Adeligen, die ihr Amt als Ehrendienst versahen, wie z.B. die Kammerherren, und die höhere Hofverwaltung mit den "Hofchargen" oder Hofstäben, deren "Hoffähigkeit" ebenfalls durch Zugehörigkeit zum Adel bedingt war.

Die sich damit bereits andeutende Rangordnung wurde in einer zunehmend verfestigten "Hofrangordnung" festgehalten, die in Deutschland noch bis 1918 bis ins Kleinste geregelt war (selbstverständlich gibt es solche Rangordnungen auch in den modernen Staaten; besonders im Hinblick auf jeweils ausländische "Potentaten" oder deren anspruchsvolle Vertreter, meist Diplomaten, muß "das Protokoll" dafür sorgen, daß sie in ihrem Ranggefühl und -anspruch nicht verletzt werden; daß es in der Wirtschaft ähnliche Regelungen gibt, sei nur angemerkt).

Nach der Hofrangordnung, dem Hofzeremoniell oder der "Hofetikette" waren z.B. in Preußen einander über- resp. nachgeordnet:

Die Hausminister, das Heroldsamt für Standes- und Adelssachen, das königliche Hausarchiv, die Hofkammer der königlichen Familiengüter. Letztere war u.a. auch die Keimzelle von späteren Finanz- und Wirtschaftsministerien.

Unter den Ministern rangierten z.B. der Oberstkämmerer, der Oberstmarschall, der Oberstschenk, der Obersttruchsess, der Oberstjägermeister.

Unter ihnen: Obermundschenk, Oberschloßhauptmann, Intendant der königlichen Gärten, der Oberhof- und Hausmarschall (Marschalk = für die Pferde verantwortlich, damit auch das Futter und die Ställe, damit auch für Beschaffung und Vorsorge) und der Oberzeremonienmeister (s. oben).

Bei den Frauen bestand - nach den ganz persönlich der Königin beistehenden hohen Adeligen resp. "Kammerfräulein" - die entsprechende Rangordnung der ihnen Untergebenen bei Hofe. Zu al-

lem kam noch der Hofbeichtvater, auch als Verwalter der Hof-
kirche; bei den Protestanten war das dann der Hofprediger.
Zum gesamten Komplex gibt es eine umfangreiche Literatur, meist
aus dem 19. Jahrhundert (Der Hofmarschall; der Zeremonienmei-
ster usw.; in jedem größeren Lexikon bibliografisch nachgewie-
sen).

Aus dem bisher Gesagten mag der Eindruck entstehen, daß sich der
"Hof" - unterdessen das Schloß - im wesentlichen selbst verwal-
tete. Der Eindruck täuscht; denn, wie zu Anfang gesagt, der
"Hof" bildete nur das Zentrum einer Machtsphäre, die schon früh
besonders wenn man die Verkehrsprobleme des Mittelalters bis
hin ins 18. Jahrhundert bedenkt - erhebliche Ausmaße haben
konnte. Zudem wurden Kriege "nach außen" geführt - von den
Kreuzzügen ganz zu schweigen - und es mußten Außenbeziehungen
gepflegt werden, wozu selbstverständlich auch ein sich immer
mehr entwickelnder Spitzeldienst gehörte (den bis zur Zeit Lud-
wigs des Vierzehnten, also dem 17. Jahrhundert, neben anderen
Aufgaben die eigenen Abgesandten, d.h. Gesandten am fremden
Hof, versahen. Wichtig zum Verständnis hier ist allerdings, daß
diese Gesandten ihre geheimen Botschaften im wesentlichen am
Gesundheitszustand des - fremden - Monarchen orientieren konn-
ten, da sich die Machtverhältnisse mit schwerer Erkrankung oder
Tod eines Fürsten erheblich, vielleicht sogar grundlegend än-
dern konnten).
Aber neben dem Hof selbst und dem Problem der Außenbeziehungen
galt die Aufmerksamkeit der wichtigsten Funktionsträger "bei
Hofe" selbstverständlich dem eigenen Territorium, Gebiet, "Volk".
Hierbei war das ausschlaggebende Interesse das an den Einkünf-
ten, die per Steuern oder ähnliche Maßnahmen aus Städten und
Dörfern zu erlangen waren. Daher schob sich mehr und mehr der
Finanzminister in die vorderste Reihe der Minister.
"Der Staat" war also - gleich, wie er sich benannte - von Anfang
an bestimmt:

- durch ein abgegrenztes Territorium mit einem "Volk" (oder
  "Staatsvolk");

- durch "hoheitliche Rechte" = hoheitliche Gewalt;

- durch eine von oben herab sich fortsetzende Herr-
  schaftsordnung.

Mehr und mehr lösten sich die "Proto-Staaten", d.h. Vorläufer des moderneren Staates, von Berufungen auf universale ("Reich der Mitte") und transzendente Herrschaftsansprüche (obwohl diese überall immer wieder auftraten). Der Staat löste die traditionale Feudalordnung durch Monopolisierung der Gewalt und Herrschaft ab - soviel Macht auch lokal bei den nunmehr untergeordneten Fürsten oder Adeligen allgemein blieb. Der Staat beanspruchte also mehr und mehr "Souveränität" nach innen und außen. Um sie durchsetzen zu können, verzweigt sich das Netz fester Ämter mehr und mehr; es entwickelte sich - in Konkurrenz zur lokalen und Städteverwaltung - die staatliche Bürokratie mit dem von Max Weber höchst eindrücklich geschilderten Fachbeamten als Rückgrat.

Der "Staat" gewann damit das Vorrecht gegenüber allen anderen Verbänden im Staat.

Zuerst war er "Obrigkeitsstaat"; dann, im Zuge der technisch-wirtschaftlich-rechtlichen und gesellschaftlichen Entwicklung, mehr und mehr "Volksstaat" in verschiedenem Gewand. Charakteristisch war bei dieser Entwicklung die Verschiebung von "Legitimität" zu "Legalität". Aber weiterhin behält der Staat die "Hoheitsrechte". (S. hierzu Weyma L ü b b e , Legitimität kraft Legalität, Mohr/Siebeck, Tübingen, 1991).

Behandelt man Fragen des Staates, so darf man nie vergessen, daß sich in den (weltlichen) Gemeinden oder Kommunen, besonders den größeren Städten, schon früh - auf ganz unterschiedlicher rechtlicher Grundlage - Verwaltungen gebildet hatten, die meist aus erfahrenen Kaufleuten, bei Hilfe durch Juristen, bestanden. Zuerst in der Regel ehrenamtlich (oder gering besoldet) tätig, verfestigte sich der "von oben" eingesetzte oder gewählte "Stab" - als Gemeindevorstand, Magistrat o.ä. - überall zu einem festangestellten Verwaltungsstab. Dessen Hauptaufgabe bestand darin, neben der Regelung der inneren Angelegenheiten die Interessen der Kommune nach außen zu vertreten, d.h. eine größtmögliche

Selbständigkeit zu erreichen und zu verteidigen (s. dazu den Abschnitt 3.4.1 - Die Stadt).

Besonders in den großen und reichen Städten hatte der Staat also häufig einen widerspenstigen Partner mit erfahrener Beamtenschaft. Dies Verhältnis übertrug sich auf das von Bundesstaat und "Ländern" und wurde die Grundlage für die Entstehung föderaler Verfassungen, wie in der Bundesrepublik mit dem Bundesrat als Gegengewicht zum Bundestag.

Der "moderne" Staat durchläuft die Stadien

-   Ständestaat (Adel, Geistlichkeit, reiche Bürger, die anderen Bürger erkämpfen sich nur langsam die Zugehörigkeit zum "dritten Stand"),

-   Klassenstaat, mit der Entgegensetzung von wirtschaftlicher Macht und Ohnmacht,

-   Rechtlich abgesicherter Sozialstaat.

Dabei bleibt die Sicherung der staatlichen Existenz vorrangig, muß aber u.U. - durch die Entwicklung des Parteienwesens - ständig neu definiert werden, und es bleibt die "Wahrung der Gemeininteressen", - was das auch sei.

Der "Sozialstaat" durchläuft dann die Phasen

-   Dienstleistungsstaat unter dem Druck allgemein gestiegener und unterdessen häufig rechtlich abgesicherter Ansprüche;

-   Wohlfahrtsstaat mit den Aufgaben der "Daseinsvorsorge".

In seiner inneren Struktur wird er zunehmend Beamtenstaat, was besonders in Deutschland zur - häufig und verständlich verdrängten - Privilegierung der "beamteten Staatsdiener" führte und führt, einem unterdessen riesigen (über 5 Millionen Mitglieder) "Apparat", der in seinen gehobenen und höheren Rängen, d.h. unterdessen der Mehrzahl der Beamten in Deutschland, eine gewaltige Menge von "Anrechtsmillionären" enthält, d.h. Beamten, die über Bezüge bis zu ihrem Tod (und per Witwen- oder Witwerpension darüber hinaus) verfügen, für die ein Selbständiger Millionen ansparen müßte.

Daß der alte - schon lange ins Gerede gekommene "Nationalstaat" - der sich an anderer Stelle erst entwickelt - im Zuge der

Europa-Einigung seine Gestalt erheblich verändert, sei nur angemerkt.
Zum deutschen Staat mit seiner jüngeren Vergangenheit und gegenwärtigen Verfassung s. Claessens-Klönne-Tschoepe, Sozialkunde der Bundesrepublik Deutschland, Rowohlt, Reinbeck, 1994/
95, Burkhard W e h n e r , Der Staat auf Bewährung, Wiss.
Buchges., Darmstadt, 1993, Ingeborg Eleonore S c h ä f e r ,
Bürokratische Macht und demokratische Gesellschaft, Leske und
Budrich, Leverkusen-Opladen, 1994, und grundsätzlich: Martin
K r i e l e , Einführung in die Staatslehre, Westdeutscher
Verlag, Opladen, 1980[2].
Daß der Staat in seiner Größenordnung und seiner Undurchschau
barkeit häufig mystifiziert wird, hängt damit zusammen, daß
sich unter seinem Dach riesige Gruppen versammelt haben, die
z.B. das Gesundheitswesen, Bildungswesen und viele andere Dienstleistungen wie Bahn- (und bis vor kurzem Postdienste) staatlich
repräsentieren, und daß sich in Zeiten des steigenden Wohlstandes die Beamtenschaft und Angestelltenschaft des "Öffentlichen
Dienstes" unverhältnismäßig vergrößerte, was die Effizienz vieler staatlicher Einrichtungen - besonders aber in ihren höheren
Etagen - nicht gefördert, ihre Durchsichtigkeit aber vermindert
hat.

3.3   Klöster, Klima, Technik, Bauern

Der historisch orientierte Leser wird auch in den folgenden,
spezielle Gebiete behandelnden Abschnitten nicht voll befriedigt werden. Auch hier kann eine verkürzende und ungleichgewichtige, die Interessen der soziologisch interessierten Leser eher berücksichtigende Darstellung vergangener Zustände nicht
der Kompliziertheit der Materie gerecht werden. Besonders gilt
das für das Thema "Bauern"; Gründe dafür werden angeführt werden.
Das Lehnswesen wurde als ein Organisationsprinzip in seiner
eher formalen Ausführung skizziert; die Gestalten die es trugen

wurden nur angedeutet, wie "der Fürst", Äbte, "Herren", Vasallen unterschiedlichen Ranges. Damit stellte sich dies System als europadeckendes dar, in dem punktuell Herrscher saßen (besonders augenfällig auf Burgen), die Schutz und Vergünstigungen sowie Bodenanteile als "Lehen" gegen Dienste, Abgaben und andere Verpflichtungen versprachen und vergaben.

Sehen wir von "Wald und Flur" ab, dann fehlen in diesem System mindestens drei Elemente (das Schloß eines königlichen Herrschers ist hier ausgelassen): Klöster mit Kirchen als Gebäuden im System "der" Kirche, Städte und die bäuerliche Bevölkerung, die als Primärproduzent möglichen gesellschaftlichen Reichtums für viele Jahrhunderte die Basis des Systems abgibt.

Die Institution "Kloster" ist an sich derartig interessant, daß sie ausführlich beschrieben werden müßte. Es wurde ja bereits erwähnt, daß sie im Werk von Norbert Elias eine größere Rolle hätte spielen müssen. Da aber das Kloster in der "Geschichte auf uns zu" nur bis etwa ins 16. Jahrhundert eine bedeutendere Rolle gespielt hat, soll hier nur eine kurze Darstellung versucht werden, wobei im wesentlichen der auch mit zahlreichen Literaturangaben versehene Artikel "Kloster" von "Meyers Konversationslexikon" (Leipzig und Wien, 1905, 11. Bd., S. 153 ff.) benutzt wird, was auch als Hinweis darauf verstanden werden soll, daß in den großen Lexika zu fast allen wichtigen historischen Ereignissen und Institutionen ausführliche Darstellungen zu finden sind.

Das Wort "Kloster" stammt aus dem Lateinischen "claustrum" = nach außen abgeschlossener Ort. Es ist neben der Burg und der mauerumschlossenen Stadt das Ideal-Beispiel für "Insulation", d.h. hier: einen bewußten und institutionalisierten Prozeß der Abschirmung der "kalten Realität" zur Schaffung eines ganz anderen Innenlebens. Nonnen oder Mönche legten die Gelöbnisse zu Gehorsam gegenüber der Kirche, Keuschheit und (relativer...) Armut ab, wobei die Orden sich erheblich unterschieden: Die Benediktiner z.B. legten auf reiche Ausstattung durchaus Wert, die Cistersienser waren für große Einfachheit. Klöster gab es in vielen frühen Kulturen, oft aus Einsiedeleien entstanden. Als man z.B. meinte, daß mit dem Römischen Reich (im 3. und 4. Jhdt. n. Chr.) die Welt zu Ende und untergehen würde, gingen viele Menschen in die Einsamkeit; und von Anfang an waren solche Vorstufen der bald folgenden offizielleren Klöster Orte der Pflege von Belletristik, z.B. den sog. asketischen Romanen. Ab Anfang des 7. Jahrhunderts treten dann reguläre Klöster auf. Da die sich bildenden Klostergemeinschaften oft sich erst durch Rodungen Platz schufen und da sie eine rege Bautätigkeit entfalteten, wurden sie bald Anziehungspunkte für Menschen, die sonst in der Gesellschaft ihren Platz nicht fanden, auch und gerade aus dem Adel.

Viele Klöster entwickelten sich zu kleinen autonomen Bereichen, was allein die Aufzählung der Räumlichkeiten bzw. Bauten für St. Gallen (Benediktiner) - ab 822 - zeigt: Eine Kirche im Mittelpunkt, daran anschließend die Räume für die Mönche, der Kapitelsaal, der Kreuzgang, das Refektorium (Speisesaal), Abtwohnung, Schulhaus, Herberge für Fremde, Viehställe, Brauerei, Bäckerei, Mühle, Handwerkerhaus, Scheunen, Krankenhaus, Arztwohnung, Garten für Heilkräuter, Novizenschule, Friedhof, Gärtnerei mit Gemüsegarten, Geflügelhof.

Unter diesen Umständen ist es nicht verwunderlich, daß Klöster einerseits häufig als Lehensgeber, vertreten durch den Abt, auftraten und daß sie andererseits gern von weltlichen Herren mit Beschlag belegt wurden und daß, wenn vom Kloster aus durch eigene Arbeit oder Schenkungen umfangreichere Gebiete bearbeitet und/oder beherrscht wurden, diese Gebiete schlicht enteignet und weltlichen Vasallen zur Verfügung gestellt wurden, wie schon berichtet. Daß überdies Klöster sich an alte römische Siedlungen anlehnten, zu Städtegründungen Anlaß gaben und häufig die Vermittlerrolle zwischen Fürsten, Stadt und "flachem Land" spielten resp. spielen mußten, ist angesichts ihrer guten Organisation von Anfang an nicht verwunderlich. Weiter ist zu bedenken, daß den Klöstern häufig Geld, Wertgegenstände und

Grundbesitz zufloß, sei es durch Eintritt neuer Mitglieder oder durch Vermächtnis.

Die Anzahl der Klöster war zeitweise enorm; man muß in Europa mit vielen hunderten um das 15. Jahrhundert herum rechnen, selbstverständlich in sehr ungleicher Verteilung. Mit der Reformation - nachdem das Klosterinnenleben schon längst Gegenstand dauernder Kritik gewesen war - schwindet der Einfluß der Klöster; sie werden aufgehoben, teils werden ihre Güter (in England unter Heinrich VIII, in Frankreich 1789/90) zum Nationaleigentum erklärt, in Deutschland 1803. Mit der folgenden Restauration (Wiederherstellung der Verhältnisse, nach Napoleon und der Franz. Revolution) gab es wieder einen Aufschwung. Die Gesamtzahl der Ordenspriester in Europa war um 1901 etwa 44.000 plus derselben Anzahl von Laienbrüdern. Die Anzahl der Ordensschwestern wurde auf 330.000 geschätzt. (Eine der interessantesten Arbeiten dazu ist die von Adolf H a r n a c k , Das Mönchtum, seine Ideale und seine Geschichte, Gießen 1903[6]; neuer Karl H e u s s i , Der Ursprung des Mönchtums, Tübingen, 1936.

Waren die Klöster früher Orte nicht nur der Andacht und stillen Arbeit, der Zuflucht, Armen- und Kranken- sowie Altenfürsorge gewesen, sondern auch der wissenschaftlichen Forschung und der kirchenpolitischen Auseinandersetzungen, blieben sie in die Gegenwart hinein praktisch nur noch Ergänzungen des allgemeinen Fürsorgewesens, von ihrer geistlichen Orientierung abgesehen, die nur "kirchenimmanent" blieb.

Städte - über die im nächsten Abschnitt zu reden sein wird - konnten die fast überall einmal über sie hereinbrechenden Katastrophen - meist Brände und Seuchen - offenbar relativ gut "verkraften"; häufig waren sie in erstaunlich schneller Zeit wieder aufgebaut. Wenn das hierzu die Subsistenzmittel liefernde Land selbst vernichtend getroffen wurde, waren die Folgen weniger schnell zu beheben. Das ist - von anderen Katastrophenzeiten, wie dem Jahrzehnt vor der Französischen Revolution abgesehen - in besonderem Maße der Fall am Ende des 13. im Übergang zum 14. Jahrhundert und danach der Fall gewesen. Vorher hat es - vom 10. Jahrhundert ab - offenbar eine Zeit des Aufschwungs gegeben, mit Städtegründungen, Entwicklung von Handelszentren (alles aus heutiger Sicht im bescheidenem Umfang!), Kathedralenbau und guter landwirtschaftlicher Entwicklung.

"Die Unglücksjahre 1300 bis 1450" betitelt sich aber Jean G i m p e l (Die industrielle Revolution des Mittelalters, Artemis-Verlag, Zürich und München, 1980; franz. 1975) ein ganzes Kapitel, in dem - zusammen mit anderen Faktoren - das Ende einer fast 300jährigen Epoche wirtschaftlichen Aufschwungs, bei relativer religiöser Freiheit begründet wird. Gimpel schildert hier, wie ganz unterschiedliche Faktoren ein Erlahmen des Aufschwungs bis hin zur Reduktion der Bautätigkeit (Kathedralen!) bewirkten. Unter ihnen war die Einengung Europas durch die Araber und das Verbot (1270) der "Averroisten", einer weltzugewandten Glaubensbewegung (Ewigkeit der Welt; Einzelseelen nicht unsterblich), durch die katholische Kirche; als besonders entmutigend galt auch das Sterben fast des ganzen Heeres von Ludwig IX (dem Heiligen) durch Seuchen auf dem 7. Kreuzzug 1270. Im Vordergrund stehen aber die zunehmenden Mißernten mit bisher nicht bekannten Hungersnöten ab 1315. 1339 bricht der "Hundertjährige Krieg" (bis 1453) zwischen England und Frankreich aus (Eduard III v. England beansprucht den Thron von Frankreich). Aber noch wichtiger, ab 1347 rafft die Beulenpest, der "schwarze Tod" ungezählte Menschen hin; es gibt große Volksaufstände (seit 1378 z.B. die Ciompi in Florenz und die Wat Tylers in England). Diesen Daten kann man andere entgegensetzen; aber die Mißernten und Hungersnöte verstärken in jedem Fall tiefe Risse in der katholischen Kirche, angefangen von der "Tanzwut" (1278) in ganz Europa, religiösen, massenhysterischen Erscheinungen, über den Geißler-Wahn (z.B. 1349 in England) bis zur Verfolgung von "Ketzern" (1327 wird der erste Astrologe auf dem Scheiterhaufen verbrannt), da sich die Bevölkerung mehr und mehr mystischen bis okkultistischen Ideen zuwandte. (Gimpel, S. 203 ff.) Hungersnöte hatte es lokal immer wieder gegeben. Aber mit den übermäßig nassen Sommern ab 1314 im Nordwesten Europas, der gänzlichen Vernichtung der Ernten auch 1315, entstand ein derartiger Mangel an Lebensmitteln, daß unzählige Menschen an Hunger und Entkräftung starben:

"In Irland dauerte das Elend bis 1318 und war außerordentlich grausam. Die hungerleidenden Menschen gruben in den Friedhöfen die Leichen aus. Eltern aßen ihre Kinder ... In den slawischen Ländern, wie in Polen oder in Schlesien, dauerten Hungersnöte und Epidemien bis ins Jahr 1319 an, es gab einige Fälle von Menschenfresserei ... Eltern töteten ihre Kinder, Kinder ihre Eltern. Man machte sich voller Gier über die Leichen der Gehängten her."

(Gimpel, 210 ff., nach: Nach H.S. Lucas, The Great Farine of 1315, 1316 and 1317; 1930). Wenig später folgte der Hungersnot die Pest. Erst Ende des 15. Jahrhunderts, Anfang des 16. Jahrhunderts hatte sich Europa demografisch wieder erholt.

Ein tiefer Einschnitt ist also nicht zu übersehen. Was waren nun aber die Ergebnisse der "technischen Revolution" in der Frühzeit vor 1300?

Man kann sich dazu kurz äußern: Es waren die Einführung oder Erfindung des Steigbügels, des Pfluges, schon mit durch Eisen verstärkter Kante; die Entdeckung der Pferdekraft, und zwar durch Verbesserung des Zuggeschirrs so, daß es nicht mehr Gurgel und Halsschlagadern abdrückte, so daß die Pferde nun viermal mehr ziehen konnten als vorher; zudem waren sie bis zu doppelt so schnell wie die bisher eingesetzten Ochsen; die Einführung der Dreifelderwirtschaft mit ergiebigeren Ernten. Der Steigbügel wird - z.B. bei Lynn W h i t e (Die mittelalterliche Technik und der Wandel der Gesellschaft, Heinz Moos Verlag, München, 1968; engl. 1965; S. 25-38) - für das Zustandekommen der Lehnsherrenschaft verantwortlich gemacht, da er - bis zur Einführung der Feuerwaffen - den Kampf vom Pferde aus erst möglich machte; die Verbesserungen in der Landwirtschaft sorgten für das "Aufblühen" von Handel und einigem Wohlstand.

Zudem - eine andere Seite dieser "Revolution" - wurde emsig den "Quellen der Kraft" (White 72 ff.) nachgeforscht und an der Entwicklung von Kraftmaschinen wie z.B. Wassermühlen als Flußmühlen (die im Fluß verankert wurden) gearbeitet. Gimpel, der bei der Schilderung der technischen Neuerungen fast in einen

Taumel der Begeisterung verfällt, zählt in vier Tabellen unter anderem auf: Verlängerung der seitlichen Zugriemen für Doppelzug (10. Jhdt.); Nockenwelle (Achse mit Hökkern, die z.B. Schmiedehämmer anhoben und fallen ließen) zu Gewerbezwecken (10. Jhdt.); verbesserter Pflug (10. Jhdt.); Hakenarmbrust (11. Jhdt.); Verbesserung der Silbergewinnung, Tonleiter mit Benennung der Töne und waagerechten Linien, Hanfmühle, Egge, Walkmühle, Kamin, verbesserte Wasserkraftnutzung durch Ableitungen (10/11. Jhdt.); Alkohol durch Destillation, Gerbmühle, Kompaß, Eisenmühle (12. Jhdt.); Entdeckung der Salpetersäure, Mühlen unter Brücken, Spitzbogen/ Strebebogen und Pfeiler, Wendeltreppe, harte Seife, Schafzucht durch Kreuzung, verbesserter Webstuhl (12. Jhdt.); Hydraulische Säge mit automatischem Vorrücken des Holzes (1240); Fallen zum Wasserschöpfen mit Klappventilen, automatisch schließend (1269); Brillen mit konvergierenden Linsen für Weitsichtige (1286); Spinnrad; Kohle in der Industrie, Armbrust mit Kurbeln (höhere Durchschlagskraft); Uhr mit Gewichten und Rädern; Glasspiegel (13. Jhdt.); Hochöfen (14. Jhdt.); Saiteninstrumente mit fester Klaviatur (14. Jhdt.); Maschinen zum Ausbohren von Holzröhren und - für Kanonen-Kaliberbohrer (ca. 1430). (Gimpel, 261 ff.)

Aber auch Lynn White beendet seine Arbeit mit den Worten von Roger Bacon um 1260:

"Es werden Maschinen gebaut werden, mit denen die größten Schiffe, von einem einzigen Menschen gesteuert, schneller fahren werden, als wenn sie mit Ruderern vollgestopft wären; es werden Wagen gebaut werden, die sich ohne Hilfe von Zugtieren mit unglaublicher Geschwindigkeit bewegen werden; Flugmaschinen werden gebaut werden, mit denen ein Mensch die Luft beherrschen wird wie ein Vogel; Maschinen werden es erlauben, auf den Grund von Meeren und Flüssen zu gelangen..."

Was hatte nun der schlichte, der kümmerliche Bauer von diesen realen Impulsen, ihrer dramatischen Unterbrechung und ihrem Aufleben im 15. Jahrhundert und später?

Man kann sagen: Über Jahrhunderte hin gar nichts; ja Reste eines unglaublich primitiven Wirtschaftens blieben bis in unsere Zeit auf dieser Stufe. Ob das vor 1300 sehr viel besser war, entzieht

sich der Kenntnis; bei B r a u d e l (Sozialgeschichte des 15.-
18. Jhdts., Bd. I, Der Alltag, Kindler Verlag, München, 1985;
franz. 1975) finden sich Hinweise. Aber ein Bild (S. 201) einer
holländischen Bauernfamilie von 1653 zeigt wohl den altherge-
brachten Standard: In einem kärglichen Innenraum, hinten ein
Back- und Wärmeofen mit durch ein Holzbrett verschlossener Öffnung, links hinten eine Leiter zum Stroh-Schlafplatz auf dem
Ofen, sitzen der gedrungene Bauer und seine Frau mit Kleinkind
vor einem Dreiecksschemel, auf dem eine flache Schüssel mit Brei
und einem Löffel steht; rechts am Schemel steht noch ein Büb-
chen, das schon an die Schüssel heranreichen kann. Vater, Mutter
und Sohn beten. Das Äußere eines solchen Bauernhauses mit bis
zur Erde reichendem Strohdach kann man S. 294 entnehmen. Bilder
von Schnittern von van Gogh (1885) und aus einer 200 Jahre
früheren Darstellung zeigen die Feldarbeitenden bei der gleichen Arbeit mit den gleichen Geräten: Der "Pike", mit der die
Halmbüschel gesammelt und unten unterstützt werden, und die
kurze Sensensichel, mit der oberhalb der Pike abgemäht wird.
Noch Ende der 70er Jahre dieses Jahrhunderts konnte man im
spanischen Galizien alte Eheleute auf winzigem Feld mit Holz-
pflug und Kuh plus Maulesel im Vorspann Furchen ziehen sehen.
Auch hier hatte das niedrige und klobige, kleine Haus keine
Wasser- oder Abwasserinstallation und keine Elektrizität... (10
Jahre später hatte sich das Bild völlig gewandelt; diese Häus-
chen zerfielen).
Aus dieser Schicht, deren Selbständigkeit im glücklichen Fall
nie aus mehr bestand, als dem Erwerb eines kärglichen Lebensun-
terhalts, und in der die Bauern bei den abgezwungenen Abgaben an
den Herren und die Kirche ein eher elendes Leben führten, stammen verständlicherweise die "Menschen auf der Straße" (s. Carsten K ü t h e r , ebendieser Titel, Vandenhoeck und Ruprecht,
Göttingen, 1983) und die Stadtarbeiter, Lohnarbeiter bei Festungs-
bauten usw.. Schon früh gab es Voll-, Halb-Viertelbauern und die
entsprechende Hierarchie auf dem Dorf. Soweit Bauern - über die
Einführung der Dreifelderwirtschaft hinaus - von der frühen
"technischen Revolution" profitierten, gehörten sie mit Sicher-

heit einer wohlhabenderen Schicht an, deren Vertreter natürlich gehäufter in Landschaften mit besseren Böden und/oder gutem Zugang zu adeligen oder städtischen Abnehmern zu finden waren. Hier treten dann auch die anspruchsvolleren Häuser auf, die in dörflichen "Freilichtmuseen" heute noch zu besichtigen sind, Fachwerkhäuser, Ziegelhäuser, Häuser mit dem Schlafraum der Bauern über dem wärmespendenden Stallraum, mit Schlafnischen - ungeheizt - für das "Gesinde", teils mit einem repräsentativeren Raum im Obergeschoß, der ausschließlich feierlichen Ereignissen vorbehalten und beim reichen Bauern mit Stilmöbeln in bäuerlicher Art eingerichtet war.

Ferdyinand B r a u d e l meint (ganz im Gegensatz zu Gimpel), daß Europa die Schwächung von 1315-19 und dann durch die Pest relativ bald überwunden hat, und daß von 1350 bis 1550 eine Periode individuellen Wohlstandes deshalb entstand, weil die Arbeitskräfte rar geworden waren und daher auch relativ gut bezahlt wurden. Aber im 16. Jahrhundert verschlechtert sich die Lage allgemein (Braud, I./201 ff.): Webergesellen in Nürnberg beklagen sich z.B. um 1601, daß sie nicht mehr wie früher jeden Tag Fleisch bekämen, sondern nur noch drei Mal in der Woche geringe Portionen. Zugleich nimmt der Verzehr von Getreide zu (Kartoffeln sind noch fern) und der Getreidepreis wird immer mehr ein politischer Preis. Die Lage der Bauern wechselt ständig mit dem Klima und der Nachfrage; dabei ist daran zu erinnern, daß bei sehr guten Ernten der Wert der Ernte sinken konnte, wenn die Nachfrage gestillt war: Oft hatten dann alle Bauern der Umgebung eine gute Ernte gehabt.

Bei den bisher genannten Autoren treten Zustands- und Neuerungsschilderungen besonders hervor; das Thema der Abhängigkeit und Not der Bauern wird kaum berührt. Wir müssen daher zu Autoren überwechseln, die bäuerliche Proteste, Erhebungen, Revolten und Revolutionsversuche behandelt haben, um ins gesamte Bild einfügen zu können, daß der Bauer eingeklemmt war zwischen Adel, Kirche, König und den Städten. Da alle ihn ausbeuten wollten, war seine Lage stets sehr schwierig, und die Stimmung schwankte

offenbar meistens zwischen Resignation und Auflehnungs-
bereitschaft.
Bauern waren fast überall Fronbauern oder Leibeigene. Nur wenige Landschaften blieben "frei", wie am Niederrhein, in Nord-
deutschland, der Schweiz und Tirol. Der "Herrendienst" (fron =
Herr) hielt die Bauern an der kurzen Leine, d.h. in Abhängig-
keitsverhältnissen, die auch das Bleiberecht (Ortsbindung) ent-
hielten, aber insgesamt außerordentlich niederdrückend waren,
da die Abgaben (Getreidezehnter, weitere "Zehnte", allgemein
und für den Pfarrer) häufig an die Grenzen des Erträglichen,
d.h. auch bei Fleiß und etwas Glück zu Erarbeitenden gingen.
(Wie vorsichtig man auch hier mit Verallgemeinerungen sein muß,
wird beim Lesen der Artikel "Fron" und "Leibeigenschaft" in
jedem größeren Lexikon deutlich. David Warren S a b e a n führt
in diese Problematik mit seiner Arbeit "Das zweischneidige Schwert
- Herrschaft und Widerspruch in Württemberg der frühen Neuzeit", Suhrkamp, Ffm., 1990 [1986] ein. Hier wird nicht nur
gezeigt, daß selbstverständlich erscheinende Begriffe wie "Person", "Gemeinschaft" oder "Dorf" der Klärung bedürfen, wenn man
Verhältnisse in der tieferen Vergangenheit analysiert, sondern
auch plastisch dargestellt, wie die "aufgeklärte" Mentalität
der herzoglichen und städtischen "Beamten" mit der schlichteren
der Dorfbewohner zusammentrifft, wobei die entstehenden Mißverständnisse in der Regel zu Kosten der Bauern gehen.)
Aufstände auch in den Städten des frühen Mittelalters - wie 1251
der Wäscherinnenaufstand in Neapel - sind nicht selten; meist
ist durch Lohnsenkungen drohende (noch größere) Not die Ursache. Protest, Widerstand, Revolten, Rebellion und Erhebung, bis
zum "Bauernkrieg" haben aber meist zwei Ursachen: Zum einen auch
hier die willkürliche Erhöhung von Abgaben und Steuern (bei oft
demonstrierter Verschwendungssucht der Mächtigen, auch Kirchen-
fürsten); zum zweiten das Bewußtsein, Quelle allen Wohlstandes
Anderer zu sein, das sich zugleich mit Luther's Übersetzung der
Bibel ins Deutsche mit christlichen "Grundrechtsforderungen"
verband. Dabei steigerte sich die allgemeine Wut mit dem Zorn
über Luther's Wendung gegen die Bauern. (S. Winfried

S c h u l z e , Europäische Bauernrevolten der frühen Neuzeit,
Suhrkamp, Ffm., 1982).

Die immer wieder auftretenden Wellen von Erhebungen gegen den
Adel, von 1381, dem "englischen Bauernkrieg", bis zum "Deutschen" hatten 1525 ihren Höhepunkt - wobei die Unruhe in die
Städte übergriff. Das Ende war blutig; kein Ziel der Bauern
wurde erreicht; die Reformation war eher zurückgedrängt.

Die 12 Forderungen der Bauern von 1525 in Oberschwaben bleiben
aufschlußreich. Wilhelm Z i m m e r m a n n ' s "Der große
deutsche Bauernkrieg", Verlag das europäische Buch, Westberlin,
1976 (authentisch: Stuttgart 1840-44) schreibt dazu:

"Die Artikel selbst zerfallen in Forderungen von dreierlei Art:
Solche, welche seit Jahrhunderten immer wieder gestellt wurden,
wie Freiheit der Jagd, des Fischens, der Holzung und die Beseitigung des Wildschadens; solche, welche die Abstellung neuer
Beschwerungen, der vervielfachten ungerechten Fronen und Steuern, der parteilichen Rechtspflege, überhaupt der Übergriffe
der Herrschaften fordern; und endlich solche, in welchen die
neue Lehre von der evangelischen Freiheit sich geltend macht und
welche Leibeigenschaft, kleinen Zehent, Todfall (Einzug des
Vermögens der Witwen; d.V.) als unbiblisch und unchristlich
beseitigen wollen, freie Religionsübung und Wahl der Prediger
durch die Gemeinde als ein evangelisches Recht ansprechen. Die
Artikel der ersten Art sind ganz alt und nur wieder neu aufgenommen; die der zweiten Art traten schon im Sommer 1524 hervor;
die der letzteren Art fallen offenbar erst mit dem Einfluß
zusammen, welchen die Prediger der die geistliche und weltliche
Freiheit verschmelzenden Richtung in der letzten Zeit auf die
Bewegung des Volkes genommen hatten."

(Wie erinnerlich 1840-44 zuerst veröffentlicht; die 3. Auflage
[2.1856], die hier als Nachdruck benutzt wurde, ist offenbar
verfälschend verkürzt worden. Das betrifft aber nicht die zitierte Passage).

Fragt man sich, warum die Bauernaufstände und -kriege gerade in
der marxistischen Auffassung so großes Gewicht erhielten, so
muß die Antwort eine doppelte sein. Zuerst spielte ganz allgemein eine Rolle, daß Luthers Wendung gegen die Bauern als ein
allgemein bestürzendes Ereignis gewertet wurde; da Luther zur
Rettung der Reformation die Fürsten stützte, wurde das auch als
der allzeit fällige Verrat der Interessen einer arbeitenden

Bevölkerung durch Vertreter des Bürgertums eingeordnet. Zum Zweiten: Die Bauern waren - wie überall auf der Erde - der konfliktschwächste Teil der Bevölkerung gewesen. Ihre Konfliktfähigkeit war deshalb besonders gering, weil sie oft verstreut lebten, Haus und Hof zur "Zusammenrottung" verlassen mußten und eben ihre Gehöfte, Vieh und oft Anpflanzungen außerordentlich leicht zu zerstören waren. Wenn eine solche Bevölkerungsgruppe sich im Widerstand gegen "Herrschende" erheben konnte, dann mußte das besitzlose Proletariat das umso mehr können...

In den folgenden Jahrhunderten nach den Bauernkriegen hoben viele Gutsherren die Leibeigenschaft von sich aus auf; dazu trug auch der Druck bei, der auf sie durch Ab- und Auswanderung ausgeübt wurde: Die Städte (für die schon im Mittelalter galt: Stadtluft macht frei) und auswärtige Gebiete traten als Konkurrenten auf, besonders Nordamerika. Außerdem stützten Fürsten häufig Bauern gegen den lokalen Adel, selbstverständlich um der Abgaben sicher sein zu können. Mit der Französischen Revolution kommt die nächste Stufe der Befreiung (nach 1789), in Preussen ist das dann die Stein-Hardenbergsche Gesetzgebung (1807) mit der endgültigen Beseitigung von Leibeigenschaft und Erbuntertänigkeit; Bayern folgt 1808, Rußland 1861.
Die wirkliche Industrialisierung der Landwirtschaft trat erst im 19. Jahrhundert und auf den großen Gütern auf. Die spätere "Modernisierung" im kleineren Stil brachte - mit der Anschaffung moderner Maschinen - für viele Bauern eine an sich untragbare Verschuldung. Es ist daran zu erinnern, daß diese Schuldenlast, durch überhöhte Zinsen vergrößert, den Nationalsozialisten, welche die "Befreiung von der Zinsknechtschaft" (in Verbindung mit Judenhetze) versprachen, erheblichen Zulauf brachte. Mitte des 20. Jahrhunderts sind nur noch 20 bis weniger als 10% der Bevölkerung direkt in der Landwirtschaft tätig: ihr Anteil am - industriell und von Dienstleistungen beherrschten - Bruttosozialprodukt sinkt unter 5%.
Die Stimme der Bauern (und Fischer!) behält aber ein überproportionales Gewicht, und zwar wohl nicht nur, weil das bäuerliche

Einkommen weiterhin hinter dem industriellen und Dienstleistungs-
einkommen zurückbleibt, sondern weil der Erzeugung der Grund-
nahrungsmittel noch etwas Ursprüngliches anhaftet. Vielleicht
besteht auch trotz des Überflusses gerade auf dem Gebiet der
Lebensmittel die untergründige Sorge, daß man eines Tages wieder auf Bauern angewiesen sein könnte, das heißt: auf einfache
und in relativer Nähe erzeugte Lebensmittel.
Die Welle der Proteste "vom Lande her" ebbt ja auch heute nicht
ab, wo die Integration eines noch ziemlich ungleichartig entwickelten Europas mit dramatisch voneinander abweichenden Lohn-
strukturen zu Bauern- (oder Fischer-)Protesten gegen billige
Einfuhren führt, die noch immer eine politische Belastung bedeuten, der gegenüber sich die Regierungen ziemlich machtlos
zeigen.

3.4   Städte - Bürger - Universitäten - Literaten

3.4.1 Die Stadt

Über "die Stadt" soll hier einiges gesagt werden, weil sie zwar
in allen übergreifenden historischen Betrachtungen erwähnt wird,
aber bei soziologisch orientierten Analysen häufig hinter der
"Gesellschaft" zurücktritt. Gerade im bisher betonten Zeitraum
ist aber der gesamte gesellschaftliche Prozeß nicht zu verstehen, wenn man nicht das Viereck: Adel-Königtum-Bauern-Städte
berücksichtigt.
Die Bauern waren grundsätzlich wenig konfliktfähig: Ihre oft
sehr lockere Siedlungsweise, ihre leicht - z.B. durch Feuer -
zerstörbaren Gehöfte, das ebenso leicht verletzbare oder
entführbare Vieh, ja auch die häufig leicht zerstörbaren Fel-
der, Pflanzungen, Obstbaumanlagen, machten sie zum idealen Ob-
jekt für angriffslustige, aggressive und beutesüchtige Beritte-
ne, d.h. auch waffenmäßig Überlegene und sie wurden auch häufig
Opfer von Adelsfehden. Umso deutlicher sprechen die ja trotzdem
zustande gekommenen Bauernaufstände, -revolten und zuletzt -

kriege für das Ausmaß an Unterdrückung dieser Bevölkerungs-
schicht.

Die Burg war schon angesprochen worden als der optisch herausragende Ort von Herrschaft und "Insulation": Auf der Burg war es
zwar - nach unseren Begriffen - im Winter auch kalt, aber im
Vergleich zum Umland doch wärmer; und wendet man diese Aussage
soziologisch, dann war es im Schutz der Mauern der Burg (und
ihrer Lage) ständig "wärmer": Man war geschützter, und dieser
Dauerschutz- an dem neben den Frauen und Kindern auch fast alle
Männer teilnahmen - hatte die teils schon erwähnten Folgen:
"Insulation gegen selective pression" hat das Hugh Miller genannt; ich habe dies Modell in "Instinkt, Psyche, Geltung" (im
Westdeutschen Verlag, 1968) übernommen (s. hierzu auch den Aufsatz: "Insulation" in "Freude am soziologischen Denken" Berlin
1993). Dies Modell bekommt in der Stadt seine weniger kriegerische und "offenere" Parallele. Glücklicherweise ist gerade eine
Arbeit erschienen, die alle uns interessierenden Aspekte (einschließlich eines umfangreichen Anmerkungs- und Literatur-
apparates) behandelt, so daß zuerst wieder die Orientierung an
nur einer Arbeit möglich wird. Es handelt sich um "Die deutsche
Stadt des Mittelalters" von Evamaria E n g e l (C.H. Beck,
München 1993), eine Arbeit, der wir hier folgen.

Vorweg zur Begriffsklärung: Die "Stadtherren", denen die Stadt
rechtlich gehörte, waren in der Regel weltliche oder geistliche
Fürsten. "Fürst" war vor dem 11. Jhdt. der Titel von Personen,
die den höchsten Rang nach dem Kaiser einnahmen. Später wurde er
auf die Mitglieder der vornehmen Aristokratie ausgedehnt, die
Herzöge, Markgrafen, Pfalzgrafen, Landgrafen, Burggrafen, einfache Grafen sowie Erzbischöfe, Bischöfe und Äbte der reichs-
unmittelbaren Abteien. Die geistlichen Fürsten erhielten ihr
Amt durch Wahl, für die weltlichen galt die Geburt. Im 13. Jhdt.
sonderten sich die sieben mächtigsten Fürsten ab: das waren dann
die Kurfürsten, die den Kaiser wählten.

"Ministeriale" (ursprünglich = Dienstleute) waren zuerst eine
höhere Art von Knechten, zum Dienst um die Person des Herren und
für Verwaltungsaufgaben und zur Führung des Haushaltes. An sich

unfrei, wurden sie mit größerer Macht der Herren und Ausdehnung des Hofes freier, d.h. hatten Vorrechte. Mit der Ausbildung von Landesregierungen hatten Ministeriale die höheren Hofämter. Ab etwa dem 14. Jahrhundert wurden sie dem Adel zugerechnet.

Zu Anfang steht selbstverständlich die Frage, welche Art von Siedlung als "Stadt" bezeichnet werden soll. Wenn man "Produktion für den Markt und entwickelte Ware-Geld-Beziehung für einen ausschlaggebenden Bestandteil der mittelalterlichen Stadt ansieht" (Engel, 17) dann kann man schon die (merowingischen) "civitates" des 7. Jahrhunderts mit Zollprivilegien, Münzprägung und lokalem Warenverkehr als Stadt ansehen, die z.T. aus römischen Heulagern oder Ansiedlungen entstanden waren.
Die ausgeformte kommunale Stadt aber entwickelt sich im Westen Deutschlands vor allem entlang des Rheingebietes, mit Köln und Worms an der Spitze. Die Gebiete der Donau mit ehomals römischen Siedlungen - folgen in der Bedeutung und frühen Entwicklung. Im ehemals germanischen Gebiet liegen die Stadtgründungen an Seehandelsplätzen oder "Handelsemporien" (18/19). Einige neue Marktgründungen im 10. Jhdt. wurden ebenfalls Städte. Zudem wurden Burgen mit angegliederten Gewerbe- und Handelsgebieten seit dem 9.-10. Jhdt. "Rechtsstädte". Die große "Aufbruchphase" beginnt im 10. und hat im 11./12. Jhdt. ihren Höhepunkt. Bis dahin wurden viele noch "burg" genannt, nun setzt sich die Bezeichnung "stat" durch. Die Bewohner blieben aber weiterhin "Bürger". In lateinischen Texten war Stadt = civitas; das bedeutete aber auch "Bischofssitz".
Verbesserungen in der Landwirtschaft brachten Überschüsse, die Siedlungsdichte wuchs, Gründe dafür, daß sich viele Menschen der Herstellung gewerblicher Erzeugnisse oder dem Handel zuwandten (21). Der Markt, noch vor dem Fernhandel, "macht die Stadt zum zentralen Ort des Wirtschaftslebens" (21). Zusätzlich brachten die entstehenden Herrschaftszentren mit politischen, kulturell-religiösen und ökonomischen Funktionen und Funktionsträgern Anstöße.

Die Entstehung einzelner Städte kann verständlicherweise nur am
konkreten Einzelbeispiel verfolgt werden; aber für die ehemals
römischen Ansiedlungen galt, daß sich die Kaufleuteniederlassungen
räumlich getrennt von den alten Militärlager-Bezirken fanden.
Im Wachstumsprozeß der Städte bezog man dann die Kaufleute-
siedlungen mit in die beginnende Ummauerung der Stadt ein. Das
bedeutete nicht, daß nicht Teilsiedlungen mit Handwerkern und
Kaufleuten außerhalb der Mauern blieben oder sich dort später
entwickelten (23). Wo sich Märkte ohne römische Vorgänger entwickelten, blieben sie oft länger unbefestigt, "offen"; teils
erreichten sie dann auch Stadt-Status (25). Gebiete im Zentrum
eines Landes, oft an Fernstraßenkreuzungen (27), boten sich
selbstverständlich zur Gründung von befestigten Marktflecken,
dann Städten an. Dazu war allerdings immer die Genehmigung und
Förderung durch einen weltlichen oder geistlichen Fürsten notwendig, der dann Stadtherr wurde. Die Markturkunde wurde verliehen, Zoll- und Münzrechte geregelt, ein Ortsrecht vereinbart
(29).
Daß bei relativ schneller Entwicklung häufig die Altstädte gegenüber so oder so begründbaren Neugründungen zu Vorstädten
"herabsanken", ist vielerorts heute noch zu überprüfen (29).
Durch einmalige Gründungsakte entstanden übrigens Städte an
keiner nachweisbaren Stelle (35).
Mehrere hundert Städte, einschließlich der Klein- oder "Minder"-Städte waren bis 1300 gegründet, dem Höhepunkt der Stadtgründungen. "Die Bergstädte des ausgehenden 15. Jahrhunderts
leiten bereits zur frühneuzeitlichen Stadt über." (37) Die sicher an Bewegungen reiche Phase schon der Entwicklung von Städten ist ohne Auseinandersetzungen innerhalb der Städte und Aufstände gegen die Stadtherren nicht zu denken. Hierbei ging es
nicht nur um individuelle Standortvorteile und ähnliche Zwiste,
sondern vor allem um die Selbständigkeit der "Kommunen". So
mußte beispielsweise der Kölner Erzbischof einen Aufstand der
"Großen und Vornehmen" Kölns mit Hilfe von Bauern (!) nieder-
schlagen. Die von den Bürgern erbetene Hilfe des Königs (!),

Heinrichs IV., blieb aus. Kräftekonstellationen mit zukunfts-
weisendem Charakter werden also schon früh sichtbar.

Das Ringen um kommunale Freiheit mit Entstehen einer Stadtgemeinde bestimmt jahrhundertelang die Entwicklung der Städte.
Dabei mußten sie ständig den sie umgebenden Mächten und den sie
herausfordernden Machtkonstellationen nicht nur Rechnung tragen, sondern sich auch ständig entscheiden. So vertrieben die
Kölner Bürger 1106 den Erzbischof, der Parteigänger Heinrichs
V. war, und stellten sich in den Kämpfen zwischen Sohn und Vater
auf die Seite Heinrichs IV., des Vaters (38). Bei der Verstärkung der Stadtmauern bezogen sie Vorstädte mit ein und wider-
standen der wochenlangen Belagerung durch Heinrich V.. Damit
hatten sie die Wehrhoheit erlangt, ein bedeutendes Recht (40).
1103 wird zuerst ein Schöffenkolleg erwähnt, das für den Zoll
zuständig war und andere kommunale Verwaltungsaufgaben wahr-
nahm. 1149 gibt es für Köln ein Stadtsiegel (eines der ältesten
in Europa) und es existiert ein "Bürgerhaus", Vorläufer eines
Rathauses. Entstehung von Zünften, Verträge mit anderen Städten
und die Abschaffung des Duells, an dessen Stelle nun der Eid
trat, waren weitere Zeichen dieser frühen bürgerlichen Emanzipation (40). Ähnliche Entwicklungen, teils noch kriegerischer,
teils friedlicher, sind überall festzustellen. Dabei waren Mut,
Entschlossenheit und Zähigkeit der Bürger zu bewundern. Frau
Engel fragt daher zu Recht: "Was war an diesen Kommunen, daß die
Städter sie so zäh verteidigten, die feudalen Stadtherren sie
zumeist verdammten und bekämpften?" (44) "Friede" scheint das
Stichwort zu sein, d.h. die Vorbedingung für ruhiges Arbeiten,
Handeln, Reisen, Leben überhaupt; damit setzten sich die Bürger
in direkten Gegensatz zu den feudalen Vorstellungen von "Ehre"
(daher bis ins 12. Jahrhundert das uns schwachsinnig erscheinende Duell als Lösungsmittel für Strittigkeiten mit und unter
Bürgern) und stellten ihr sich entwickelndes Wirtschaftsethos
gegen das adelige Standesethos. Die allgemeine Unsicherheit,
besonders Rechtsunsicherheit, begünstigte zudem genossenschaft-
liche Zusammenschlüsse; allerdings wirkten in ihnen auch ganz

unterschiedliche soziale Interessen, die mit- und gegeneinander um Durchsetzung rangen (43).

Das Ergebnis war die Konstituierung des Städtebürgertums in einer relativ autonomen Stadtgemeinde mit eigener Rechtsordnung und städtischen Freiheiten, bei eigener Verwaltung, als Stadtrat, Senat o.ä.. Die Wurzeln liegen in einem allgemeinen Prozeß: Die Kirche wollte von weltlichen Gewalten befreit sein; hörige Bauern kämpften gegen die feudale Abhängigkeit; es gab also eine allgemeine Bewegung zu irgendeiner Selbständigkeit in Frieden, die sich in erster Linie gegen den Adel und besonders Hochadel richtete. Dabei tritt schon hier ein Element auf, das in jeder kommenden Revolution eine Rolle spielen sollte: Die jeweils Unterlegenen glaubten, die Verhältnisse besser regulieren zu können. Hier waren es die reich gewordenen Kaufleute, die den überheblichen Stolz, den Hochmut und die Herrschsucht der Stadtherren zu verachten begannen, und die sich gegen weitere Beleidigungen und gegen Geringschätzung wehrten (46). Da viele der "Ministerialen" (s. oben) unfrei waren, gab es auch Koalitionen zwischen z.B. bischöflichen Ministerialen und Bürgern (Trier, 1132). Das Trierer Stadtsiegel wurde z.B. für einen Zollvertrag zwischen Köln und Trier verwendet, und zur gleichen Zeit tritt ein von Ministerialen und Bürgern besetztes Schöffenkolleg auf (47). Erleichternd wirkte sicher, daß viele Ministeriale innerhalb der Stadt wohnten. Daß die ab dem 13. Jahrhundert auftretenden gewählten Bürgermeister bald begannen, ein Gegengewicht gegen den Stadtherren zu werden, liegt auf der Hand (63). Neben der Ratsversammlung, die in einigen Städten sehr groß war, sich aber im allgemeinen auf etwa 12 Ratsherren einspielte, konnten sich die Bürgermeister auf "Kollegien" zu Spezialfragen stützen, so daß auch besondere Entscheidungen eine breitere Basis hatten (67). Stadtschreiber werden ebenfalls vom 13. Jhdt. ab erwähnt. Von hier ab werden Bürgerrechte und -pflichten, Wirtschaftsordnung, Bauwesen, Polizeiwesen, Finanz- und Münzwesen, Versorgung und Entsorgung (!), Schul-, dann auch Universitäts- und Kirchenfragen immer differenzierter geregelt. Hierzu wurden allein zur Überwachung von "Ordnungen" "ganze Heerscharen" von

Amtleuten und Hilfspersonen eingesetzt, z.B. Pfänder (zur Eintreibung von Bußgeldern), Marktmeister, Warenbeschauer, Zeichenmeister (mit Vergabe von Gütesiegeln) Wäger, Messer, Hundeschläger, oberste Vormünder, Stadtärzte, Apotheker, Hebammen, Baumeister, Feuermeister, Bader, Brunnenmeister, Stadthirten, Knechte, Diener, Büttel usw. (87 ff.)

Sieht man von den schon in frühen Zeiten gewaltigen Agglomerationen Paris und London ab, dann geschah der Sprung von der spät mittelalterlichen Stadt mit bis zu 40.000 Einwohnern zur wirklichen Großstadt erst im 19. Jahrhundert. 1800 hatte New York 30. 000 Einwohner (1900 3 Millionen); Berlin "explodierte" erst in dor zweiten Hälfte des 19. Jahrhunderts, d.h. nach 1850 (1900, im "erweiterten Polizeibezirk Berlin", d.h. incl. Schöneberg usw. lebten über 2 Millionen Einwohner). 1890 gab es in Preußen unter 1263 Städten 68 mit weniger als 1000 Einwohnern (s. S. 7, "Jahrbuch der Gehestiftung, Bd, IX, Dresden, 1903). Erst die volle - ineinander verflochtene - Entwicklung von Kapitalismus und Technik mit der Folge von Industrialisierung und Urbanisierung brachte also das Pänomen "moderne Stadt" allgemein zustande und ins Bewußtsein.

Nimmt man Berlin als Beispiel, so kann man das leicht an Hand von zwei Büchern verdeutlichen: Am Erinnerungsbuch der 1838 geborenen Agathe N a l l i - R u t e n b e r g , "Das alte Berlin", Verlag Continent, Berlin 1912 (1. Aufl. 1907) und an Werner H e g e m a n n ' s voluminösem Band "Das steinerne Berlin", Kiepenheuer, Berlin, 1930 (1963 photomech. Nachdruck in der Reihe Ullstein Bauwelt Fundamente).

Bei Agathe Nalli-Rutenberg stellt sich - für ihre Kindheit - Berlin noch als fast ländliche, jedenfalls aber kleinstädtische Stadt dar, an der nur die Vitalität der Bewohner im Kampf gegen Schmutz, Nässe und Kälte zu bewundern war, und ihre ausdauernde Tendenz zu Vergnügungen aller Art, bis hin zu Kostümfesten auf dem Eis der im Winter zugefrorenen Berliner Kanäle.

1930 kann Hegemann seiner großen Studie den Untertitel "Geschichte der größten Mietskasernenstadt der Welt" geben. 1911 hatte die Ackerstrasse in Berlin-Mitte mit Mietshäusern, die

bis zu sieben Hinterhöfen hatten, insgesamt über 100.000 Einwohner... Das größte Mietshaus hatte 1.450 Bewohner. Stube-
Küche-Wohnungen waren mit bis zu 11 Menschen belegt...
Das denkbar lebhafteste Bild dieser Entwicklung wird gezeichnet
von Gustaf F. S t e f f e n , in "Aus dem modernen England"
(Hobbing u. Büchle, Stuttgart, 1896), wo man ein Bild von der
"kochenden" Groß- und Weltstadt London gewinnen kann, das Bild
der konzentrierten Großstadt-Entwicklung im späten Stadium.

3.4.2 Bürger

"Im Jahre 1374 war in der Stadt Braunschweig der Teufel los und
hetzte die gemeine Bürgerschaft gegen den Rat", so wettert ein
Kloster-Lesemeister in einer Chronik über den Braunschweiger
Bürgeraufstand.
Wer diese Bürger waren, ist in großen Zügen schon angedeutet
worden; dabei waren bereits die "Reichen" gegenüber den Handwerkern einerseits, die irgendwie mit einer Organisation und
Verwaltung des Gemeinwesens andererseits Beauftragten und die
Ministerialen hier, Knechte und Tagelöhner dort, aufgetreten.
Trotz der oft zu Recht, besonders in Anfangszeiten, zu beschwö-
renden Einheit der Interessen aller Stadtbewohner, mußten die
innerhalb der Stadt bald auftretenden Unterschiede zu Spannun-
gen und häufig auch heftigen Auseinandersetzungen führen.
Wie wurde man Bürger? Die "Dienstmannen" einer Burg nannte man
zuerst "burgenses"; dann, als die Städte gegenüber dem mächtigen Adel zu selbständigen Mächten wurden, wurde "Bürger" eine
Art Ehrenname. Damit ist die Frage aber nicht beantwortet.
Zuwanderung aus einer schon bestehenden Siedlung gab es sicher
immer. Aber wer waren die ersten "Bürger"? Für die Umgebung der
Burg ist die Frage relativ leicht zu beantworten: Es waren
Handwerker, die der Burg zuarbeiteten, und dann wohl auch sehr
bald für die Bauern Dinge herstellten, die ein dörflicher Schmied
oder sonstiger Handwerker nicht "brachte", falls in den teils
noch sehr kleinen Dörfern (s.o.) überhaupt Spezialhandwerker

waren (s. hierzu sehr anschaulich die kleine Schrift: Franz
J á n o s s y , Wie die Akkumulationslawine ins Rollen kam - Zur
Entstehungsgeschichte des Kapitalismus, Olle und Wolter, Berlin, 1979). Handwerker waren vermutlich seit jeher "überschüssige" Söhne von kleinen Höfen, soweit sie nicht aus Handerker-
familien kamen. Entsprechend muß man sich vorstellen, daß un-
ternehmungslustige Menschen aus unfruchtbareren Gegenden oder
weil auch sie "überzählig" waren, an Plätze drängten, die sich
für Austausch, Dienstleistungen, Handel anboten, und die hier -
in gegenseitiger Hilfe (was sicher sehr häufig war) - Hütten und
dann Häuser bauten und versuchten, sich mit Genehmigung der
Grundbesitzer, der späteren Stadtherren, seßhaft und möglichst
selbständig zu machen. Sobald solche Ansiedlungen Stadtcharakter
bekamen, bildeten sich dann typische Klassen: Zuoberst die wohlhabenderen Kaufleute, aus deren Reihe in erster Linie die Ratsherren hervorgingen; dann die Mitglieder der - je nach örtlicher
Geschichte - anerkannten Zünfte; dann erst die Handwerker der
noch nicht anerkannten Zunfte, die mit der Anerkennung später
auch Bürger wurden; diese Anerkennung mußte häufig erst in
schweren Auseinandersetzungen erstritten werden. Analog zum
Vorgehen des Adels wurde von den "Insidern" ständig versucht,
andere als Outsider zu benennen und rechtlich zu behandeln; so
die "Schutzverwandten", Beisassen, Beisitzer, d.h. Menschen,
die zwar am Ort (und meist bei Bürgern) wohnten, aber nicht
"bürgerwürdig" erschienen. Ein unvollkommenes Recht hatten auch
die (Rand-) "Pfahlbürger" oder "Ausbürger" und verständlicherweise die Menschen in den zum Stadtgebiet gehörenden Dörfern,
die Gras- oder Feldbürger; dazu kamen einige, die durch die
Verpflichtung zum Kriegsdienst im Notfall das - oft beschränkte
- Bürgerrecht erhielten.
Durch die früh auftretenden sozialen Differenzen waren also
spätere Auseinandersetzungen vorprogrammiert. Solche "gegneri-
schen Sammlungen" (uplop, sammeling, tohopelop, rumor, frevel,
gewalt usw. - aus der Sicht der Geschichtsschreiber) wurden "von
oben" gern als "Zwietracht" denunziert; gemeint sind immer Auseinandersetzungen zwischen Rat und Bürgergemeinde oder Teilen

von ihr (Engel, 117 ff.). Daß die "Stadtarmut" an solchen Streitigkeiten Anteil nahm und meist nicht auf der Seite des Rats
stand, kann man sich denken, auch wenn es gar nicht um ihre
Interessen ging. Oft prallten aber die Reichen und Armen, divites
und pauperes, direkt aufeinander (119). Andererseits konzentrierte sich häufig die Macht in derart wenig Familien (1343
waren in Hildesheim 61% der 36 Ratssitze in den Händen von 8
Familien), daß sich aufstrebende, ebenfalls reiche Familien
dagegen erhoben (120). "Vetternwirtschaft" war also auch in den
Städten eine alte Erscheinung, wobei noch zu berücksichtigen
ist, daß auch Mitglieder des - meist ärmeren - Adels ihre
Steinhäuser in den Städten hatten.
In Schwäbisch-Hall ergab sich nach Steueraufstellungen von 1460
(durchgeführt seit 1395) folgende Differenzierung:

Wohlhabende bis Reiche:	62 Familien	- ca.6,0%
Gut Gestellte:	366 Familien	- ca.34%
Schlecht Gestellte:	612 .Familien	- ca.60,0%

In Rostock sah 1490 die Liste so aus: Von 2.000 Bürgern waren

Reichste Bürger	0,5%
Wohlhabende, mittlere Kaufleute	11,5%
Kleine Kaufleute, Handwerksmeister	30,6%
Unterste Schicht	57,4%

Besonders, wenn der Rat fällige Zahlungen disproportional auf
die Bevölkerung abzuwälzen versuchte, kamen Unruhen, auch Kämpfe auf. Weitere Unruheherde waren die Gesellen, die zu keinen
Meisterstellen kamen, weil die Zünfte (Gilden, Innungen) das
nicht zuließen; oft, weil sich der Konkurrenzkampf dadurch sehr
verschärft hätte, - ein typischer Fall von "Elitenstau".
Über die genaue Lebensweise der Menschen in Mittelalter und
beginnender Neuzeit wüßten wir - über Historiker wie Braudel und
andere hinaus - wenig, wenn es nicht genauer schildernde Arbeiten aus der jeweiligen Zeit gäbe. Hier seien nur fünf relativ
leicht zugängliche erwähnt: (Iris O r i g o , Im Namen Gottes
und des Geschäfts - Lebensbild eines toskanischen Kaufmanns,
C.H. Beck, München, 1985 (engl. 1957), Leben in Paris (1405-

1449), Insel Verlag Ffm. u. Leipzig, 1992; Antoine F u r e - t i è r e (1619-88), Der Bürgerroman (1666); Samuel P e p y s Tagebuch, Reclam, Stuttgart, 1980 (1660-69) und "Denkwürdigkeiten der Glücklen von Hameln, 1646-1724", Jüdischer Verlag, 1980. In "Im Namen Gottes..." wird das Leben Francesco di Marco Datini aus Prato, Italien, vorgeführt, der vermutlich 1335 geboren wurde und 1410 starb. Er hinterließ - spät gefundene - 500 Haupt- und Geschäftsbücher, 300 Gesellschaftsverträge, Versicherungspolicen, Frachtbriefe, Wechsel und Schecks, über 140.000 Briefe, 11.000 davon Privatkorrespondenz, darunter viele an seine Frau, von deren Briefen an ihn über 100 erhalten blieben...

Im "Leben in Paris" führt der unbekannte Autor, vermutlich ein Geistlicher, Tagebuch nicht nur über die historisch verfolgbaren Ereignisse im unglücklichen Paris dieser Jahre, um das sich die Fürsten auf Kosten der Einwohner stritten, sondern auch über Wetter und Preise für den Lebensunterhalt. Paris hat schon 200.000 Einwohner! Wir erfahren von der Beulenpest ebenso wie von einer Maikäferplage im Jahr 1422 und von Streitigkeiten zwischen den Bürgern. In F u r e t i è r e s "Bürgerroman", der auch in Paris spielt (Paris hat nun 500.000 Einwohner, Ludwig XIV. siedelt nach Versailles über, Colbert reformiert das Finanz-und Wirtschaftssystem), sind Entmachtung des Hoch-Adels, Aufstieg neuer reicher Bürgerschichten und der Ämterhandel der Hintergrund für eine Aufsteigergeschichte zwischen Geld und Liebe, in der das erste Mal Kleinbürger, Marktfrauen und Bürgermädchen eine Rolle spielen. Eine der vielen komischen und beklemmenden Einlagen ist eine Liste der Preise, zu der unverheiratete Frauen "gehandelt" werden; sie reicht bis hin zu Töchtern von derartig reichen Händlern, daß die Töchter wegen der anrüchigen Herkunft ihrer Mitgift unter Preis vermittelt werden. Samuel P e p y s berühmtes Tagebuch führt uns minutiös in die tägliche Welt eines jüngeren Angestellten bei der königlichen englischen Admiralität ein, der durch Fleiß, Aufmerksamkeit und unauffällige Bestechlichkeit zu einigem Wohlstand kommt. Arm anfangend, sitzt er zu Anfang mit seiner 17-jährigen Frau in der leeren Wohnung sozusagen auf dem Boden, dann bessert sich die Lage zusehends. Aber der Bücher- (und Theater-) Fan schlägt durchaus noch Nägel zum Umhängen von Bildern selbst ein (und sich dabei auf den Daumen).

Alle diese Berichte muten uns teils fremd, teils außerordentlich vertraut an: Der bürgerliche Lebensstil ist offenbar mit der Entstehung der größeren Stadt untrennbar verbunden. Eine "Öffentliche Meinung" existiert schon früh; eine Dramatisierung aller nur denkbaren Ereignisse ist üblich, sie werden in der entstehenden oder schon entwickelten Presse und oft auch sofort im Theater "ausgeschlachtet".

Das Tagebuch der "Glückel" (Denkwürdigkeiten der Glückel von Hameln [1689-ca. 1717], Verlag Darmstädter Blätter, 1979), einer jüdischen Perlenhändlerin, die, mit 43 Jahren verwitwet, zwar 4 verheiratete Kinder hatte, aber noch 8 weitere versorgen mußte, ist eine Fundgrube: Darstellungen des täglichen Lebens wechseln mit Reiseschilderungen zu Messen in Frankfurt am Main oder Leipzig, mit allen normalen Gefahren und den zusätzlichen Gefährdungen für Juden und vor allem für eine alleinstehende Jüdin.

Die Frage ist nun, wann dieser Typ des handwerkenden, handelnden oder bereits verwaltenden Bürgers von einem moderneren Bürgertyp abgelöst wird. Man könnte sich darauf zurückziehen, daß das mit der Entwicklung von Industrialisierung und Kapitalismus langsam und sozusagen "organisch" geschah. Für Städtchen und Städte an der Peripherie des gesellschaftlichen Geschehens, besonders für Grenzstädte, die vom wirtschaftlichen Aufschwung wenig berührt wurden, mag das sogar zutreffen. Aber ein Blick auf die Daten zur "Explosion" der großen Städte genügt, um klarzumachen, daß diese Umwandlung vom schlichten Bürger zum Bewohner einer Großstadt oder Metropole teils in einer Generation geschah, d.h. nicht nur einen gesellschaftlichem Umbruch im Großen anzeigte, sondern auch oft tiefe Brüche in der Lebensführung, und zwar von relativer emotionaler Sicherheit unter noch sehr empfindlicher sozialer Kontrolle hin zu mehr Unsicherheit in Freiheit. Das Ergebnis (das in London und Paris längst vorweggenommen war) bringt Georg S i m m e l in seinem Vortrag, dann Aufsatz im "Jahrbuch der Gehestiftung", Dresden, 1903. Er schreibt hier in "Die Großstädte und das Geistesleben", S. 188:

"Die psychologische Grundlage, auf der der Typus großstädtischer Individualitäten sich erhebt, ist die Steigerung des Nervenlebens, die aus dem raschen und ununterbrochenen Wechsel äußerer und innerer Eindrücke hervorgeht ... Indem die Großstadt ... diese psychologischen Bedingungen schafft ... stiftet sie schon ... einen tiefen Gegensatz gegen die Kleinstadt und das Landleben, mit dem langsameren, gewohnteren, gleichmäßiger fließenden Rhythmus ihres sinnlich-geistigen Lebensbildes. Daraus wird vor allem der intellektualistische Charakter des großstädtischen Seelenlebens begreiflich, gegenüber dem kleinstädtischen, das vielmehr auf das Gemüt und gefühlsmäßige Beziehungen gestellt ist ... So schafft der Typus des Großstädters ... sich ein Schutzorgan gegen die Entwurzelung, mit der die Strömungen und Diskrepanzen seines äußeren Milieus ihn bedrohen: statt mit dem Gemüte reagiert er auf diese im wesentlichen mit dem Verstande ... Geldwirtschaft aber und Verstandesherrschaft stehen in tiefstem Zusammenhange. Ihnen ist gemeinsam die reine Sachlichkeit in der Behandlung von Menschen und Dingen, in der sich eine formale Gerechtigkeit oft mit rücksichtsloser Härte paart...."

Und Simmel summiert dann seine Ausführungen unter dem Stichwort der "Blasiertheit" des Großstädters, der mit dem "na und?" alles relativiert, was nicht "von morgen" ist. Fazit ist aber, daß erst in der Großstadt individuelle Unabhängigkeit und Ausbildung persönlicher "Sonderart" ihren Platz finden, - ein ganz neuer Wert in der Weltgeschichte des Geistes. (S. 204)
Was Simmel mit "Unabhängigkeit" genau meint, bleibt undeutlich. Denn gerade in der Umbruchszeit, also spätestens in der zweiten Hälfte des 19. Jahrhunderts, steigt die Anzahl der (abhängigen) Beamten und abhängigen Angestellten außerordentlich. Auch wenn man berücksichtigt, daß Beamte (in Deutschland) schwer kündbar waren und Angestellte etwas mehr gesichert waren als Arbeiter (besonders ungelernte), wird man nicht von "Unabhängigkeit" sprechen können. Das Entscheidende ist wohl - und das kann aus dem Gesamtzusammenhang des Aufsatzes entnommen werden - daß die soziale Kontrolle, nämlich die sehr konkrete Verhaltenskontrolle durch die Nachbarn, die weltliche und geistliche Gemeinde, in

der Großstadt schwächer wurde, ja ganz entfallen konnte. Denn die Großstadt ist der Ort der in allen sonstigen Gesellschaftsformationen unbekannten Anonymität. Und Anonymität hat neben ihren negativen Seiten eben die positive der Ungebundenheit und insofern Unabhängigkeit.
Zur Befindlichkeit des Bürgers seit dem 17. Jahrhundert s. immer noch: Wolf L e p e n i e s , Melancholie und Gesellschaft, Suhrkamp, Ffm., 1969.

3.4.3   Die Universitäten

Zwischen den Themen "Stadt und Bürger" sowie "Literaten" kann man eigentlich nur vermitteln, wenn man etwas über Entstehung und Wirkung der Universitäten sagt.
Die Intensität der Auseinandersetzungen über alle nur möglichen, das tägliche Leben und die nähere Zukunft betreffenden Angelegenheiten in der Stadt und zwischen den Bürgern sollte man nicht unterschätzen. Diese Auseinandersetzungen hatten häufig grundsätzlichen Charakter und schlugen fast immer in rechtliche und Legitimitätsfragen um. Daher kann es nicht verwundern, daß in solchen Diskussionen von Anfang an Juristen einerseits und Theologen/Philosophen andererseits eine Rolle spielten, wobei die Anzahl der Juristen stets überwog, da alles nur Denkbare in Rechtsfragen umschlug, nicht zuletzt - s. den kurzen Abschnitt zum Stichwort "Staat" - weil sich unterschiedlich alte und ehrwürdige, und teils sich fremde Rechtssysteme überschnitten, wie Lehensrechte, Bürgerrechte usw..
Für derartige Streitigkeiten, die Frage der Legitimität eingeschlossen, hat es immer Spezialisten gegeben, und seien es Ältere, Erfahrenere gewesen oder eine Art von Ältestenrat. Und selbstverständlich gab es überall insofern eine Art von "Schulen", als Erfahrenere Unerfahrenere, meist Jüngere belehrten, z.B. in Seefahrerschulen (schon bei den Polynesiern), Bauschulen oder "Hütten" usw., von Klosterschulen ganz abgesehen. Wann aber aus dem Nebel der Zeit vor 1000 die ersten Universitäten

sich konkret entwickelt haben, bleibt ungewiß. Ich folge hier der großen Studie "Universitäten im Mittelalter - Die europäischen Stätten des Wissens" von Franco C a r d i n i und M.T.F. B e o n i o - B r o c c h i e r i (Südwest Verlag, München, 1991), in der es im Vorwort (S. 7) heißt:

"Sie studieren alle Wissenschaften außer Nekromantik, die verboten ist ... Dieser Satz aus dem Notizbuch eines italienischen Reisenden bezieht sich auf die Universität Paris, die sehr wohl die älteste aller Universitäten sein könnte - sofern die Ehre nicht Bologna gebührt.
Für die ersten Universitäten, die sich noch vor dem 13. Jahrhundert aus dem Wunsch zu lernen und aus dem Bedarf für Menschen mit gewissen Fähigkeiten bildeten, ist das genaue Gründungsdatum schwer zu ermitteln. Aus Urkunden weiß man nur, daß sie zu einem bestimmten Zeitpunkt bestanden, aber nicht, welche Akte dahin geführt haben, etwa päpstliche Gründungsbullen, wie sie spätere hohe Schulen vorweisen können. Als sich in Paris Dozenten und Studenten auf dem linken Seineufer - das später als l'université zu einem eigenen Stadtteil wurde - festsetzten, hielten einige Lehrer ihre Vorlesungen noch auf offener Straße ab, während andere aus Fenstern im ersten Stock dozierten.
Allmählich nahmen die Universitäten ihre Struktur an, die praktisch überall die gleiche war: Lehrer und Studenten schlossen sich - gemeinsam oder getrennt - zu Korporationen zusammen, was ihnen die Möglichkeit - oder die Aussicht - gab, Autonomie zu erlangen. Die Lehre bestand in mündlichen Vorträgen, den Lektionen (lateinisch lectio = Lesung), von Texten aus den seltenen Büchern. Prüfungen dienten dazu, um die Fortschritte zu messen; am Ende wurden Titel verliehen. Ihre Teilnahme bezahlten die Studenten an die Professoren nach deren Popularität und Berühmtheit. Die Studierenden kamen aus verschiedenen Ländern und bildeten 'Nationen'. Schließlich gab es - wie heute - 'Colleges' als Wohnheime.
Bis zum Ende des Mittelalters hatten sich in rund achtzig (europäischen, d.V.) Städten Universitäten entwickelt, und einige waren für bestimmte Studienzweige berühmt geworden (Bologna und Ferrara für Jurisprudenz, Oxford und Paris für Theologie, Padua für Medizin)."

Mit dem Stichwort "Bücher" wird ein damals wichtiger Grund für das Studium durch Anhören genannt: Ein größeres Buch braucht für das Kopieren 75 Schaffelle, ein kleines Vermögen, wie die Autoren anmerken (S. 10).
Die Universitäten bildeten bald - sowie sie in größeren Gebäuden installiert waren - ein Innenleben, das dem eines sehr verweltlichten Klosters glich und sich von der Stadt allein schon

dadurch absetzte, daß nur Lateinisch gesprochen werden durfte (das wurde teils bis in spätere Jahrhunderte durch "Spione" überwacht). Dies hob die so "Gebildeten" scharf von der normalen Bevölkerung ab,der zwar einige Brocken des liturgischen Lateins geläufig waren, die aber selbstverständlich weit entfernt davon war, Lateinisch oder gar Griechisch zu sprechen.

Es gab Gebiete, in denen für "Akademiker" so viel zu tun war, daß die Absolventen von Universitäten dort absorbiert wurden, an erster Stelle die Jurisprudenz, danach die Medizin und Theologie. Aber generell gilt, daß sehr bald und an vielen Stellen ein Überangebot an "Studierten" entstand, was dazu führte, daß viele von ihnen ihrem Gefühl nach "unter Wert" (Hauslehrer!) tätig sein mußten und daß sich als Ergebnis eines solchen "Elitenstaus" in aufrührerischen, d.h. zuerst kritischen, dann der Tat näher rückenden Bewegungen ein disproportional großer Anteil von "Studikern" fand. Durch die allgemeine Entwicklung des Bildungswesens mit den dafür eingerichteten Stellen wurde zwar immer wieder eine gewisse Beruhigung geschaffen, aber einerseits waren diese Stellen sehr schlecht bezahlt, andererseits meist ohne allzu großes gesellschaftliches Ansehen, so daß Unruhe und Unzufriedenheit unter jenen "Intellektuellen", die nicht in den besseren Etagen der Jurisprudenz, Medizin oder Kirchenverwaltung gelandet waren, sondern eher zum später so genannten "Bildungsbürgertum" gehörten, eine Struktureigentümlichkeit blieb. "Professoren" waren zwar einigermaßen angesehen, selten berühmt, aber das Verhältnis zwischen Angebot und - gesellschaftlicher - Nachfrage blieb stets unausgeglichen, zu Lasten jener Ehrgeizigen, die eigentlich Universitätsprofessoren hatten werden wollen und sich bestenfalls mit dem Titel "Gymnasialprofessor" (d.h. "Pauker") zufriedengeben mußten.

Die Einflüße, die von den Universitäten ausgingen, können über solche Andeutungen hinaus hier nicht verfolgt werden. Mit Sicherheit hat die Jurisprudenz hier den Vorrang gehabt. Nach kurzem Aufstieg der Philosophie treten dann Nationalökonomie und Medizin im 19. Jahrhundert dazu, von der Mitte des Jahrhunderts überholt durch die Naturwissenschaften.

3.4.4   Literaten

Fragen des Glaubens spielten in der Vergangenheit eine überragende Rolle. "Unglaube" war dabei in tiefer Vergangenheit nicht mit dem gleichzusetzen, was wir heute (1995) darunter verstehen: Leugnung eines bestimmten Gottes oder von Gott überhaupt. Unglaube war "immanent", d.h. richtete sich in erster Linie auf die Auslegung der "Heiligen Schrift". Verständlicherweise traten hier Mönche und andere "schriftgelehrte" Menschen hervor, schon früh im Französischen "libertins" genannt. Dabei wurde oft die Kirche selbst zur Verteidigung des "richtigen" Glaubens angerufen, der vor Ort nicht zureichend oder falsch vertreten schien. Mit dem 17. Jahrhundert, also dem Beginn der Aufklärung, steigern sich die Vorwürfe gegen die "Libertinage religieuse" zu Behauptungen über abweichende Gedanken, falsche Anschauungen und Lebensregeln, Verachtung von Autorität und zur Emanzipation von den Moralgeboten des Christentums (S. Gerhard S c h n e i d e r , Der Libertin - Zur Geistes- und Sozialgeschichte des Bürgertums im 16. und 17. Jahrhundert, J.B. Metzler, Stuttgart, 1970).
Daß solche Tendenzen kritischer Geister mit der Verbreitung des Buchdrucks, d.h. schon im Verlauf des 15. Jahrhunderts und dem Auftreten der Verleger zunahmen, ist eigentlich selbstverständlich. Zudem entstand in dieser Zeit die Möglichkeit, von und mit der Schrift, d.h. dem Druck von Heften, Büchlein und Büchern, dann von Zeitschriften und der Mitarbeit in Zeitungen ("Journalen") zu leben. Damit entstand im Bürgertum erstmals eine Schicht von Menschen, die weder aus Adels- noch aus Kaufmanns-Vermögen, nicht von Arbeit als Bauer oder Handwerker und auch nicht vom Kriege lebten. Diese Menschen schrieben als Stadtbürger von nun ab nicht vom Leben, sondern über das Leben, über ihre Beobachtungen, ihre - meist kritischen - Gedanken, ihre Phantasien. Von Klöstern und Universitäten kamen dazu Viele, deren freiere Gedanken dort weniger gern gesehen wurden, und die ja bereits gelernt hatten, sich schriftlich auszudrücken. Grund und sozusagen Quelle des Stroms von Literaten, also frei berufstätig

sich vom Schreiben ernährender Menschen, war einerseits der
sich mit besserem Bildungswesen entwickelnde Überschuß von Intelligenz, andererseits das sich immer mächtiger ausbreitende
Gefühl für die Unangemessenheit der "alten Welt", und zugleich
das Gefühl der Auflösung der alten Werte, d.h. das Gefühl immer
beklemmenderer Unsicherheit gegenüber den großen Fragen.
Und schon früh treten unter den Literaten, Dichtern und Schrift-
stellern immer mehr Menschen auf, die ihren Platz (oder ihre
"Rolle") in der Geselschaft nicht finden oder finden wollen. So
empfindet sich z.B. der Dichter Georg Büchner als "überflüssi-
ges Mitglied der Gesellschaft" (s. S. 162 in Karl S.
G u t h k e , Die Mythologie der entgötterten Welt, op.cit.).
Schmerz um die verlorene Welt, Weltschmerz, Empfindung von Welt-
verlust (Novalis: Gott ist bald 1 zu Unendlich ... bald Null" -
S. 95 b. Guthke, op.cit.) laufen über Nietzsche bis hin zur
charakteristischen Aussage von Julien Green (im Journal V, hier
nach Guthke, S. 32): "So verwirklicht sich einer meiner ältesten
Träume: Arbeiten umgeben von Büchern".
Parallel dazu entwickelt sich der "Snob", dann "Dandy", der
nicht nur Modemacher wird, sondern das Vorbild an uninteres-
sierter Gelangweiltheit, verbunden mit an sich scharfem Intellekt und oft guter Informiertheit, d.h. mit jener "Blasiertheit", von der Georg Simmer im zitierten Aufsatz viel später
spricht. (S. hierzu: Otto M a n n , Der Dandy - ein Kulturproblem der Moderne, Otto Mann Verlag, Heidelberg, 1962/1925.)
Das Gefühl des Weltverlustes führt in bildender Kunst und Literatur zu "Verzerrungen", die sich bis zur "Groteske" entwik-
keln, von Bonaventura's "Nachtwachen" (1804), über E.T.A.
Hoffmann, Edgar Allan Poe und Nietzsche bis zu Pirandello und
Nachfolgern.
Von hier aus erklärt sich auch die Wirkung der sozialistisch-
kommunistischen Gegenströmung mit ihrer gerade entgegengesetz-
ten Glaubensbereitschaft, eine Strömung, die die verlorene Si-
cherheit wiederzubringen schien.
Eine bedeutende "Hintergrundunterstützung" bekam der Kosmos der
Literaten durch die Entstehung des - in Deutschland fast durch-

weg beamteten - Bildungsbürgertums, das der Gesellschaft, was den täglichen Kampf im Kapitalismus anbetraf, enthoben, zugleich aber sensibilisiert war, für Kritik <u>an</u> der Gesellschaft.

3.5 Die Juden - Zwischen Verfolgung und Behauptung

Die jüdische Bevölkerung ist ein integraler Teil der europäischen Bevölkerung und hat damit ihren Anteil an der europäischen Geschichte. Bis aber das Selbstverständnis durch die zionistische Bewegung und später die Gründung des Staates Israel eine entscheidende Stabilisierung erfährt, ist die Geschichte der dem Talmud anhängenden Bevölkerung Europas eine der Ausgrenzung, Verfolgung, eine Geschichte von Duldung, Pogromen und Ausrottung. Wenn man unter diesem Aspekt die Worte von Leo B a e c k, in seinem Werk "Das Wesen des Judentums" (1906 u. viele folgende Ausgaben) liest, die eine große Ruhe ausstrahlen, kann man sie nur als Ausdruck von altersabgeklärter Weisheit und aus dem Gefühl der "Auserwähltheit" verstehen, zudem ohne das Wissen um das, was dann kommen würde. Die nicht in der Absicht, das Judentum sozusagen von innen her zu schildern, geschriebene Arbeit von Johann M a i e r : "Das Judentum von der biblischen Zeit bis zur Moderne" (1973 bei Kindler; 1988 im Godrom Verlag, Bindlach) kann sich da nüchterner geben. Bereits in der Einleitung heißt es:

"Die gelegentlich ... stark betonte Bezugnahme auf Volk und Land zur Wertorientierung bei der Beurteilung jüdischer Geschichte wirkt irritierend, weil eine derart völkisch bestimmte Argumentation durch die gleichzeitige Beteuerung, es handle sich doch um etwas wesentlich anderes als bei jeder anderen völkischen Orientierung, uneinsichtig bleibt, solange nicht deutlich zu machen ist, worin denn dieses 'andere' besteht. Die bloße Tatsache, daß für das Judentum die Religion eine besonders konstitutive Rolle spielt und daß daher auch für eine Kulturgeschichte des Judentums die Religionsgeschichte eine zentrale Komponente darstellt, gilt unbestritten bis zur Aufklärung, wird dann aber mit dem Zerfall der traditionellen Vorstellungen in ihrer Bedeutung begrenzt und verliert infolge der fortgeschrittenen Säkularisierung weiter an Gewicht - ganz abgesehen von der

Tatsache, daß die Verquickung religiöser Züge mit nationalisti-
scher Ideologie durchaus ihre Parallelen hat." (7)

Aber auch Maiers kritische und im Detail sehr informative Darstellung des "jüdischen Weges" verdeckt das Ausmaß an Problemen, denen sich die Juden durch das Festhalten an einer Einheit
von Glauben und Lebensführung innerhalb anderer Glaubensgemein-
schaften, und immer als Minderheit, ausgesetzt sahen.
Zu erinnern ist - als erstes -, daß im Römischen Reich Juden
durchaus auch Bauern, kleine Handwerker und Gewerbetreibende
waren. Ihre Stellung veränderte sich aber dramatisch mit dem
Heraufkommen des Christentums. In Deutschland gab es schon früh
zahlreiche jüdische Gemeinden: Im 4. Jahrhundert in Köln, im 9.
Jahrhundert in Worms, Magdeburg, Regensburg und anderen Städten, in Böhmen, Mähren, Schlesien und Österreich. Im Jahre 1084
erhielten sie Handelsfreiheit im ganzen "Heiligen Römischen
Reich Deutscher Nation", also dem deutschen Reich seit der
Kaiserkrönung Ottos I. (962). Sie erhielten weiter eine eigene
Gerichtsbarkeit und das Recht, Grundstücke zu erwerben, dazu
Zusicherung der Glaubensfreiheit. Sie konnten einen Eid nach
jüdischer Vorstellung, dem jüdischen Glaubensgesetz leisten und
sogar Christen beschäftigen.
Unterdessen hatte sich aber das Christentum überall festgesetzt
und in Klöstern und Kirchengemeinden organisiert. Verfolgungen
von bekennenden Juden setzten ein und erreichten mit den Kreuzzügen (Ende 11. bis Ende 13. Jhdt.) einen ersten Höhepunkt.
Besonders der Ausschluß aus Gilden und Innungen zwang die Juden
nun zum Kleinhandel, zum Pfand- und Wuchergeschäft, um zu überleben; sie wurden mehr und mehr ghettoisiert, d.h. teils in
"Judengassen" abgedrängt, die oft völlig übervölkert waren,
teils in eigene Viertel, die "Ghettos". Verfolgungen mit Verwü-
stungen von Wohnstätten und Geschäften der Juden ereigneten
sich nun - als "Pogrome" (russisch = Verwüstung; erst seit 1905
als Ausdruck regelmäßig gebräuchlich) - periodisch. Christen
nutzten dabei häufig die Gelegenheit, sich durch Totschlagen
eines jüdischen Gläubigers von Schulden zu befreien. Höhepunkte

erreichten diese Pogrome - oft riefen Bischöfe dazu auf - gegen Ende des 15. Jahrhunderts.

In Spanien, wo die Juden unter den Mauren, die halb Spanien besetzt hatten, ein relativ freies Leben geführt hatten, kam es ebenfalls Ende des 15. Jahrhunderts, besonders mit Ende der "reconquista", der Wiedereroberung Spaniens durch die christlichen (Nord-)Spanier, zum Bruch mit den Juden. Die Pogrome begannen hier Ende des 14. Jhdts. und steigerten sich bis zur Ausweisung aller Juden aus Spanien. Aber wohin sie auch zogen oder flohen, sie waren ständig der Willkür der Landesherren und dem Unmut der Bischöfe ausgesetzt, blieben abhängig, wurden verleumdet, für Seuchen verantwortlich gemacht und waren nie in wirklicher Sicherheit.

Für England galt im großen und ganzen dasselbe: Die Juden wurden zu bestimmten Zeiten und an unterschiedlichen Orten einmal in Ruhe gelassen, dann plötzlich wieder verfolgt. In jedem Fall wurden sie "geschröpft": Es gab zeitweise bis zu 60 Steuerarten, denen sie unterworfen waren. Ende des 12. Jahrhunderts kam es zu Pogromen (1189) und 1290 wurden die Juden aus England ausgewiesen. Daß sie vorher von einigen Baronen gern gesehen wurden, weil sie keine Steuern an den Papst abführen mußten und damit um so besser auszunehmen waren, hatte ihre Situation nicht gerade verbessert.

Juden waren also seit Beginn dieses Jahrtausends im Bereich der christlichen Welt nicht nur Bürger zweiter Klasse, sondern hatten darüber hinaus einen ungeklärten und ständig gefährdeten Status, der sie prinzipiell jedem Zugriff preisgab. An vielen Orten - in England allgemein - konnte z.B. ein Adeliger wegen Tötung eines Juden, und sei es wegen eines vom Zaun gebrochenen Streites auf der Straße, überhaupt nicht belangt werden. Waren Juden reich, wurden sie unter Umständen sogar vom Adel als Ebenbürtige behandelt. Das schützte sie aber nicht davor, plötzlich "in Ungnade zu fallen", wobei ihr Vermögen an den betreffenden Fürsten oder Adeligen ging. Sie waren aus dem Tiefenverständnis des Adels, aber auch der Bürger, "ehrlos", in dem besonders

schlechtem Sinn, daß man sie eines "Ehrgefühls" überhaupt nicht
für fähig hielt.

Diese Dauersituation hat sicher viele Juden der Vergangenheit
nachhaltig geprägt, gleich, ob sie aus dem Westen, besonders
Spanien kamen - mit besseren Voraussetzungen - oder dem europäischen Osten - mit schlechteren Voraussetzungen. Ein Vorteil war
sicher die Zwei- oder Mehrsprachigkeit aller Juden; sie konnte
aber auch Verdacht erwecken; (zum Problem des "Mauschelns" siehe unten). Ein weiterer, teils zweifelhafter, da auch durch
viele Erniedrigungen erworbener Vorteil war gute Menschenkennt-
nis gegenüber Fremden. Über beides, Sprachgewandtheit und Welt-
kenntnis, verfügte der Kleinstädter nicht. Zudem pflegten die
Juden ihre Verwandtschaftsbeziehungen, wie es religiöses Gebot
war, und Geschäftsbeziehungen vielfältiger Art. Zusammen mit
dem Verweis (s.o.) auf Geldgeschäfte, und besonders im Hinblick
auf die ständige Unsicherheit, ja Bedrohtheit, mußte diese Situation und die in ihr unfreiwillig erworbenen Eigenschaften
einen Menschentyp mit besonderem Geschäftssinn hervorbringen,
dessen Verhältnis zu seiner Umwelt von widersprüchlichen Impulsen geprägt sein mußte: Einerseits waren bekennende Juden selbstverständlich auf ihre Umwelt angewiesen; sie mußten sich also
"freundlich" zeigen. Andererseits mußten sie ihre Umwelt - sozusagen vorbeugend - fürchten. Das ergab besonders von der Zeit
der "Aufklärung" ab, d.h. dem Beginn des 18. Jahrhunderts, einen
starken Anpassungsdruck, bei gleichbleibender Angewiesenheit
auf die eigene, abweichende Kultur.

In England wurden die Juden 1655 wieder aufgenommen. Solche
Akte, die meist wirtschaftliche Hintergründe hatten, verhinder-
ten aber weitere Verfolgungen nicht. Z.B. gab es 1648 in Polen
eine ungeheuerliche Vernichtungswelle. Auch in Rußland fanden
bis zum Ersten Weltkrieg (1914-1918) immer wieder Pogrome statt.
Zünfte und viele Handelszweige blieben den Juden weiterhin verschlossen. Aber Ausweisungen großen Stils gab es vorerst nicht
mehr. Dagegen begann eine neue Bewegung die Juden zu bedrohen,
und zwar mit der ja durchaus nicht von der ganzen Bevölkerung

getragenen Aufklärung, sozusagen eingenistet in ihr, und vertreten von Juden selbst.

Daß Nichtjuden, hier die Christen, die Juden ablehnten, ist in
der biblischen Lehre, besonders dem Neuen Testament begründet.
Der Jude war der Verräter Christi. Und soweit die Juden sich als
eigene Kultur mit einer Art Pseudo-Staatlichkeit betrachteten,
als gesondertes (und "auserwähltes") Volk, mußten sie besonders
mit Heraufkommmen eines nationalstaatlichen Bewußtseins mit den
"Nationalen" zusammenstoßen. Hinzu kam im Verlauf des 19. Jahrhunderts in Deutschland eine neue, nationalistische Bewegung
(mit dem Extrem der "All-Deutschen"), die alles "Fremdländi-
sche" ablehnte, wobei das Hauptaugenmerk bereits auf die Juden
fiel, die zu einem erheblichen Anteil sich gerade vom Judentum
in verschieden gearteten Emanzipationsbestrebungen abwandten.
(S. hierzu Johann Maier, op.cit, Kapitel "Aufklärung-Emanzipa-
tion-Assimilation-Reform" und "Von den Pogromen zur Katastro-
phe").

Das schlimme Paradoxon war nun, daß die gegen Ende des 19.
Jahrhunderts geschürte antisemitische Stimmung durch eine selbst-
kritische Bewegung unter Juden selbst verstärkt wurde, die zu
erklären nicht einfach ist. Sie ist neuerdings von Sander L.
G i l m a n in: "Jüdischer Selbsthaß - Antisemitismus und die
verborgene Sprache der Juden" zum Thema einer differenzierten
Analyse gemacht worden (Jüdischer Verlag, Ffm., 1993; amerik.
1986). Sie verdeutlicht, wie der alte Gegensatz von "Ost -und
West-"Juden einerseits, eine verständlicherweise entstandene
Mischsprache zwischen Hebräisch und der jeweiligen (meist unter
Verfolgungszwang angenommenen) Sprache der (neuen) "Heimat"
andererseits, zu Spracherscheinungen führen, an denen die Juden
erkannt werden konnten. Das "Mauscheln" spielt hier eine besondere Rolle (auch für "Feilschen", d.h. kleinliches Handeln um
den Wert eines Gegenstandes benutzt). Es entwickelt sich unter
jüdischen Intellektuellen eine Bewegung gegen eine solche ver-
räterische Sprache, und zwar unter dem Deckmantel des Eintretens
für ein klares und gutes Deutsch. Dabei gab es zahlreiche scharfe und bittere Attacken gegen "die Juden". Viele angesehene

jüdische Schriftsteller, von Heinrich Heine bis Karl Kraus schlos-
sen sich mit solcher Kritik - sicher ohne das ausdrücklich zu
wollen - den oben skizzierten antisemitischen Strömungen an,
die sich nun sogar auf sie berufen konnten. Gilman zeigt die
Kontinuität dieses "Selbsthasses", von dem es Spuren bereits im
Mittelalter gab, mit großer Genauigkeit und Bewegtheit auf.
Etwas zurück treten dabei sozialpsychologisch/soziologische
Erklärungsmodelle, denn es gibt genügend Belege dafür, daß sich
Menschen aus Randgruppen oder nicht voll anerkannten Gruppen
gerade in ihrem Bemühen, sich anzupassen, besonders auffällig
verhalten...* Doch sogar Michael W a l z e r läßt in seiner
aufschlußreichen Arbeit "Exodus und Revolution" (Rotbuch, Berlin, 1988) einen Psalmisten sagen: "Ja, GOTT sollte wohl können
einen Tisch bereiten in der Wüste". Es muß also auch hier wieder
zur Kennzeichnung eines Juden "gejiddelt" werden...

3.6   Arbeiter - zwischen Pauperismus und neuem Mittelstand

Kein bedeutendes Bauwerk der menschlichen Geschichte ist ohne
Anleitung gebaut worden: Über Hütten hinaus sind größere Bau-
werke nie von ungelernten Kräften erstellt worden. Aber: Nie
wurde ein Bauwerk ohne Arbeiter erbaut, keine Burg, kein Schloß,
keine Stadtmauer, kein Straßenbau waren ohne sie denkbar. Diese
schlechtbezahlten Arbeitskräfte - in Rom die "proletarii", Menschen der untersten Klasse, die keine Steuern zahlen mußten (so
gering war ihr Einkommen) und die nicht zum Kriegsdienst in Rom
eingezogen wurden, da sie dazu nichts mitbringen konnten -
leisteten von frühen Zeiten an, seitdem Familien- und Sippen-
verbände begonnen hatten, sich aufzulösen und seitdem es keine
Sklaven mehr gab, die Grundarbeiten in der Gesellschaft. Auf dem
Lande waren das die Knechte, früh, schon in Rom als Unfreie und
auch Freie mit Vertrag, die ersten Lohnarbeiter, dann, im Mit-

---

*   S. hierzu D. Claessens, Angst, Furcht und gesellschaftlicher Druck,
      in: Freude am soziologischen Denken, Berlin, 1993.

telalter die Stadtarbeiter, unter denen nur noch die zu ähnlichen Arbeiten, aber unter noch schlechteren Bedingungen eingesetzten Strafgefangenen, Arbeits- und Zuchthäusler standen. "Arbeit" heißt mittelhochdeutsch arebeit = Mühsal und Not. Den auf der untersten Stufe früherer Gesellschaften arbeitenden Menschen ging es nicht immer und überall schlecht; aber als "Überschuß-Menschen" aus bäuerlichen Gebieten, besonders den ärmeren, und nach schlechten Zeiten, waren sie doch ständig in der Nähe des Existenzminimums. Dies Existenzminimum ist nicht ganz einfach zu bestimmen. B r a u d e l (Sozialgeschichte..., op.cit., Bd.I, S. 132 ff.) verweist darauf, daß heute in den reichen Ländern ein Erwachsener im mittleren Alter täglich 3.500 - 4.000 Kalorien zu sich nimmt. Nach früheren Angaben sollen die Rationen der Mannschaften der spanischen Westindienflotte (1560) dieses Niveau erreicht haben; aber die Angaben stammen (in Naturalien und Gewichten aufgezählt) von den damaligen Intendanten, d.h. Verwaltern; man kann also getrost 1.000 Kalorien als "Schwund" abziehen, der in deren Taschen ging. Braudel gibt daher für größere Städte nur etwa 2.000 Kalorien täglich für die Masse der Menschen an. Dabei ist die Zusammensetzung eintönig, oft gesundheitsschädlich. Eine genauere Angabe findet sich für die Familie eines Maurers (also nicht einfachen Arbeiters, sondern in einer mittleren Stellung zwischen Arbeiter und Handwerker) um 1800. Für Ernährung werden über 70% des Einkommens ausgegeben; Brot beansprucht allein fast 45% (S. 134). Ein Handlanger nimmt 1782 täglich etwa 2-3 Pfund Brot zu sich. Das Wertverhältnis von Weizenerzeugnissen zu anderen ist: zu Frischfleisch 1:11; zu frischem Seefisch 1:65; zu Flußfisch 1:9; zu eingesalzenem Fisch, Butter oder Öl 1:3; zu Eiern 1:6. Für 1770 schreibt ein Zeitgenosse:

"Drei Winter hintereinander ist nun das Brot schon teuer. Seit dem vergangenen Jahr ist die Hälfte der Bauern auf öffentliche Almosen angewiesen, und dieser Winter wird die Not auf die Spitze treiben, da jene, die bis heute vom Verkauf ihrer Habseligkeiten leben, jetzt nichts mehr zu verkaufen haben." (S. 135)

Das war in der oben schon erwähnten schlechten Zeit vor der Französischen Revolution (1789-93), aber die Aussage ist doch kennzeichnend für die dünne Decke, die die untersten Schichten der Bevölkerung vom absoluten Elend trennte (s. hierzu auch Andreas V o s s , Betteln und Spenden, de Gruyter, Berlin und N.Y., 1993).

"Pauper" ist der Arme. Zur Klärung der seit dem frühesten Mittelalter bekannten Armut als Dauererscheinung entstand im 19. Jahrhundert die "Pauperismus"-Forschung. Ihren Ergebnissen ist zu entnehmen, daß die "Poverty-Line" in England (Untersuchungen von Booth, Rowntree u.a., von 1892-1903) ca. 30% der Bevölkerung nach unten ausgrenzte. 100 Jahre vorher - ca. 1780 - waren in Hamburg, einer Stadt, die als reich bezeichnet werden konnte, 1/5 der Bevölkerung arm im Sinne der Berechnungen der Armenpfleger (Angaben aus: "Gustav Schönfeldt, Beiträge zur Geschichte des Pauperismus und der Prostitution in Hamburg bis 1788". Diss. 1897, Hamburg. Zit. bei D. C l a e s s e n s , Die Sozialunterstützten von West-Berlin, 1954, Soziol. Bibliothek d. FUB, S. 29 ff.):

"Diese 'Armen' setzten sich aus den Strömen von Bettlern und gescheiterten Existenzen, die von der Stadt angezogen wurden ebenso zusammen, wie aus Prostituierten, Gebrechlichen, Witwen und Waisen in Konkurs gegangener Kaufleute etc. ... Über die Lebenshaltung dieser Menschen ist Auskunft zu erhalten durch die Angaben zu dem durch die Armenpfleger zugestandenen Existenzminimum an Verpflegung. Pro Erwachsener und Woche war das in den achtziger Jahren des 18. Jahrhunderts: 7 Pfund Brot; 2 Eimer Kartoffeln; 1/2 Pfund Zucker; 1/2 Pfund Butter, Salz, Lichte, Milch, wenn vorhanden. Aber dieses Minimum war bei einem großen Teil der Armen auch nicht annähernd zu finden ... Die sogenannten Behausungen zu beschreiben ist ... nicht möglich. Von Tageslicht, festem Fußboden und Beheizung ist keine Rede ... Nur der knappen Hälfte aller Arbeiterkategorien war es nach der Schönfeldtschen Aufstellung möglich, vermittels 12-16-stündiger Arbeit einen 2-Personen-Haushalt im Sommer und Winter über dem oben aufgeführten Minimum zu halten. 1/3 gelang es kaum, andauernde Beschäftigung vorausgesetzt, sich selbst in Sommer und Winter ausreichend zu ernähren; d.h. 1/3 aller Arbeitskategorien lag in jedem Fall immer unter diesem Minimum! Einen 5-Personen-Haushalt: Eltern, ein Kleinkind, ein 1-5jähriges und ein 5-12jähriges Kind, konnten im Sommer und Winter nur die Maurer, Tischler, Zimmerleute und Kattundrucker ernähren! - Danach konnte man also zu den 'Armen' ca. ebensoviel rechnen, 'welche zwar nicht Kostgänger der Armenpflege sind, aber in ihrer Lebenshaltung sich von der der Armen nicht wesentlich unterschieden' (Aus: Buehl, Handbuch d. Hygiene, "Armenwesen", S. 209 des 4. Suppl. Bd., 1904). Henriette F ü r t h (in: Mindesteinkommen, Lebensmittelpreise und Lebenshaltung, 1912, F. Dietrich Verlag, Leipzig, 1912) kommt für das Jahr 1900 auf einen Betrag pro Kopf und Tag des erwachsenen Familienmitgliedes von 67 Pfennig für das Minimum an Ernährung. Bei einer breiten Masse von Mindesteinkommen konnten aber nur 25-55 Pfennig ausgegeben werden. Die Tagelöhne reichten also zur Versorgung einer nur mäßig großen Familie nicht aus. Und: In der überwiegenden und ständig wachsenden Zahl der Fälle (65%) verdiente der Arbeiter nicht soviel, daß er aus eigener Kraft seine Familie ganz erhalten konnte." (Cl., op.cit., S. 33; s. umfassend Sidney und Beatrice W e b b , Das Problem der Armut, Eugen Diederichs Verlag, Jena, 1912). Diese Verhältnisse setzten sich fort: "Diese Angaben entsprechen genau denen, die von den älteren Frauen, die jetzt sozial-unterstützt werden (1953) und die unter den Befragten der Hauptuntersuchung (der Sozialunterstützten in West-Berlin, op.cit.) waren, gemacht wurden. So gab zum Beispiel eine Frau, die sehr genaue Angaben machen konnte an, daß sie vor dem ersten Weltkrieg (1914-1918) 80 Goldmark monatlich für die Ernährung einer 10-köpfigen Familie gehabt habe. Das wären heute (1954) zwischen 250 und 300 Mark. (Einfügung d.V.: 1994 ca. 1.200 D-Mark). Es gab Mehlsuppen, Kartoffeln mit Quark oder mit Heringsbrühe, Fleisch von der Fleischbank, 'aber nicht das beste und nur sonntags'. Ein Befragter gab an: 1900, als ein Pfund Butter 1,20 Mark kostete, arbeitete ich als Schlossergeselle mit 7,-- Mark pro Woche (und Kost und Logis). 1905 hatte ich 17 Mark ohne Kost und Logis. Meine Frau arbeitete als Verkäuferin in einem Schuhladen. Die Arbeitszeit war von 8 bis 22 Uhr (mittags 1 1/2 Stunden Pause), sonntags von 8 bis 10 Uhr und 12 bis 14 Uhr. Die Miete betrug zwischen 1880 und 1910 in Dresden, Breslau, Hamburg und Frankfurt bei kleinem Einkommen 600 bis 1.200 Goldmark im Jahr, 23 bis 33% des Einkommens. (Aus: Herkner, Die Arbeiterfrage, 6. Aufl., Bd.I, 1916, S. 42 ff.); dann handelte es sich aber bereits um Wohnungen mit Innentoilette!"

Wohnungen, bestehend aus Stube/Küche mit der Toilette auf dem Absatz oder im Hof kosteten etwa 20 bis 30 Mark im Monat, in jedem Fall ohne jederlei Komfort: bis 1 Fünftel des Monatseinkommens. Der Rest ging bis auf Pfennige für Lebensmittel, Heiz- und Beleuchtungsmaterial sowie notwendigste Reparaturen drauf. Die Geschichte bis zum Ende des 19. Jhdts. war mehr eine Geschichte von Aufständen unterprivilegierter Berufsgruppen und Klassen, als der offiziellen Geschichtsschreibung zu entnehmen ist. Da Lohnarbeiter aber im Mittelalter nur vereinzelt, in kleinen Gruppen oder gelegentlich und befristet, auftraten (viele

Zwangsarbeiten wurden ja von Fron-Bauern, d.h. gegen ihren Willen vom Herren dazu verpflichteten Bauern, erledigt), traten Arbeiteraufstände nur lokal auf und hatten entweder nur begrenzten Erfolg oder wurden völlig unterdrückt. Erst mit Beginn der Industrialisierung und der steigenden Anzahl von industriellen Lohnarbeitern einerseits, den um ihr Gewerbe besorgten Webern und einfachen Handwerkern andererseits, verstärkten sich die Tendenzen zu Zusammenschlüssen oder "Gewerkvereinen" (auch: Gewerkschaften, Trade Unions usw.).

Als erstes sollten solche Zusammenschlüsse nur eine angemessene Regelung von Arbeitslohn, Arbeitszeit und Arbeitsart erreichen. In England entstanden solche Vereinigungen bereits Ende des 18. Jahrhunderts, hatten aber sofort gegen Koalitionsverbote zu kämpfen und wurden von den Fabrikanten erfolgreich unterdrückt. Erst nach 1830 entstanden tragfähigere Organisationen als die lokalen Vereinigungen, eine Bewegung, die sich von England aus auf Amerika und Australien erstreckte. In Schritten wurden sie dann auch rechtlich von 1868 an anerkannt (Trade Unions Act von 1871). Ab etwa 1880 entwickelten sich auch Gewerkschaften mit weiblichen Mitgliedern. Und ab 1887 gab es auch Gewerkvereine der ungelernten (unskilled) Arbeiter. Von ihnen aus ging ein radikalerer Einfluß aus, der mit den eher sozialdemokratisch gesonnenen anderen Gewerkschaften in Konkurrenz geriet. 1900 bestanden in England über 1.000 Gewerkvereine mit fast 2 Millionen Mitgliedern; zählt man die in der Landwirtschaft Beschäftigten nicht mit dazu, waren das 25% der Arbeiter.

In Deutschland wurde der erste Gewerkverein (Tabakarbeiterverein) 1865 (nach lokalen Zusammenschlüssen seit 1848) gegründet; ihm folgte der Verband deutscher Buchdrucker 1866; 1868 wurde auf einer Generalversammlung des Allgemeinen deutschen Arbeitervereins in Hamburg die Gründung von Gewerkschaften beschlossen. Als sozialistische Gewerkschaften hatten sie bei ihrer Auflösung 1878 (im Rahmen des "Sozialistengesetzes") 29 Verbände mit 1.300 Zweigvereinen, 15 gewerkschaftlichen Blättern und 58.000 Mitgliedern. 1868 wurden die sogenannten "gelben" Gewerkschaften von den Unternehmern Duncker und Hirsch

gegründet, die "auf nationalem Boden" standen und Streiks möglichst verhüten sollten. Über ihr Verhältnis zu den sozialistischen oder dann mehr sozialdemokratischen Gewerkschaften braucht
man kein Wort zu verlieren; besonders gehaßt waren sie - wie
auch die christlichen Gewerkschaften - selbstverständlich von
Kommunisten. Sozialdemokratische Gewerkschaften bildeten sich
seit 1880 (aus politischen Gründen zuerst als Fachvereine).
Seit 1887 gab es in Hamburg eine Generalkommission der Gewerkschaften Deutschlands, die eine einheitliche Leitung der Ge-
werkschaftsbewegung ermöglichen und die eventuell notwendigen
Streiks organisieren sollte. Zur gleichen Zeit hatten sich An-
gestelltengewerkschaften gebildet, zuerst mit mehr vermitteln-
der Bezeichnung, da die sich entwickelnde (Privat-)Angestellten-
schaft, die sich sozial eher an der Beamtenschaft (in Deutschland) maß, jede Nähe zur Arbeiterschaft mied. Darin wurde sie
unterstützt durch eine bis heute weitgehende arbeitsrechtliche
Regelung, die den "Kopf-" vom "Hand-"Arbeiter trennte, was nicht
ausschloß, daß z.B. 1912 auch Verkäufer/Verkäuferinnen zu "Angestellten" wurden, obwohl niemand belegen konnte, worin ihre
Tätigkeit sich von anderer Handarbeit unterschied, außer daß
sie - damals noch zum großen Teil - den Preis der verkauften
Waren dem Kunden mitteilen und eventuell kassieren mußten. Zu
dieser Zeit waren aber bereits viele (Fach-) Arbeiter hochspe-
zialisiert und glichen eher den früheren Ingenieuren...
Daß die Sozialdemokraten und viele der Arbeiter dann 1914 den
Krieg unterstützten, mag damit zusammengehangen haben, daß sie
als Soldaten nun endlich als "Voll-Deutsche" anerkannt waren
(der Kaiser, Wilhelm II.: Ich kenne keine Parteien mehr, ich
kenne nur noch Deutsche!) und sowieso national eingestellt waren; aber sicher spielte auch mit, daß sich das unterdessen
schon hochindustrialisierte Deutschland in seiner ganzen Struktur mehr an die "Massenkonsum-Gesellschaft" herangeschoben hatte, als den Menschen bewußt war; denn kaum einer konnte vermutlich zu dieser Zeit erkennen, daß Massenfertigung von Waffen und
Munition sowie Ausrüstung eben denjenigen technischen Apparat
brauchte, der dann für die "Konsumgesellschaft" nötig war. Schon

vor dem ersten Weltkrieg (1914 - 18) war ein Ansteigen der Ausgaben für "kulturelle Zwecke" in Arbeiterhaushalten festzustellen. Teilweise überstiegen die Ausgaben für Vereine, Gewerkschaft, Zeitungen und Zeitschriften (z.B. "Kosmos") und auch Theater bei Arbeitern die von Beamten mit gleichem (!) Verdienst bis um das Doppelte (Henriette Fürth, op.cit.). Nach dem ersten Weltkrieg wurde diese Entwicklung durch eine Verlagerung in Richtung Kino und "Hobby" fortgesetzt respektive verstärkt. (Luise B r e u e r , Die Lebenshaltung der Bergarbeiter im Ruhrgebiet, eine haushaltsstatistische Untersuchung, Münsterer Wirtschafts- und Sozialwissenschaftliche Abhandlungen, Heft 18, 1935).

Das Radio und das Fahrrad begannen im Arbeiterhaushalt aufzutreten. Kurz vor dem zweiten Weltkrieg 1939-45, d.h. in der Nazi-Zeit, in der die Löhne politisch begründet angehoben wurden (womit sich eine - nach heutigen Werten - Billionenverschuldung ergab, die mit der Beute aus den künftigen Kriegen beglichen werden sollte...), waren größere Reisen (in Deutschland) nicht mehr ausgeschlossen. 1938 hatten in einem Berliner HJ-"Bann" etwa 15% der Arbeiterjungen leichte bis mittlere Motorräder; bei einem Verdienst von 250 Mark, von dem "Muttern" nur 50 Mark abgegeben wurden, konnte ein 6-PS 200-ccm-Motorrad schon ab 540,--Mark in wenigen Monaten gekauft werden; ein Bürgerkind hatte mit 14 Jahren damals kaum mehr als 2 bis 5 Mark monatliches Taschengeld, da der bürgerliche Haushalt immer etwas "über seine Verhältnisse" lebte, d.h. eine zu teure Wohnung hatte, viel für die Erziehung der Kinder ausgab und dazu eine Hausangestellte haben mußte.

Nach dem zweiten Weltkrieg entwickelte sich (West-) Deutschland nicht nur deshalb, weil der Marshall-Plan mit Milliarden nachhalf und die Deutschen die unangenehme Erinnerung an die Vergangenheit in hektischer Aktivität abzubauen suchten, sondern weil Westdeutschland kaum umfangreiche Reparationen zu zahlen brauchte noch in Kriege verwickelt wurde (wie den Korea-Krieg), die die daran Beteiligten zurückwarfen, aber West-Deutschland Profite brachten. Zudem mußten große Teile der Industrieanlagen neu aufgebaut werden, so daß eine dann stetige Steigerung der Produktivität möglich wurde. Damit steigerten sich auch die Einkommen real, und zwar stetig, über fast 40 Jahre, was nichts anderes heißt, als daß Beamte und Angestellte per Portemonnaie "fiktive" Karrieren machten (ihr Einkommen wuchs; ihre Tätigkeiten änderten sich nicht), und auch die Arbeiter, unter denen der Anteil an Facharbeitern ständig zunahm, an diesem materiellen Aufstieg teilnahmen, bis sie - etwa in der Mitte der 60er Jahre - ein Lebensniveau erreicht hatten - z.B. mit Auto -, das wenige Jahrzehnte früher auf "Mittelstand" gedeutet hätte. Im selben Zeitraum hatte sich die Wohnungssituation dramatisch verbessert: Innentoilette, Bad oder Dusche und Zentralheizung galten nun als relativ selbstverständlich. Der Bildungszugang war für Arbeiterkinder bis ca. 1985 sehr erleichtert worden.

3.7 Frauen - zwischen untergeordneter Rolle, Hexenverfolgung und "Ohne Frauen ist kein Staat zu machen"[*]

Vor und nach Uwe W e s e l ' s "Der Mythos des Matriarchats - Über Bachofens Mutterrecht und die Stellung der Frauen in frühen Gesellschaften" (Suhrkamp, Ffm., 1980) füllte die Literatur darüber, ob es ein Matriarchat, eine Frauenherrschaft, und das heißt auch Herrschaft über die Männer, je gegeben hat, Bibliotheken. Dabei hatte Georg S i m m e l im Aufsatz "Weibliche Kultur" (in: ders., Philosophische Kultur, Klaus Wagenbach, Berlin, 1983/86; ursprüngl. 1911) bereits kritisch festgestellt, daß es im Grunde nicht möglich sei, über weibliche Kultur zu sprechen, da die Sprache durch und durch männlich geprägt sei. Wenn trotzdem erneut kurz zum Thema Stellung genommen wird, dann deshalb, weil es eine interessante Arbeit zum Gewaltverhältnis von Mann und Frau im historischen Kontext gibt, und eine Reihe

[*]   Überschrift im "Journal für Deutschland", Nr. 3, Dez. 1993/Jan. 1994.

neuerer Arbeiten besonders von Frauen über die "Geschichte der Frau".

Daß es ein Matriarchat gegeben hat, wird vielleicht nie genau belegt werden können. Annehmen kann man aber einen frühen Zustand, in dem eine diffuse Rollenverteilung vorhanden war, die den zum Überleben notwendigen Handlungsweisen entsprach. Wenn hier - vielleicht auch klimatisch bedingte - langanhaltende Situationen entstanden, in denen die männlichen Menschen - z.B. auf Grund größeren Krafteinsatzes bei Gewaltaktionen - zu bestimmten praktischen Privilegien kamen, dann war "der Schritt vom Wege" schon getan: Verlorene Privilegien zurückzugewinnen ist extrem schwer; ein einmal gewonnenes Privileg weiter auszubauen, bereitet meist wenig Schwierigkeiten!

Günter D u x geht in seiner Arbeit "Die Spur der Macht im Verhältnis der Geschlechter - Über den Ursprung der Ungleichheit zwischen Frau und Mann" (Suhrkamp, Ffm., 1992) diese Frage direkt an. Unter Nutzung zahlreicher neuer Belege verweist er darauf, daß eine Zuneigung zueinander die Grundannahme sein muß, um die Bereitschaft zur Existenz "in der Körperzone des Anderen", nämlich einer dauerhaften heterosexuellen Beziehung, verstehen zu lassen. Diese für sehr frühe Zeiten geltende Annahme geht selbstverständlich davon aus, daß es noch keine rigorosen Rollenvorstellungen und -gebote einer schon klar formierten Gesellschaft gibt. Das Einsickern von Macht in dies Verhältnis zwischen zwei Ungleichen-Gleichen kommt - sozusagen im Vorlauf zur eben erwähnten Formierung von Gesellschaft - von außen:

"So sicher sich bei gleichen Machtpotentialen Egalität als sozialstrukturelle Organisation einstellt, so sicher bei ungleichen Machtpotentialen Inegalität. Es ist der gleiche Mechanismus, der die eine wie die andere Form entstehen läßt. Wo immer deshalb sich in sozialen Beziehungen Ungleichgewichte in den Machtpotentialen einstellen, die in die Interaktion eingebracht werden und sich als dauerhaft erweisen, verfestigen sie sich zu ungleichen Lebenschancen, die die sozialen Ordnungsformen gewähren. Die Konsequenz, die sich aus dieser Überlegung ergibt, liegt auf der Hand: Soweit Frauen bereits in den Sammler- und Jägergesellschaften den Männern nicht gleichgestellt waren, muß das Machtpotential, das Frauen in die gesellschaftliche Interaktion eingebracht haben, schwächer gewesen sein. Dabei müssen wir uns erinnern, daß Macht als Gestaltungsform der

Interaktion zwischen den Geschlechtern depotenziert ist. Und mehr noch: die Bedürfnisse, die die Geschlechter aneinander binden, sind beidseitig, und also auch die Angewiesenheit aufeinander. Wir werden deshalb geradezu darauf gestoßen, die Bedingungen für die ungleiche Stellung nicht in dem zu suchen, was die Geschlechter zueinander führt und aneinander bindet, sondern in den Bedingungen der über Macht organisierten übergreifenden gesellschaftlichen Verhältnisse, unter denen sich das Verhältnis der Geschlechter bildet." (104)

Entsprechend geht Dux auf die Suche "nach den Einbruchstellen in die tendenzielle Gleichheit" (105). "Macht" wird dabei definiert als eine komplizierte Faktorenkonstellation, die "über die Chancen der Realisierung unterschiedlicher Interessen entscheidet" (144). Hierbei ist zu berücksichtigen, daß in früheren, weniger reflektierenden und noch nicht bewußt normorientierten Gesellschaften "das Anerkennen eines Vorranges ... etwas anderes (ist) als das einer Ungleichheit; und das Anerkenntnis einer Ungleichheit ... etwas anderes als das einer Ungerechtigkeit." (142) Größere Chancen der Durchsetzung von Interessen von Männern führt verständlicherweise zu einer Benachteiligung der Frauen in Form einer "verkürzten Autonomie der Lebensführung" (149). D u x verfolgt diese Entwicklung anhand ethnologischen Materials von den Vorstellungen, daß "die Ordnung des Waldes" Männersache sei (115) über die "Innenzentrierung" (117) für das "Haus" (129) der Frau zur Praxis "Wer das Sagen hat" (124) und zu Statusunterschieden (130). Hier nimmt er die Frage nach dem Warum des "Einbruchs" wieder auf (136). Unvermeidlich treten die Probleme des größeren Aggressionspotentials bei Männern auf (159 ff.), die Fatalität der Funktion als "Kinder-Hüterin" bei der Frau. Fazit ist im Grunde, daß offenbar überall Männer die "Streitausträger" (168) bei Außenregulierungen sind, zu denen Gewalt notwendig erscheint. (172 f.) Vermutlich kehrt sich diese bereits strukturelle Verlagerung möglicher Machtpotentiale insofern nach innen, als die Entscheidungsgewalt mehr und mehr den Männern zufällt, - analog zu größerer Bevölkerungsdichte mit der Folge häufigerer Auseinandersetzungen zwischen Gruppen/Stämmen usw.. Damit entsteht eine "Asymmetrie der Machtpotentiale" (177), die durch Vorrang

der Männer bei der (Fern-)Jagd (200) verstärkt wird. - Ein
gesonderter Abschnitt behandelt bei D u x das Problem des
Frauentausches; die Antwort auf die Frage, warum man Frauen und
nie Männer (z.B. als Kinder) tauscht, heißt: Frauentausch ermöglicht leichter Heirats- und damit Machtalliancen! (190).
Ein möglicher Hintergrund der Verschiebung der Machtpotentiale
ist nach D u x zudem die offenbare Höherschätzung des Flei-
sches gegenüber vegetativen Lebensmitteln, was die intensive
Dauertätigkeit der Frauen beim Sammeln abwertet; eine Art Tausch
entsteht zum gewissen Ausgleich: Sex gegen Fleisch (208). Stär-
kere Kraft des Mannes ist also nur indirekt verantwortlich für
das Verschieben der Machtpotentiale zwischen Mann und Frau.
Soweit sich Eigentumsvorstellungen entwickeln - zuerst an
Territorialgrenzen - treten offenbar die Männer ebenfalls hervor; vielleicht, da Frauen sehr an Hütte oder Haus gebunden
waren und "innenzentriert" lebten. In den "Eigentums- und Macht-
verfassungen in einfachen agrarischen Gesellschaften" (Kap. 7,
S. 234) sind die Frauen dann bereits deutlich strukturell den
Männern nachgeordnet, die - über alte mystische Vorstellungen -
durch die Verbindung von Abstammungseinheit mit Siedlungsein-
heit (240) als genuine Eigentümer gelten, was selbstverständlich die vorherige Durchsetzung der patrilinealen Linie voraus-
setzt:

"Der ja nicht selbstverständliche Befund, daß die Abstammung
sich zumeist durch die Männerlinie rechnet, vor allem aber, daß
das Eigentum sich unabhängig davon, ob die Abstammung durch die
Mutter- oder Vaterlinie erfolgt, in aller Regel nur durch Männer
an Männer vererbt, läßt sich einzig aus der, in die pristinen (=
frühen) Gesellschaft schon mitgebrachten, Machtverfassung erklären, wobei die Gründe für deren ursprüngliche Ausbildung
fortbestehen. Nur materialisiert sich diese Machtverfassung fortan
in der Eigentumsverfassung. Beide gehen zusammen. Das gibt der
Machtverfassung eine nicht mehr überwindbare Härte." (310/11)

Der "Ausschluß der Frau aus der Öffentlichkeit" (363) besiegelt
dann den Prozeß der Verschiebung der Machtpotentiale in den
archaischen Gesellschaften. Dieser vorläufige Abschluß der Entwicklung hat mit der griechischen Antike seinen Höhepunkt ge-

funden. Der mit der Polis entstehende Staat (413) bildet mit der
Organisation der sozialen Verhältnisse eine Sphäre des Politischen und Öffentlichen, an der die Frau nicht mehr teilnimmt;
damit ist sie der Möglichkeit beraubt, in Sphären einer autonomen Lebensführung zu agieren. Es ist ein Stand der Entwicklung
erreicht, "der strukturell kaum noch zu überbieten ist" (414).
Shulamith S h a h a r greift in ihrer Arbeit "Die Frau im
Mittelalter" (athenäum, Ffm., 1988 [1981]) selten weiter zurück, als ins beginnende 12. Jahrhundert. Trotzdem kann bei ihr
angeknüpft werden, da sich über germanischen Unterströmungen -
wie sie besonders in der Glaubensausübung des Christentums zu
finden sind - bald das Gebäude der aus Rom stammenden Rechtsauf-
fassungen erhob, das auch die Stellung der Frau, teils mit
christlichen Auffassungen Hand in Hand, teils sie unterlaufend,
bestimmte. Es geht nun also um die Stellung der Frau im Hoch-
und Spätmittelalter (bis zum 15. Jahrhundert) in Europa. Aufschlußreich ist bereits, daß in Schriften gegen Ende des 10.
Jahrhunderts die Einteilung der Gesellschaft in drei Stände
auftritt (ordines): oratores, bellatores und laboratores, d.h.
Betende, Kämpfende und alle anderen, vom Bauern bis zum Arzt;
aber Frauen werden nicht erwähnt; sie erscheinen höchstens - und
später - als eigener Stand, unterteilt in Edelfrauen, Bürgerin-
nen, Landfrauen, Mägde, Dirnen (13/14); es tritt auch eine
Aufteilung nach dem Familienstand auf. Ein gravierender, lange
Zeit nicht sehr wirksamer Unterschied zur antiken Gesellschaft
ist allerdings, daß neben der Ungleichheit zwischen Mann und
Frau sowohl in der irdischen Kirche als in Staat und Gesellschaft, das Christentum die Gleichheit der Geschlechter in bezug auf Gnade und Erlösung anerkennt. (15) Wird über Frauen
geschrieben, so über die Pflichten der verheirateten Frauen
unterschiedlichen Standes und das richtige Verhalten junger
Mädchen, verheirateter Frauen und von Witwen. (16) Sogar der den
Männern offene - seltene - Aufstieg in der Kirche, z.B. über ein
Kloster, blieb einfachen Frauen zuerst verschlossen: Nur adelige Frauen (oder besonders reiche) konnten ins Kloster eintreten
und auch Äbtissinnen werden. Darüber hinaus waren die Nicht-

verheirateten in der Regel gegenüber den Verheirateten diskriminiert.

"Laut Gesetz hatte die Frau keinerlei Anteil an der Herrschaft in Staat und Gesellschaft. Öffentliche Ämter wurden ihr ebenso versagt wie eine Mitgliedschaft in staatlichen Körperschaften;... man soll sie von allen öffentlichen Ämtern fernhalten." (24)

Die Begründungen für die Einschränkungen wurden häufig genau - aber vom ideologischen Vorverständnis bestimmt - angegeben; es sind die von früher her bekannten: Zweitrangige Stellung in der Schöpfung, höherer Anteil an der Erbsünde (Eva hatte sich verführen lassen...); Unwissenheit, Leichtsinn, List und Habsucht, - Argumente schon aus der römischen und griechischen Zeit [24]). Nur in der Lehnsverfassung gab es Ausnahmen; Frauen konnten hier weitreichende Herrschaftsbefugnisse erhalten, - ein Zustand, wie Frau Shahar anmerkt - den es bis zum 20. Jahrhundert nicht mehr gegeben hat. Aber es handelte sich eben um Ausnahmen im Rahmen von Erbregelungen. (25) Frauen wurden für unfähig angesehen, vor Gericht Zeugnis abzulegen; ihr Wort wurde höchstens bei typischen Frauenproblemen gehört. Vergewaltigung wurde meist streng bestraft; aber gerade hier zeigte sich auch jene seltsame Mischung von Vorurteil und dem Versuch rationaler Begründung, die wir heute nur mit Mühe und gegen innere Widerstände nachvollziehen können: Frauen konnten Vergewaltigung nicht einklagen, wenn sie danach schwanger geworden waren.

"Eine solche richterliche Praxis läßt sich nur verstehen vor dem Hintergrund der abwegigen Vorstellungen über weibliche Physiologie und Geschlechtlichkeit: So meinte man, daß der einer Befruchtung dienende Samen einer Frau nur ausgeschieden würde, wenn sie zur vollen sexuellen Befriedigung gelange. Ergo: war sie bei einem Vergewaltigungsakt schwanger geworden, mußte sie Lust empfunden haben - und damit galt ihre Anklage als unbegründet." (30)

Bei prinzipiell gleicher Bestrafung für beide Geschlechter bei den gleichen Delikten fielen nur lesbische Beziehungen aus; sie werden nie erwähnt; in zeitgenössischen Beichtspiegeln war weibliche Homosexualität eine geringere Sünde als männliche. (31)

Die wiederholte Feststellung, daß die Frau dem Mann an Logik und Klugheit (und selbstverständlich Kraft) unterlegen sei, kontrastierte ab dem 12. Jahrhundert mit dem aufsteigenden Marienkult, der u.a. zu der Auffassung führte, daß Maria die Sünde Evas bereits getilgt habe (39); Im Gegenzug entwickelt sich der Jungfrauen-Kult, - von Männern getragen. Allerdings verbanden sich hier alte mythische Vorstellungen von der Kraft einer "reinen Maid" mit dem Marienkult. In diesem Zusammenhang ist das Erscheinen von Nonnen zu sehen, die teils als Einsiedlerinnen, meist aber in klösterlichen Gemeinschaften (43) lebten, und natürlich unter Keuschheitsgebot, als "Bräute des Herren". Trotz relativer Selbständigkeit von Frauenklöstern oder Klosterabteilungen mit Nonnen blieb die "Reduktion der Autonomiemöglichkeiten" (s.b. Dux, in anderem Zushg.). Auch Äbtissinnen durften nicht vor ihren Glaubensschwestern predigen und meist durften Nonnen überhaupt nicht das Kloster verlassen, was häufig die Armenpflege behinderte. (44 ff.) Die Einrichtung von autonomen Frauenklöstern wurde teils (meist "von oben") gefördert, teils - auf lokalerer Ebene - behindert. Männliche Oberleitung wurde jedoch mehr und mehr durch Äbtissinnen abgelöst, die allerdings meist nur organisatorische Befugnisse hatten. (51)

Daß Frauen in Klöstern (und häufig zur Vorbereitung vor dem Eintritt) eine höhere Bildung erwarben, als die meisten Frauen in der weltlichen Welt, versteht sich fast von selbst, wurden doch viele mit dem Abschreiben von Büchern beschäftigt, kannten das Latein und führten Diskussionen, die ohne eine gewisse Vorbildung nicht möglich waren. (62 f.)

Mit der Beginen-Bewegung (vom Ende des 13. Jhdts. an) gibt es eine Ausbreitung der religiösen Bewegung außerhalb der Klöster. Sie entstand anscheinend spontan: Frauen suchten ein erfülltes Glaubensleben und strebten ein Wirken unter Armen, Kranken und Schwachen an. Ähnlich den Nonnen stammten die ersten Beginen aus dem Adel und dem wohlhabenden Bürgertum der Städte. (65) Als besonders fleißig waren die Beginen sehr anerkannt. (Vermutlich stammten gerade in den Notzeiten des 14. Jhdts. viele aus dem

Kreis der Verwitweten, der Frauen ohne Mitgift, aber auch der "Überzähligen", deren mögliche Partner in Krieg oder durch Seuchen gestorben, d.h. entfallen waren; Anm. d.V.). Etwa seit 1233 konnten sie auch Häuser errichten. Probleme gab es immer mit frei lebenden Beginen, die bereits als "Freigeister" bezeichnet wurden. Da die ganze Bewegung nicht ins Konzept der Kirche paßte, waren die Beginen insgesamt bald Repressalien ausgesetzt - die Inquisition hatte ja auch begonnen. Unter diesem Druck verweltlichten ihre Häuser; sie blieben Vorläuferinnen von "emanzipierten" Frauen.

Ein besonderes Kapitel widmet Shulamith S h a h a r den Mystikerinnen. (68) Die produktivsten unter ihnen waren hoch angesehen (68 ff.); was den Unterschied ihres Wirkens, d.h. im wesentlichen ihrer Schriften, zu dem der Männer anbetrifft, kommt die V. zu der Ansicht, daß die Eigenheiten weniger geschlechtsspezifisch als durch maßgebliche christliche Glaubenssätze bestimmt waren. (75)

Besondere Aufmerksamkeit verlangen für den Soziologen die Abschnitte über die Befugnisse der adeligen Frauen bei Abwesenheit des Mannes (148), die Frauenarbeit in Städten (179) und Frauenarbeit auf dem Dorf. (218)

Wie überall in der Geschichte der Völker hatten verheiratete Frauen der jeweiligen Oberschicht, und besonders die, die selbst aus der Oberschicht kamen - die Mehrzahl - die Chance einer gewissen Emanzipation. Der Untergrund, daß die grobe Arbeit von Dienstboten, Mägden usw. getan wurde, zieht sich durch die Jahrhunderte für alle Frauen vom Kleinbürgertum aufwärts. Hier ist aber die Chance der Ausübung herrscherlicher oder doch herrschaftlicher Gewalt gemeint, die selbstverständlich in erheblichem Maße von der in die Ehe eingebrachten Mitgift abhing, in der ja beim Adel (und besonders Hochadel) Ländereien "mit Mann und Maus" mitenthalten waren. Häufig gebot die (Edel-)Frau auch über akut vorhandene oder mobilisierbare Streitkräfte, z.B. im Rahmen von Lehensverhältnissen. S h a h a r schreibt zur herausgehobenen Stellung dieser Frauen (148 ff.):

"...sie wirkten ... als seine Gehilfinnen. Bekanntlich mußten
Edelleute häufig ihren Sitz auf längere Dauer verlassen; während
ihrer Abwesenheit übernahmen die Ehefrauen einen Großteil
der Aufgaben, von konzentrierter Machtausübung in großen Lehns-
gebieten bis zur Gutsverwaltung und Aufsicht über die Bauern,
die ihre Ländereien bestellten."

Zu solchen Aufgaben konnte sogar die Rekrutierung von Soldaten
zu Gunsten des Mannes kommen. Für die Verwaltung kleinerer
Lehensbesitze gab es ein Handbuch, das sich an Edelmann und
Edelfrau richtete. Solche übergreifenden Tätigkeiten - zu denen
- wie erwähnt - Frauen später, bis ins 20. Jahrhundert nicht
mehr zugelassen wurden - entbanden die Frauen mit Selbstverständlichkeit nicht von der Organisation des Haushaltes, - so
wenig wie die spätere Gutsfrau (insofern wenig "Herrin") von den
konkreten Arbeiten, besonders zur Vorratshaltung; vermutlich
hatte sie auf dieser Stufe auch nur Autorität beim "Gesinde",
wenn sie als "Meisterin" auftrat. Unterhalb des Hochadels arbeitete die (Edel-)Frau also durchaus auch körperlich, was vermehrt dann für die Frau in der Stadt zutrifft, die "in mittelalterlichen Städten einen maßgeblichen Anteil an der Produktion" hat. (179)

"Von einer geschlechtsspezifischen Arbeitsteilung insgesamt können
wir ... nicht sprechen. Zum einen überließen die Männer den
Frauen nicht vollständig das Feld weiblicher Gewerbezweige, zum
anderen betätigten Frauen sich in vielen nicht spezifisch weiblichen Handwerksbereichen." (179).

Es war üblich, Frauen und Töchter ein Handwerk lernen zu lassen
(180); Ehefrauen und Töchter arbeiteten ja auch meist in der
Werkstatt mit. Nicht nur Ledige, sondern auch Verheiratete arbeiteten auch als Lohnarbeiterinnen; teils brachte man ihnen
das Material. Innerhalb von 100 Tätigkeiten im 13. Jahrhundert
in Paris sind in 86 auch Frauen vertreten; in 6 nur Frauen
(Seidenspinnerei usw.). Nach Steuerlisten (z.B. 1313) werden
vielfach Steuern direkt von Frauen eingezogen. Mit all dem war
keineswegs eine rechtliche Gleichstellung der Frauen gegeben,
sogar bei den Löhnen zu gleichwertiger Arbeit waren sie benach-
teiligt. (184/85) Über die Hebammentätigkeit hinaus (die vom

14. Jhdt. ab unter den Druck der "Hexen"-Verfolgungen gerieten;
zuerst nur, wenn sie Mißerfolge hatten (188). Frauen waren auch
Chirurginnen; eine im Paris des 14. Jhdts. erlassene Verordnung
zur Arbeitsweise von Chirurgen richtet sich an beide Geschlechter (188). Grund für die Zulassung war teils, daß Frauen von
Frauen behandelt werden sollten. - Dienerinnen hatten höhere
Löhne als Mägde auf dem Lande, was solchen Tätigkeiten erhebliche Anziehungskraft verlieh (191); sie aßen am Familientisch
mit. - Die Tätigkeit von "Dirnen" wurde nicht als Unzucht angesehen, sie wurden aber ausgegrenzt; immerhin wirft ein Verbot an
Mönche, Dirnen nicht mit ins Kloster zu nehmen, ein Licht auf
die Verhältnisse (193 ff.). Zur Situation der Frau auf dem Land
in dieser Zeit ist nur zu sagen, daß sie nur vom Schafehüten
ausgeschlossen war, da hierbei weite Strecken allein zurückgelegt werden mußten; sonst ist sie in zeitgenössischen Berichten
in allen Tätigkeiten zu finden, auch bei Schwerstarbeit (219).
Wurden sie entlohnt - es gab schon im 14. Jhdt. königliche
Verordnungen zur Festsetzung von Höchstlöhnen (220) - dann war
ihr Lohn in der Regel halb so groß wie der der Männer. Es gab
auch Mätressen bei Gemeindepriestern und reichen Bauern - bei
letzteren vermutlich in der Hoffnung, geheiratet zu werden. -
Waren keine Männer da, führten Frauen mit Selbstverständlichkeit die Betriebe. Daß Töchter ärmerer Bauern, Uneheliche oder
sonst "überschüssige" Frauen Mägde bei Bauern waren, ist nicht
nur für diese Zeit selbstverständlich. Über ihre materielle und
rechtliche Lage ist kein Wort zu verlieren. Unter den damaligen
Bedingungen führte die Benachteiligung von zu vielen Frauen zu
Ausbruchsversuchen, die von Shulamith S h a h a r im Abschnitt
über "Ketzerinnen und Hexen" (226) behandelt werden; aber die
massenweise Verfolgung von Frauen als Hexen, die "Hexenjagd",
setzt erst im 16. und 17. Jahrhundert ein, wobei der Zusammenhang mit der Abzweigung der protestantischen Bewegung vom Katholizismus nicht zu übersehen ist.
Die Geschichte der Frauen der frühen Neuzeit, d.h. vom 15. bis
18. Jahrhundert, ist sehr plastisch in Heide W u n d e r s "Er
ist die Sonn', sie ist der Mond - Frauen in der frühen Neuzeit"

(C.H. Beck, München 1992) zu finden. Die bisher vorgezeichneten Trends setzen sich hier, bei insgesamt gestiegenem materiellen Niveau und langsam fortschreitender Entwicklung des Wissens über Zusammenhänge, fort. Abgesehen von der Fülle von Belegen über die Stellung der Frau, mit der langsamen Verschiebung der Verhältnisse auf eine zunehmende Isolierung der kleinbürgerlichen und bürgerlichen Frau im Haushalt, interessiert hier Heide W u n d e r s Darstellung der Zeit der Hexenprozesse (in der von ihr behandelten Zeit im Abklingen), mit der sie zu einer Korrektur der Vorstellungen beitragen will, daß "im Mittelalter" ganz ungeheure Mengen von Frauen Opfer solcher Verfolgung geworden seien. Die mitgeteilten Zahlen (20.000 bis höchstens 100.000) sind immer noch eindrucksvoll genug (195). Hexenhinrichtungen (20% waren Männer) machten 10 % von Hinrichtungen überhaupt aus. An Heide Wunder's Arbeit schließt die von Ute F r e v e r t direkt an: "Frauen-Geschichte - Zwischen bürgerlicher Verbesserung und neuer Weiblichkeit" (Suhrkamp, Ffm., 1986). Sie muß im Grunde zusammen gelesen werden mit Margarete F r e u d e n - t h a l s "Gestaltwandel der städtischen, bürgerlichen und proletarischen Hauswirtschaft" (Ullstein, Ffm-Berlin, 1986). Nimmt man dazu Marieluise C h r i s t a d l e r s "Freiheit, Gleichheit, Weiblichkeit" (als Hrsg.; Leske u. Budrich, Opladen, 1990) und "Rationale Beziehungen? - Geschlechterverhältnisse im Rationalisierungsprozeß" (Hrsg. v. Dagmar R e e s e u.a., Suhrkamp, Ffm., 1993) dann ergibt sich ein dichtes Bild von der Tätigkeit der bürgerlichen Frau in einem durchaus lebhaften Haushalt (mit ungezählten Aufgaben, aber meist der Hilfe von "Dienstboten"), über Salons hier und proletarische Milieus dort, bis zur politischen und dann rechtlichen Emanzipation sowie den Problemen rechtlicher "Gleichstellung" angesichts noch fest gemauerter Männerwiderstände. In den neuen Arbeiten fehlt hier eigentlich nur eine differenzierte Nachzeichnung der Veränderungen, die sich mit Entfall der "eisernen" Rollen ("Körperpanzer") bei den Männern ergeben haben.

3.8   Technik; Bilanz

Der mit "Holocaust" auch nur beschönigend benannte heimtücki-
sche Massenmord an Juden und anderen ist im Rahmen einer sozial-
geschichtlichen Übersicht für soziologisch Interessierte überhaupt nicht einzuordnen. Sehen wir auch von den Kriegen dieses
Jahrhunderts insofern ab, als wir sie als Ausdruck alter Formen
der Auseinandersetzung mit immer perfektionierteren technischen
Mitteln ansehen, dann kommen wir bei der Bilanzierung, besonders für das hinter uns liegende 20. Jahrhundert, zu folgendem
Ergebnis:
Während die Grundbedürfnisse der Menschen ähnlich geblieben
sind, hat sich ihr Anspruchsniveau außerordentlich erhöht, und
ihre Bereitschaft (relativ zu früheren Zeiten) in der Öffentlichkeit aufzutreten und politisch Stellung zu nehmen, hat sich
über alle Schichten verbreitert, wobei "Schichten" sich zwar
noch nach den jeweiligen Kombinationen von Geldkapital, kultu-
rellem mitgebrachten Kapital und Bildungskapital unterscheiden
lassen (s. dazu Pierre B o u r d i e u , Die feinen Unterschiede, Suhrkamp, Ffm., 1983/82; franz. 1979; hier z.B. S. 138ff.),
der Hauptnenner aber unterdessen (1994) das Einkommen ist. Dabei haben sich die Geschlechter einander angeglichen: Mit einer
relativen Freigabe der Rollen (wobei für die Frauen die Erfindung der "Pille" besonders wichtig war und im Grunde eine Revolution des Verhaltens ermöglichte), faltete sich das vorher auf
"Mann" festgelegte Verhalten des Mannes fächerartig auf, wobei
feminine Tendenzen in einem Ausmaß zutage kamen, das besonders
die Frauenwelt überraschte und teils zu Rufen nach der Rückkehr
"des" Mannes führte. Dessen Bild hat aber bei näherem Hinsehen
nur noch sehr bedingt Ähnlichkeit mit dem "Macho" der Vergangenheit, aber auch dem gehorsamen Ehemann, da aus der unterdessen
entwickelten (und wohnungsmäßig auch weitgehend möglichen!)
Single-Kultur heraus sich ein Anspruch auf Artikulation von
Denken und Gefühlen entwickelt hat, der noch vor 30 Jahren nicht
hätte eingelöst werden können.

Der Hintergrund dieser epochalen Bewegung ist eine Perfektionierung der Technik, die zur Entlastung der Menschen in den vollindustrialisierten Ländern führte, zur revolutionären Steigerung der Produktivität und damit nicht nur in Deutschland zu einem sich über 40 Jahre hinziehenden ständigem Anstieg der realen Einkommen, ein in der Geschichte der Industrieländer beispielloser Vorgang. Zugleich entwickelte die Technik nicht nur immer gefährlichere Waffen, sondern meist im Zusammenhang damit nur unzureichend beherrschte Technologien, die unterdessen global gefährdend geworden sind, wie bekannt, und besonders - nach den Veröffentlichungen des "Club of Rome" (zuerst 1972) - von Ulrich B e c k in der "Risikogesellschaft" (Suhrkamp, Ffm., 1986) soziologisch eingeordnet.

Distanziert man sich etwas, dann sind ins Auge springende Veränderungen im 20. Jahrhundert[*] die folgenden:

- Wie schon angedeutet, die Modernisierung, deren Basis und dynamisierendes Element die Technik ist, verbunden mit einem neuen Lebensgefühl, in dem sich zwar das Vorschieben allgemeiner demokratischer Ansprüche zeigt, das aber doch viel mehr, als es der "Bildungsbürger" wahrhaben wollte (und vielleicht noch heute will) mit dem technisch bedingten Anheben des materiellen Lebensstandards zu tun hat (s. dazu die unverändert faszinierende Arbeit von Hans A c h i n g e r , Sozialpolitik als Gesellschaftspolitik, Rowohlt, Hbg., 1958).

- Weiter hat sich im 20. Jahrhundert - von vielen Jüngeren schon vergessen - der Kolonialismus aufgelöst. Die Gründe mögen dafür vielfältig gewesen sein. Psychologisch war sicher eindrucksvoll, daß die im I. Weltkrieg, 1914-18, eingesetzten Soldaten aus Kolonialgebieten mitansahen, wie ihre vorher als so mächtig und einig angesehenen Herren sich

---

[*] Das alles ausbaden mußte, was ihm das 19. eingebrockt hatte; s. dazu K.u.D. C l a e s s e n s , Das 19. Jahrhundert: Wissenschaftsentwicklung, Industrialisierung, Machtexpansion und neue Formen subjektivistischer Realitäts- und Lebenszuwendung, in: Pragmatik II, Hrsg. v. Herbert Stachowiak, Felix Meiner, Hbg., 1987.

gegenseitig in Schlamm und Blut zerfleischten; mindestens ebenso wichtig war vermutlich, daß der Gewinn aus Kolonien gegenüber ihren Kosten zurückzutreten begann, und daß Gewinne besser im Handel mit ihnen zu machen waren, eine unauffälligere Art der Ausbeutung. Zudem ließ das allgemeine Ansteigen des Brutto-Sozial-Produktes Kolonien weniger interessant werden.

- Im selben Zeitraum verschwanden zahlreiche Merkmale der Klassengesellschaft; trotz aller theoretischer Widerstände (besonders aus dem sich verstärkenden links-liberalen Flügel des Bildungsbürgertums gegen den Begriff) setzte sich die "nivellierte Mittelstandsgesellschaft" (Helmuth Schelsky) in den 60er Jahren durch, d.h. ein Gesellschaftsaufbau, in dem sich der oberste Teil verdünnte, aber besonders der unterste, früher breiteste Teil der Gesellschaft fast verschwand. Der gesellschaftliche Stellenkegel hob sich materiell nicht nur insgesamt an, die untersten Schichten schwanden auch bis auf Reste.

- Während die populistischen, faschistischen (Italien ab 1923) und kommunistischen Bewegungen (Rußland ab 1917) sich nur entwickeln konnten, weil das Radio und der Lautsprecher Massen von erneuerungshungrigen Menschen schnell erfassen konnten, verdrängte das Fernsehen das Radio in der zweiten Hälfte des 20. Jahrhunderts. Das bedeutete und bedeutet noch die historisch ein- und erstmalige Chance für fast alle Menschen der Erde, simultan an Ereignissen teilzunehmen. Diese Möglichkeit kann mißbraucht werden; Deutungen bleiben offen; aber die Tatsache, daß z.B. über den Wetterbericht Milliarden Menschen täglich die Erde realiter - wenn auch hier mit einer gewissen Verzögerung - "von oben" sehen, bedeutet die Entstehung eines Welt- und Erdplanetenbildes, das noch vor dem Miterleben der spektakulären ersten Mondbegehungen (1969) nicht vorstellbar war.

- Mit dieser Infiltration des gesamten Lebens durch die Technik, ob in der eben erwähnten Form, den ABC-Waffen, der Nukleartechnik oder Gentechnik, "emanzipierte" sich die "scientific society" von den Gesellschaften, Nationen oder Staaten überhaupt. (S. dazu unverändert als beste Fortschreibung von Max Weber zu bezeichnen: Otto U l l r i c h, Technik und Herrschaft - Vom Hand-Werk zur verdinglichten Blockstruktur industrieller Produktion, Suhrkamp, Ffm., 1988, 1977).

- Vor diesem Hintergrund hat sich eine Diskussion über die "Postmoderne" entwickelt, die insofern höchst unfruchtbar war und ist, als es nicht darum geht, wann die "Moderne" aufhörte und was danach "zu basteln" ist, sondern von einem neuen Glacis aus Gestaltungsmöglichkeiten für die Zukunft zu entwickeln.

Ob das im Rahmen der bisherigen Technologien und Wirtschaftsweisen möglich ist, ob eine nur mehr ökologisch orientierte, aber im übrigen ähnliche Politik das ermöglicht, oder ob nicht ganz andere Wege beschritten werden müssen, scheint zur Zeit noch offen zu sein. Siehe hierzu das bereits zitierte Werk von Peter W e h l i n g (Die Moderne als Sozialmythos), die Analyse von Bernhard G i e s e n (Die Entdinglichung des Sozialen, Suhrkamp, Ffm., 1991), den Sammelband "Die Gesellschaft für morgen" von Reinhard G ö r n e r (Hrsg.), Piper, München-Zürich, 1993 und Ulrich M e n z e l , Das Ende der Dritten Welt und das Scheitern der großen Theorie, Suhrkamp, Ffm., 1992.

Bei einem Studium der Sozialgeschichte Europas (oder des "Abendlandes") wird sich aber herausstellen, daß es sehr schwierig ist, zu sagen, wer was und wann - unter den gegebenen Umständen - falsch gemacht hat.

Stichwortregister

(p. = passim)

5. Literaturverzeichnis

Achinger, Hans, Sozialpolitik als Gesellschaftspolitik, Hamburg
         1958

Albrow, Martin, Bürokratie, Paul List Verlag, München 1972 (1970)

Beck, Ulrich, Die Risikogesellschaft - Auf dem Weg in eine
         andere Moderne, Ffm., 1986

Behrens, Fritz, Abschied von der sozialen Utopie, Berlin, 1992

Bell, Daniel, Die nachindustrielle Gesellschaft, Ffm./N.Y., 1975
         (als: "The coming of Post-Industrial Society" 1973)

Bell, Daniel, Die kulturellen Widersprüche des Kapitalismus,
         Ffm./N.Y., 1991 (1976)

Bernsdorf, Wilhelm (Hrsg.), Internationales Soziologenlexikon,
         Stuttgart, 1959

Boßner, Artur, Zivilisation und Rationalisierung - Die
         Zivilisationstheorien Max Weber's, Norbert Elias' und
         der Frankfurter Schule im Vergleich, Opladen, 1989

Bourdieu, Pierre, Die feinen Unterschiede, Ffm., 1983 (1982)

Braudel, Fernand, Sozialgeschichte des 15.-18. Jahrhunderts,
         Bd. I: Der Alltag, München 1985 (1975)

Breuer, Luise, Die Lebenshaltung der Bergarbeiter im Ruhrge-
         biet, Münsteraner Wirtschafts- und Sozialwissenschaft-
         liche Abhandlungen, Heft 18, 1934

Brocke, Bernhard von, Sombart's "Moderner Kapitalismus" - Materialien zur Kritik und Rezeption, München, 1987

Burnham, James, Das Regime der Manager, Stuttgart, 1948 (1941)

Cardini, Franco und M.T.F. Beonio-Brocchievi, Universitäten im Mittelalter, München, 1991

Carnegie, Andrew. Geschichte meines Leben - Vom schottischen Webersohn zum amerikanischen Industriellen - 1835-1919, Zürich, 1993

Christadler, Marieluise, Freiheit, Gleichheit, Weiblichkeit - Aufklärung, Revolution und die Frauen in Europa, Opladen, 1990

Claessens, Dieter, Freude an soziologischem Denken, Berlin, 1993

Claessens, Dieter, Kapitalismus und demokratische Kultur, Ffm., 1992

Claessens, Dieter, Das Konkrete und das Abstrakte, Ffm., 1994 (1980)

Claessens, Karin und Dieter, Das 19. Jahrhundert: Wissenschaftsentwicklung, Industrialisierung, Machtexpansion und neue Formen subjektivistischer Realitäts- und Lebenszuwendung, in: Pragmatik, hrsg. v. Herbert Stachowiak, Bd. II., Hamburg, 1986

Claessens, Dieter, Die Sozialunterstützten von West-Berlin, unveröff. Manuskript, Soziol. Biblioth. FUB, 1954

Claessens-Klönne-Tschoepe, Sozialkunde der Bundesrepublik Deutschland, Rowohlt, Reinbek, 1994/95

Clastres, Pierre, Staatsfeinde, Suhrkamp, Ffm., 1976 (1974)

Clausen, Lars und Carsten Schlüter (Hrsg.), Hundert Jahre "Gemeinschaft und Gesellschaft" - Ferdinand Tönnies in der internationalen Diskussion, Opladen, 1992

Cunow, Heinrich, Die Marxsche Geschichts-, Gesellschafts- und Staatstheorie - Grundzüge der Marxschen Soziologie, Berlin, 1923 (4. Aufl.)

Demandt, Alexander, Ungeschehene Geschichte, Göttingen, 1986 (1984)

Demmerling, Christoph, Sprache und Verdinglichung, Ffm., 1994

Denkwürdigkeiten der Glücklen von Hameln, Darmstadt, 1979 (1923)

Dickens, Charles, Aufzeichnungen aus Amerika, Nördlingen, 1987 (1842)

Dreitzel. Hans-Peter (Hrsg.), Sozialer Wandel - Zivilisation und Fortschritt als Kategorien der soziologischen Theorie, Neuwied und Berlin, 1967

Duerr, Hans-Peter, Der Mythos vom Zivilisationsprozeß, Bd. 1, Ffm., 1988, Bd. 2 "Identität", 1990, Bd. 3 "Obzönität und Gewalt", 1993

Dux, Günter, Die Spur der Macht im Verhältnis der Geschlechter - Über den Ursprung der Ungleichheit zwischen Frau und Mann, Ffm., 1992

Eder, Klaus, Die Entstehung staatlich organisierter Gesellschaften, Suhrkamp, Ffm., 1976/1980

Elias, Norbert, Über den Prozeß der Zivilisation, Basel, 1939
          (1976; 1989 14. Auflage)

Engel, Evamaria, Die deutsche Stadt des Mittelalters, München,
          1993

Field, G. Lowel und John Higley, Eliten und Liberalismus, Opla-
          den, 1983 (1980)

Fourastié, Jean, Die große Hoffnung des Zwanzigsten Jahrhun-
          derts, Köln-Deutz, 1954

Fourastié, Jean, Die 40.000 Stunden, Düsseldorf-Wien, 1966 (1965)

Freudenthal, Margarete, Gestaltwandel der städtischen, bürger-
          lichen und proletarischen Hauswirtschaft zwischen 1760
          und 1910, Ffm., 1986 (1934)

Frevert, Ute, Frauen - Geschichte - Zwischen bürgerlicher Ver-
          besserung und neuer Weiblichkeit, Ffm., 1986

Friedlein, Curt, Geschichte der Philosophie, Berlin, 1980, 14.
          Auflage

Fürth, Henriette, Mindesteinkommen, Lebensmittelpreise und Le-
          benshaltung, Leipzig, 1912

Furetière, Antoine, Der Bürgerroman, Basel/Ffm., 1992

Ganshof, Francois Louis, Was ist das Lehenswesen?, Darmstadt,
          1961

Gaupp, Otto, Herbert Spencer, Stuttgart, 1923

Gehlen, Arnold, Sozialpsychologische Probleme in der industri-
          ellen Gesellschaft, Tübingen, 1949

Giesen, Bernhard, Die Entdinglichung des Sozialen, Suhrkamp, Ffm., 1991

Gilman, Sander, Jüdischer Selbsthaß - Antisemitismus und die verborgene Sprache der Juden, Ffm., 1993 (1986)

Gimpel, Jean, Die industrielle Revolution des Mittelalters, Zürich und München, 1980 (1975)

Gleichmann, Peter Reinhart, Norbert Elias - aus Anlaß seines 90. Geburtstages, in: Kölner Zeitschrift für Soziologie und Sozialpsychologie, 2/1987

Glücklen, s. Denkwürdigkeiten...

Guthke, Karl S., Die Mythologie der entgötterten Welt, Vandenhoeck und Ruprecht, Göttingen, 1971

Habermas, Jürgen, Strukturwandel der Öffentlichkeit - Untersuchungen zu einer Kategorie der bürgerlichen Gesellschaft, Neuwied, 1962

Habermas, Jürgen, Philosophisch-politische Profile, Ffm., 1981

Harich, Wolfgang, Kommunismus ohne Wachstum, Reinbek b. Hamburg, 1975

Harnack, Adolf, Das Mönchtum, Gießen, 1903, 6. Auflage

Hartfiel, Günter (Hrsg.), Das Leistungsprinzip, Leske UTB, Opladen, 1977

Hauck, Gerhard, Geschichte der soziologischen Theorie - Eine ideologiekritische Einführung, Reinbek b. Hamburg, 1988 (1984)

Hegemann, Werner, Das steinerne Berlin, Berlin, 1930

Heussi, Karl, Der Ursprung des Mönchtums, Tübingen, 1936

Horkheimer, Max und Theodor W. Adorno, Dialektik und Aufklä-
        rung, Ffm., 1971 (1944)

Iggers, Georg G., Geschichtswissenschaft im 20. Jahrhundert,
        Göttingen, 1993

Israel, Joachim, Der Begriff der Entfremdung - Makrosoziologische
        Untersuchung von Marx bis zur Soziologie der Gegen-
        wart, Reinbek b. Hamburg, 1972 (1970)

Jánossy, Franz, Wie die Akkumulationslawine ins Rollen kam - Zur
        Entstehungsgeschichte des Kapitalismus, Berlin, 1979

Jahrbuch der CohnStiftung, Band IX (Vortragssammlung), Dresden,
        1903, mit:
Karl Bücher, Die Großstädte in der Gegenwart und Vergangenheit.
        S. 1-32
Georg Simmel, Die Großstädte und das Geistesleben, S 185 -

Kaesler, Dirk, Der retuschierte Klassiker, in: Hermann K o r t-
        e, Über Norbert Elias, Ffm., 1988, S. 37

Kaesler, Dirk, Max Weber. Sein Werk und seine Wirkung, München,
        1972

Kamper, Dietmar, Abstraktion und Geschichte - Rekonstruktionen
        des Zivilisationsprozesses, München-Wien, 1975

Kocka, Jürgen, Sozialgeschichte, Göttingen, 1986

Korte, Hermann, Einführung in die Geschichte der Soziologie, Opladen, 1992

Korte, Hermann und Bernhard Schäfers (Hrsg.), Einführung in die speziellen Soziologien, Opladen, 1993

Korte, Hermann, Über Norbert Elias, Ffm., 1988

Koselleck, Reinhart u.a., Geschichtliche Grundbegriffe, C.H. Beck, München, 1972-1992

Koslowski, Stefan, Die Geburt des Sozialstaates aus dem Geist des deutschen Idealismus - Person und Gemeinschaft bei Lorenz von Stein, Berlin, 1989

Küther, Carsten, Menschen auf der Straße - Vagierende Unterschichten ... in der zweiten Hälfte des 18. Jahrhunderts, Göttingen, 1983

Kriele, Martin, Einführung in die Staatslehre, Opladen, 1980[2]

Lamnek, Siegfried, Professionalisierungschancen der Soziologie im vereinten Europa, in: Soziologie, 2/93, Opladen, 1993

Leben in Paris im hunderjährigen Krieg - ein Tagebuch (1405-1449), Ffm. und Leipzig, 1992

Lepenies, Wolf, Melancholie und Gesellschaft, Ffm., 1969

Lepenies, Wolf (Hrsg.), Geschichte der Soziologie (in 4 Bänden), Ffm., 1981

Lichtblau, Klaus und Johannes Weiß, Max Weber - Die protestantische Ethik und der Geist des Kapitalismus, Bodenheim, 1993

Ludz, Peter, Der Ideologiebegriff des jungen Marx und seine Fortentwicklung im Denken von Georg Lukásc und Karl Mannheim, Ffm., 1995 (1955)

Ludz, Peter Christian, Soziologie und Sozialgeschichte - Aspekte und Probleme, Opladen, 1972 (Sonderheft 16 d. Kölner Z. f. Soziologie u. Sozialpsychologie)

Ludz, Peter und Max Apel, Philosophisches Wörterbuch, Berlin, 1958

Lübbe, Weyma, Legitimität kraft Legalität, Tübingen, 1991

Luhmann, Niklas, Weltzeit und Systemgeschichte, in: Soziologie und Sozialgeschichte, s. Ludz, 1972

MacPherson, C.B., Die politische Theorie des Besitzindividualismus, Ffm., 1973

Maier, Johann, Das Judentum - Von der biblischen Zeit bis zur Moderne, Bindlach, 1988 (1973)

Maine, Henry James, Ancient Law: Its Connection with the early History of Society, and its Relation to modern Ideas, London, 1861 (11. Aufl., 1890)

Mann, Otto, Der Dandy - ein Kulturproblem der Moderne, Otto Mann Verlag, Heidelberg, 1962 (1925)

Mann, Otto, Die gescheiterte Säkularisation, Tübingen, 1980

Mannheim, Karl, Mensch und Gesellschaft im Zeitalter des Umbaus. Darmstadt, 1958 (1940; 1935)

Marx, Karl, Frühe Schriften (hrsg. v. Hans-Joachim L i e b e r
	und Peter Furth), Stuttgart, 1971, 2. Aufl. (2 Bände;
	1. Aufl. 1962)

McClelland, David G., Die Leistungsgesellschaft, Kohlhammer,
	1966

McRae, Donald G., Max Weber, München, 1975

Menzel, Ulrich, Das Ende der Dritten Welt und das Scheitern der
	großen Theorie, Ffm., 1992

Moore, Barrington, Soziale Ursprünge von Diktatur und Demokra-
	tie, Suhrkamp, Ffm., 1974

Nalli-Rutenberg, Agathe, Das alte Berlin, Berlin, 1912 (1907)

Novotny, Helga, Zu klein für die große Welt?, Soziol. Revue 3/
	94

Origo, Iris, Im Namen Gottes und des Geschäfts-Lebensbild eines
	toskanischen Kaufmanns der Frührenaissance, München,
	1985 (1957)

Reese, Dagmar u.a. (Hrsg.), Rationale Beziehungen? - Geschlechter-
	verhältnisse im Rationalisierungsprozeß, Ffm., 1993

Rittner, Karin, Die Marx'sche Konzeption..., in Dietmar Kamper,
	1975

Pepys, Samuel, Tagebuch (1660-1669), Stuttgart, 1980

Pohl, Fr. W. u. Chr. Türcke, Heilige Hure Vernunft, zu Klampen,
	Lüneburg, 1991

Riesman, David, Die einsame Masse - Eine Untersuchung der Wandlungen des amerikanischen Charakters, Hbg., 1958

Rostow, Walt W., Stadien wirtschaftlichen Wachstums - Eine Alternative zur marxistischen Entwicklungstheorie, Göttungen, 1960 (amerik. auch 1960)

Roszak, Theodore, Gegenkultur, Düsseldorf/Wien, 1971 (1968/69)

Schäfer, Ingeborg Eleonore, Bürokratische Macht und demokratische Gesellschaft, Leverkusen-Opladen, 1994

Schluchter, Wolfgang, Rationalismus der Weltbeherrschung, Suhrkamp, Ffm., 1980

Schneider, Gerhard, Der Libertin - Zur Geistes- und Sozialgeschichte des Bürgertums im 16. und 17. Jahrhundert, Stuttgart, 1970

Schraepler, Ernst, Handwerkerbünde und Arbeitervereine 1830-1853, Berlin-New York, 1972

Schücking, Levin L., Die Familie im Puritanismus, Leipzig, 1929 (2. Aufl. 1964 als "Die puritanische Familie in literaturhistorischer Sicht")

Schulze, Winfried, Europäische Bauernrevolten der frühen Neuzeit, Ffm., 1982

Seifarth, Constans u. Walter M. Sprondel, Religion und gesellschaftliche Entwicklung, Suhrkamp, Ffm., 1973

Shahar, Shulamith, Die Frau im Mittelalter, Ffm., 1988

Simmel, Georg, Philosophische Kultur, Berlin 1986 (1983;1911)

Sombart, Werner, s. Bernhard vom Brocke

Steffen, Gustav F., Aus dem modernen England, Stuttgart, 1896

Störig, H.J., Kleine Weltgeschichte der Philosophie, Ffm., 1973

Tenbruck, Friedrich H., Die Soziologie in der Geschichte, in:
        Peter Ludz (Hrsg.), Soziologie und Sozialgeschichte,
        S. 29-58, s. Ludz

Tenbruck, Friedrich H., Wie gut kennen wir Max Weber? Über
        Maßstäbe der Weber-Forschung im Spiegel der Weber-
        Ausgaben, in: Zeitschrift f.d. Gesamte Staatswissen-
        schaft 131, 1975

Tocqueville, Alexis de, Über die Demokratie in Amerika, Stutt-
        gart, 1990 (amerik. 1835/40)

Tönnies, Ferdinand, Gemeinschaft und Gesellschaft, Darmstadt,
        1963 (1887, 1912 usw.)

Toulmin, Stephen, Kosmopolis - Die unerkannten Aufgaben der
        Moderne, Ffm., 1991 (1990)

Türcke, Christian, Heilige Hure Vernunft - Luthers nachhaltiger
        Zauber, Lüneburg, 1991[2]

Treibel, Annette, Einführung in soziologische Theorien der Ge-
        genwart, Opladen, 1993

Ullrich, Otto, Technik und Herrschaft. Vom Handwerk zur ver-
        dinglichten Blockstruktur industrieller Produktion,
        Ffm., 1988, 3. Auflage

Veblen, Thorstein, The Theorie of the Leisure Class, N.Y., 1899;
        1931 (deutsch: Theorie der feinen Leute, 1964)

Voss, Andreas, Betteln und Spenden, Berlin und N.Y., 1993

Wagner, Gerhard, Gesellschaftstheorie als politische Theologie?
        - Zur Kritik und Überwindung normativer Integration,
        Berlin, 1993

Wallerstein, Immanuel, The modern World-System II, London -
        Francisco, 1980

Walzer, Michael, Exodus und Revolution, Berlin, 1988 (1985)

Webb, Sidney und Beatrice, Das Problem der Armut, Jena, 1912

Weber, Max, Die protestantische Ethik ..., s. Lichtblau

Wehler, Hans-Ulrich, Bibliographie zur neueren deutschen Sozial
        geschichte, München, 1993

Wehling, Peter, Die Moderne als Sozialmythos, Campus, Ffm.,
        1992

Wehner, Burkhard, Der Staat auf Bewährung, Darmstadt, 1993

Weigand, Rudolf, Liebe und Ehe im Mittelalter, Ffm., 1994

Weiß, Johannes (Hrsg.), Max Weber heute - Erträge und Probleme
        der Forschung, Ffm., 1989

Wesel, Uwe, Der Mythos des Matriarchats - Über Bachofens Mutter-
        recht und die Stellung der Frauen in frühen Gesell-
        schaften, Ffm., 1980

White, Lynn, Die mittelalterliche Technik und der Wandel der
        Gesellschaft, München, 1968 (1965)

Winckelmann, Johannes, Max Webers Rechtssoziologie, Luchterhand,
     1960

Wolff, Kurt H. (Hrsg.), Karl Mannheim - Wissenssoziologie, Ber-
     lin und Neuwied, 1964

Wunder, Heide, Er ist die Sonn', sie ist der Mond - Frauen in der
     frühen Neuzeit, München, 1992

Studienskripten zur Soziologie

Preisänderungen vorbehalten